U0596815

主编简介

范瑞平，美国莱斯大学（Rice University）哲学博士，香港城市大学公共及国际事务学系哲学教授。兼任《中外医学哲学》（中国香港）联席主编，《医学与哲学期刊》（*Journal of Medicine and Philosophy*, 美国）副主编，《中国医学伦理学》副主编，国际"哲学与医学"丛书（Springer）编委，主要研究领域为儒家生命伦理学、比较哲学。"建构中国生命伦理学"系列学术研讨会的主要倡导者与组织者之一（已办 17 届）。发表英文论文 100 余篇，中文论文 100 余篇。专著有《重构主义儒学: 后西方道德问题反思》（英文，2010）、《当代儒家生命伦理学》（中文，2011）、《当代医疗与儒家思想》（中文，2024）等。主编及联席主编著作 11 部，最近的有《大疫当前: 建构中国生命伦理学》（中文，2021）、《性爱机器人: 社会影响及人际关系未来》（英文，2021）、《器官捐献: 跨文化研究》（英文，2023）。名列斯坦福大学 2022 年发布的论文被引用数排名世界前 2% 的顶尖学者之一。

张颖 (Ellen Zhang)，美国莱斯大学宗教哲学博士。曾执教于美国费城天普大学（Temple University）宗教系和香港浸会大学宗教及哲学系，任浸会大学应用伦理学中心主任。现任澳门大学哲学及宗教研究系教授。另担任学术期刊《中外医学哲学》（*The International Journal of Chinese and Comparative Philosophy of Medicine*，中国香港）执行主编、《宗教伦理学》（*The Journal of Religious Ethics*, 美国）编审委员以及《南国学术》（*South China Quarterly*，中国澳门）编审委员。研究领域包括宗教哲学、中国哲学、中西哲学比较和应用伦理学，出版学术论文百余篇。近几年致力于哲学与宗教研究的普及工作。除应邀做各种讲座外，还计划出版一系列"哲普"书籍。目前已出版《我喜欢思奔，和陈升的歌: 写在歌词里的十四堂哲学课》（台北: 时报出版）和《舌尖上的哲学》（香港: 中华书局；广州: 广东人民出版社）。

陈成斌 (Benedict S. B. Chan)，美国马里兰大学 (University of Maryland, College Park) 哲学博士，香港浸会大学宗教及哲学系副教授、应用伦理学中心主任、文学院副院长（研究生）。另担任学术期刊《中外医学哲学》编辑顾问委员会成员。研究领域包括应用伦理学与道德哲学、社会与政治哲学、中西比较哲学。在 *Dao: A Journal of Comparative Philosophy*, *Global Policy*, *HEC Forum*, *Journal of Bioethical Inquiry*, and *Philosophia* 等英文学术期刊上发表研究成果多项。合编有《东亚大学的全人教育：哲学与更广泛的视角》（Routledge，2022）。

范瑞平　张颖　陈成斌　主编

建构中国生命伦理学
技术当道

中国出版集团 东方出版中心

图书在版编目（CIP）数据

建构中国生命伦理学：技术当道 / 范瑞平, 张颖, 陈成斌主编. 一上海：东方出版中心, 2024.5

ISBN 978-7-5473-2407-3

Ⅰ.①建… Ⅱ.①范… ②张… ③陈… Ⅲ.①生命伦理学－中国－文集 Ⅳ.①B82-059

中国国家版本馆 CIP 数据核字(2024)第 087527 号

建构中国生命伦理学：技术当道

主　编　范瑞平　张　颖　陈成斌
责任编辑　肖春茂
封面设计　钟　颖

出 版 人　陈义望
出版发行　东方出版中心
地　　址　上海市仙霞路 345 号
邮政编码　200336
电　　话　021-62417400
印 刷 者　山东韵杰文化科技有限公司

开　　本　890mm×1240mm　1/32
印　　张　10.5
插　　页　1
字　　数　236 千字
版　　次　2024 年 5 月第 1 版
印　　次　2024 年 5 月第 1 次印刷
定　　价　80.00 元

版权所有　侵权必究
如图书有印装质量问题，请寄回本社出版部调换或拨打021-62597596联系。

前

言

当代生命技术的
中国伦理探索

范瑞平　张　颖　陈成斌

人类生殖选择、人类基因工程及人工智能医护,是当代人类社会的三大生命技术。它们的研发速度和利用程度正方兴未艾,无远弗届,给人们的生活品质和社会结构带来日新月异的变化。这些变化引起一系列尖锐复杂的伦理问题,对于公共政策的制定和实施具有巨大且深远的关涉。本书从儒家伦理思想出发,研究这三类生命技术的性质和作用。以下先简介当前西方社会所流行的一些生命技术伦理观点,然后探讨中国生命技术伦理研究的意义和方法,最后概述本书的由来、特点及主要内容。

一、当前西方的生命技术伦理观点

（一）关于生殖选择技术

　　现代科技的发展对医学—生命伦理学的一个突出挑战体现于生殖选择技术。2010年,诺贝尔生理学、医学奖授予英国生理学家罗伯特·爱德华兹(Sir Robert Geoffrey Edwards),以表彰他在试管婴儿方面所作出的贡献。试管婴儿成为现代辅助生殖技术（Assisted Reproductive Technology，简称 ART）的一个里程碑，能够解决一些不育症夫妇所面临的生育困境。这一人工生殖技术意味着，人们可以依赖生物医学的技术手段对配子（精子和卵子）、合子（受精卵）、胚胎实施人工操作，以达到受孕、生殖的目的。目前辅助生殖技术主要包括：冻卵（oocyte cryopreservation），体外受精—胚胎移植（IVF－ET），配子输卵管移植（GIFT），受精卵输卵管内移植（ZIFT），以及冷冻胚胎移植（FET）。

随着生物医学科技的进一步发展，运用现代医学知识、技术和方法代替人类自然生殖过程的手段更为成熟。同时，接受生殖技术的人群可以是不孕的夫妻，也可以是单身女子、同性恋伴侣，等等。然而，由这些非传统、非自然的生育选择所带来的伦理挑战显而易见。譬如，我们是否需要重新界定人类生命的起源？对生命创造过程的干预是否需要边界？我们如何防止通过基因筛选、性别筛选来"订制婴儿"？胚胎是否具有道德地位？如何规范捐卵、冻卵和代孕母亲［包括借腹型代孕（gestational surrogacy）和基因型代孕（genetic surrogacy）］？如何有效建立精子、卵子、胚胎、代孕子宫库？近年来，已有科技声称可以做到所谓"人造子宫"或者"生物袋"，进一步发展了胚胎体外发育技术。尽管现时只是用动物（例如羊胚胎）做实验，但最终能否用在人类，则甚有争议①。总之，我们必须问：法律如何保护人性尊严及尊重生命？社会如何保证辅助生殖技术的公平性？这一系列的议题意味着生命创造过程之干预正逐渐挑战传统的道德价值、社会秩序、伦理观念及法律体系，其中一些具体的道德困境有待厘清和应对。

---

① Jenny Kleeman. *Sex Robots & Vegan Meat: Adventures at the Frontier of Birth，Food，Sex & Death*. London：Picador，2021：177-259.

在西方一系列伦理议题中,其中一个重要争议是生殖选择权利
(the right to procreate or reproduce)问题。在这个问题上,自由主义与
保守主义存在重大分歧。自由主义者认为,生殖选择权属于基本人权,
不应该受到任何限制。譬如,一个人想生育多少孩子,采取何种方式生
产,都是个人自由选择的权利,他人无权干涉①。《联合国人权宣言》也
是类似的态度,只是将生殖选择权从个人选择转化为家庭选择②。然
而,现代科技所带来的生殖自主权已经不只是"我的身体我做主"的
问题,因为它还会涉及他人的身体(捐卵、捐精子、代孕),以及一系列
新型生殖手段对传统家庭所带来的挑战,如多种家庭形态和人伦关
系。与自由主义不同,保守主义强调的是,任何权利的获取同时意味
着责任的担当。一个人有权做某事并不意味着他/她可以不受约束地
去做任何想做的事。另外,与在堕胎问题上的观点相似,保守主义认为
"重生命"高于"重选择",而"生命"的概念涉及对"人格"(personhood)
的界定。譬如,基督徒认为"人"(human person)与"造物主"和"神的
形象"密不可分,具有独特的"神圣性"而不是简单的"造人"自主权。罗
马天主教的"自然法"(Natural Law)代表了天主教伦理神学的性质。
根据其原则,生殖选择技术违背基督教的基本道德规范,如人工授精
(尤其是异源人工授精)、无性生育等。即便有些新教徒接受辅助生殖
技术的使用,但也担心过度依赖现代科技会助长人类在自我改造问题
上的傲慢态度(hubris)。另外,无特定宗教信仰的世俗学者也会质疑
靠科技来"设计"下一代的做法。譬如迈克尔·桑德尔(Michael
Sandel)认为,"设计"胚胎以达到优生的目的会带来"自主"和"平等"受

① Sarah Conly. "The Right to Procreation: Merits and Limits." *American Philosophical Quarterly*. 2005, 42(2): 105–115.
② 参见 *United Nations Universal Declaration of Human Rights*, Article 16。

损的伦理后果①。

　　"效益主义"（utilitarianism，也译功利主义）强调结果的重要性，探讨辅助生殖技术是否可以造福人类。但效益主义在辅助生殖技术的议题上也有分歧。譬如，由于人口基数下降，韩国政府近期出台政策，提高社会用于辅助生殖技术的补贴，希望以此提高韩国的生育率。这一政策立刻遭到伦理学者的质疑："倘若将未来的生命仅仅看作提高社会生育率的一个数字，这在伦理道德上是无法辩解的。"②再者，我们可以问：没有体验十月怀胎的母亲（如借用人造子宫）是否少了些与孩子从身体到情感的共享共情？随着干细胞技术的发展，人类在不久的将来可以从夫妻的皮肤细胞分离出精卵，相关生殖技术的应用会变得更加方便。但这种"无性"生殖会对今后的人伦关系产生什么样的影响呢？女性会不会因实验室"做"孩子而失去传统的"母亲身份"（motherhood）？再者，人工胎儿可能面临多种父母身份：遗传意义上的母亲、抚养意义上的母亲、代孕意义上的母亲、遗传意义上的父亲、抚养意义上的父亲，等等。由此一来，胎儿的归属问题有可能产生法律上的纠纷。同时，这种错综复杂的排列组合也为今后的家庭关系带来不确定性。

　　欧美一些国家对生殖选择技术有严格的控制，如德国明文规定限制胚胎研究；美国也严控人类复制技术的开发；英国的《代孕安排法案》（Surrogacy Arrangement Acts，1985）禁止任何基于商业动机的人工代孕行为。2001 年，我国卫生部发布《人类辅助生殖技术管理办法》，香

---

① Michael Sandel. *The Case Against Perfection: Ethics in the Age of Genetic Engineering*. Harvard University Press，2007，80.
② C. J. Kim. "The Assisted Reproductive Technology Subsidy in Korea: Criticism from a Perspective of Reproductive Responsibility." *Acta Bioethica*，2018，24（2）：245 - 252.

港和台湾地区分别制定了《人类生殖科技条例》(2000 年)和《人工生殖法》(2007 年)。2018 年,中国学者贺建奎宣称创造了世界上首例 "基因编辑婴儿",但遭到国内外一致的伦理质疑。可见,生殖选择技术是有伦理边界的。如何在科学技术中找到伦理平衡点,这是现代生命医学伦理的处境。

西方伦理学者关心的另一个重要问题是生殖健康(reproductive health,也称为性健康 sexual health),泛指人的生殖过程、生殖机能以及生殖系统的健康。根据世界卫生组织(WHO)的定义,"健康不仅为疾病或虚弱之消除,而且是在体格、精神与社会上之完全健康状态"①。然而,由于科技的介入,人有无生育能力、是否生育、何时生育都产生了颠覆性变化。特别是生殖与身体的脱离,有性生殖已不再是基本条件。一方面,人们有了更多的选择自由,科技也迎合了多元的家庭结构;但另一方面,有关生育的权利的范围、法律和道德的责任都变得模糊不清。譬如,"医疗旅游"(health tourism)或 "跨境生殖保健"(cross-border reproductive care)带来不少法律和伦理问题,WHO 的健康定义已经不能覆盖新科技所引发的一系列社会新问题,特别是其中对"完全健康状态" 的界定变得模糊不清,需要进一步研究。

(二) 关于人类基因工程

基因工程涉及对生物体的基因组进行操作和修改的技术和方法,旨在改变生物体的遗传组成,以产生特定的特性或实现特定的目标。基因工程包括将外来基因引入生物体,从而使其具有新的性状或功能,但也可以通过修改或删除现有基因来改变生物体的特性。如果这些基

———————
① WHO: Reproductive health, 2008 - 08 - 19.

因工程技术应用在农业或环境保护等领域，争议性当然会比应用在动物上来得要小；但两者的争议性，都不及应用在人类身上那么大。例如关于人类增强（human enhancement）的探讨中，基因增强（genetic enhancement）这一生物技术议题就获得了越来越多的关注，亦甚有争议。例如，之前提到的贺建奎基因编辑婴儿事件，就是其中一项引起国际社会讨论的事情。

就西方而言，人类基因改造令人联想起优生学（eugenics）。不少人听到优生学便会闻之色变，其中一个原因是历史上优生学这个名词总会与二战时纳粹的集中营、医学实验，甚至大屠杀联系起来。此外，基因改造以及基因强化等生物科技工程，似乎涉及自然和人工的区分，总会令人觉得是违反自然甚至会为人类带来毁灭性后果的事情，就像不少科幻故事里的恐怖情节一样。即使不谈得那么极端，也有不少学者（例如桑德尔）觉得基因工程可能会令人变成追求虚妄完美的存在者，以为可以塑造完美的下一代。他们认为这样的思想是人们不得不防的[①]。

然而，如果基因改造或者优生学有那么多问题，为什么现在仍有人大力提倡和孜孜不倦地追求呢？这里我们可以借用自由优生学（liberal eugenics）作为例子来说明。关于自由优生学的争议，主要是围绕着我们社会是否容许个人（例如父母对子女）有选择基因改造的自由。尼古拉斯·艾加（Nicholas Agar）等人提倡自由优生学理论，正是要与历史上那些由上而下（例如纳粹）去计划的"威权优生学"

---

① Michael Sandel. "The Case against Perfection: What's Wrong with Designer Children, Bionic Athletes, and Genetic Engineering," in Julian Savulescu and Nick Bostrom ed. *Human Enhancement*, Oxford University Press, 2009, 71-89.

(authoritative eugenics)分别开来①。自由优生学强调个体的自由选择和自主性,亦强调多元价值及对遗传学和基因改造的最新科学理解。从他们的角度看来,基因工程改造并非骇人听闻,反而符合我们的一些道德直觉。例如,父母有责任尽力给予子女最好的环境、足够的营养、良好的教育和对他们的爱。当基因改造科技已经成熟到可让父母给予子女更好的基因时,父母有什么理由拒绝呢?

退一步说,就算不是为了优生或增强,但基因改造可以医治和避免一些遗传疾病,或可以此来论证基因改造或自由优生学的合理性。根据艾加或者艾伦·布坎南(Allen Buchanan)等人的讲法,疾病之所以是不好的,是因为患病减少了病人相对于常人的能力(capability)和机会(opportunity),而基因改造则可避免下一代患上遗传病,也就不会减少能力和机会②。而从能力和机会的角度来思考,不是父母对子女任何形式的基因工程改造我们都应该接受。也就是说,自由优生学的基因工程改造并非完全放任父母自由选择关于子女的一切,而是有更重要的价值要遵循的③。

以上的例子说明,双方的正反立场在一定程度上是一个连续光谱:

---

① Nicholas Agar. *Liberal Eugenics: In Defence of Human Enhancement.* Blackwell Publishing, 2005.

② Agar. *Liberal Eugenics: In Defence of Human Enhancement*, 103 - 106; Allen Buchanan, Dan Brock, Norman Daniels, and Daniel Wikler. *From Chance to Choice: Genetics and Justice*. Cambridge University Press, 2000.

③ 例如,艾加和桑德尔都曾讨论过一个例子,是说马里兰州有一对失聪的女同性恋者,利用人工授孕的技术,希望得到一位同样是失聪的婴儿,理由是失聪是美好的而且是她们的"家庭"的特征,希望能够遗传下去(Spriggs, 2002)。尽管这个例子本身不是直接的基因改造,但设想若然她们是要以基因改造的方法得到所要的结果,我们应该禁止吗? 艾加对容许这样的基因改造有所保留,因为这样做会减少了婴儿真正的自由和选择。参见 Agar, *Liberal Eugenics: In Defence of Human Enhancement*, 12 - 16,105; Matthew Spriggs, "Lesbian Couple Create a Child Who Is Deaf Like Them," *Journal of medical ethics*, 2002, 28(5): 283.

一方面,有人会觉得基因工程违反自然,也可能令世界变得恐怖;另一方面,有人觉得所谓"人为"与"自然"的界线不够明晰,但治病是天经地义的事,父母有责任为子女提供最好的生活,包括良好的医疗。这个光谱里有很多内容有待厘清,例如,基因治疗和基因强化的分界、人为和自然的分别等等。支持和反对的各种论证,就是站在这个光谱的不同位置上去论证自己的主张,而当中涉及很多不同的价值观。例如,彼得·辛格(Peter Singer)以效益主义来论证应该给予父母更多的自由去选择下一代的基因工程改造[1];另有学者曾以道家思想来处理自由优生学的问题[2]。简言之,应该遵循怎样的价值,可以利用不同的伦理学进路去思考,这也是中西比较哲学研究可以着力的地方。

(三) 关于人工智能医护

人工智能医护是当今一个热门话题。在医疗领域,早期有 IBM 的认知运算(Cognitive Computing)系统、华生医生(Watson)所从事的疾病早期发现、提议治疗方法、开发新药等工作。至 2018 年,中国一些三甲医院也开始使用华生技术。随着技术的提升,人工智能医护将得到全面发展,涵盖的内容也将更为宽泛。譬如,智能诊疗:将人工智能技术用于辅助诊疗中,让计算器"学习"专家医生的医疗知识,仿真医生的思维和诊断方法,从而给出可靠诊断和治疗方案。智能影像识别:将人工智能技术应用在医学影像的诊断上。影像识别包括两个部分:一

---

[1] Peter Singer. "Parental Choice and Human Improvement," in Julian Savulescu and Nick Bostrom, ed. *Human Enhancement*, Oxford: Oxford University Press, 2009, 277 - 289.

[2] CHAI, D. (2016). "Habermas and Zhuangzi against Liberal Eugenics." 中外医学哲学 14(2),第 97—112 页。https://doi.org/10.24112/ijccpm.141620; CHAN, B. S. B. (2016). "关于以道家进路反对自由优生学的疑问." 中外医学哲学,14(2),119 - 123. https://doi.org/10.24112/ijccpm.141622.

是图像识别和分析；二是根据大量的影像和诊断数据，对神经元网络进行深度分析研究。智能药物研发：将人工智能中的深度学习技术应用于药物研究，通过大数据分析可以快速、准确地挖掘和筛选合适的化合物，达到缩短新药研发周期、降低新药研发成本、提高新药研发成功率的目的。医疗机器人：其应用功能和范围从智能假肢、外骨骼和辅助设备，到智能机器人的护理。智慧健康管理：将人工智能技术应用到健康管理的具体场景中，如风险识别、在线问诊、健康干预以及基于精准医学的健康管理①。另外，对 ChatGPT 保持乐观的学者，认为 ChatGPT 有利于催化医疗，如病理诊断和药物研发。

    人工智能医护（包括服务性机器人）的一个突出例子就是老年护理。随着社会老年化的日增以及年轻人口的递减，社会对人工智能医护的需求愈来愈高。人工智能机器人利用 AI 的语音识别、深度学习、数据算法等技术，可模仿老人子女的声音，提醒老人吃饭、用药、外出活动等，提供个性化服务。然而，机器人可以看作是管理型的辅助工具，如被视为一种新型的情感支持就会引发一系列伦理问题，尤其是受儒家文化影响的社会。从所持观点的不同程度来看，人工智能医护的问题也与上面提及的两个生命伦理学问题一样，可以为其中的正反立场划出一个光谱。一方面，人们还是强调医学和治疗的重要性，特别是医护所需的人手，如何关怀病人、如何协助患者和家属渡过难关，等等，日新月异的人工智能科技或许能带来不少帮助。但另一方面，人们也会担心当过分依赖人工智能会给社会带来不良影响。譬如，机器护理是否令人混淆了真正的人类与人工智能机器人的区别，特别是当机器人有着人类外表的时候（亦即"人形机器" humanoid machine）；会否出现

———————————
① 参见《人工智能＋医疗的五大主要应用场景》，载《壹读》2017 年 10 月 19 日。

有人借用人工智能来操控受照顾者,譬如,借用照顾长者的人工智能机器人来诱导长者购买不需要的产品①。这些问题一样可以让我们利用中西比较哲学的研究来深化对不同价值观的思考,应对人工智能医护所带来的挑战。

无论是人工智能护理还是医疗,人们还会遇到其他的伦理议题。如数据伦理(data ethics),即大数据中的隐私、监管以及偏见的问题;医疗保健中的公平性(fairness)问题,即如何防止由于昂贵的价格导致社会分配资源的不公平;自主权(autonomy)问题,即智慧机器人是否可以维系服务对象的自主权;可解释性(interpretability)问题,即人工智能的决策过程不仅要透明化,更要能够向受影响的人解释决策理由。人们还可以询问:如果人工智能可以发展出一种纯粹机器的学习和思维方式,那么人工智能是否可以发展出一种道德思维系统?

目前,《全球自动控制和智能系统伦理倡议》(The IEEE Global Initiative on Ethics of Autonomous and Intelligent Systems,2016)已就人工智能的诸多伦理问题提出建议。倡议书的起草成员拉迦·查提拉(Raja Chatila)和约翰·哈文斯(John Havens)指出,倡议书旨在"为人类的福祉促进科技"(Advancing technology for humanity)②。毫无疑问,在人工智能的未来发展中,人与机器之间、机器与人之间以及机器与机器之间的互动关系势必要在社会中占据日益重要的地位。与此相

---

① 例如人工智能机械人除了可作一般的照顾(caring)外,甚至可以有与被照顾者发展友谊甚至性爱等的功能,在这些议题上便更有道德伦理的讨论空间。可参考 Ruiping Fan and Mark J. Cherry, eds., *Sex Robots: Social Impact and the Future of Human Relations*. Springer, 2021; Benedict S. B. Chan, "East-West Dialogues on the Ethics of Sex Robots." *HEC Forum*, 2023. https://doi.org/10.1007/s10730-023-09507-0。

② Maria I. A. Ferreira, et. al. (edits). *Roboics and Well-Being*. VI. Springer, 2019.

应,人类需要重新审视人机关系所引发的新型伦理挑战。我们应该强调"人工型智能"(artificial intelligence)还是"增强型智能"(augmented intelligence),这是当前西方学界争议的一个重要话题。

二、当代中国生命技术伦理探索的意义和方法

西方技术伦理研究急速展开的年代正是中国改革开放大步推进的年代。中国社会的技术开发和应用后起急追,蓬勃发展,同样呼唤着道德的关注和适当的应对。然而,毋庸讳言,中国生命技术伦理研究的水平还很有限,困难不少。首先,中国哲学家们对于这类问题的研究和教学参与度不高,关注力不够。他们大都忙于哲学史或思想史研究,探讨生命医学伦理问题的人更是少之又少。即使是少数关注现实问题的中国哲学家,注意力还是放在宏观的社会政治及国际关系问题上,缺乏对"微观"技术问题的深入了解和细致分析。加之,关注应用伦理问题(包括生命技术伦理问题)的学者们,常常采取的还是一种"拿来主义"的西化态度,钟情于介绍和使用某种西方伦理理论。不少人特别乐意诉诸比彻姆(T. Beauchamp)和丘桌斯(J. Childress)所提出的原则主义理论的"四原则"(即尊重自主、不伤害、有利和公正)或其简单变种,来径直组合自己的论述,提出相应的"解决"方案。这种研究的好处是容易进行,也能学习西方理论的思想优点和论证技巧,开阔我们的眼界;但缺点是没有针对自己所具有的问题的特点和细节进行"落地"梳理,而且也同自己的悠久伦理传统及其当下影响产生了隔膜和脱节。

我们一直认为,中国生命伦理学既要向西方理论学习,也要立足于中华伦理传统,才能得到良好的发展。二十多年来,我们在香港浸会大学应用伦理学中心的支持和组织下,同内地的学界朋友和教研机构精

诚合作，倡导和从事"建构中国生命伦理学"的学术研究和交流活动。1998 年创办《中外医学哲学》期刊，2007 年开始举办每年一届的学术研讨会。早期工作得到恩格尔哈特（H. T. Engelhardt，Jr.）先生、邱仁宗先生和杜治政先生的帮助，得力于中心的罗秉祥教授和陈强立教授的努力，以及内地许多同道（特别是赵明杰、边林、蔡昱、李建会、邓蕊、刘俊荣、程国斌、丛亚丽和王明旭）的支持和协助。期刊已办 26 年，研讨会已举行 17 届。2017 年出版《建构中国生命伦理学：新的探索》（中国人民大学出版社，范瑞平、张颖主编），2021 年出版《建构中国生命伦理学：大疫当前》（香港城市大学出版社，范瑞平、张颖主编；本书获得2023 年第四届香港出版双年奖）。这里由东方出版中心向读者推出的《建构中国生命伦理学：技术当道》，是为这一系列的第三部。

可能有人认为，"建构中国生命伦理学"听起来是个十分保守的提议，它似乎假定有一种统一的中国生命伦理学，即儒家的生命伦理学，而且仍然应该得到完整的保留和遵循，不应作出任何改变。在批评者看来，这种提议既不符合历史和现状（因为不同于儒家的其他伦理学说显然存在），也会在效果上造成压制不同观点、把自己的道德"直觉"或信仰强加在别人身上的问题。我们认为，如果"建构中国生命伦理学"采取的是直觉主义的进路，可能会有这样的问题。但我们历来提倡的都是建构主义的进路。直觉主义强调个体直觉和直觉知识的重要性。直觉主义者认为知识和理解是通过直观和内省，而不是通过经验或推理来获得的。他们相信直觉是一种超越语言和逻辑的直接洞察力，可以揭示真实的本质和价值，因而能够达到客观真理，而不需要依赖外部经验或社会构建。相对比，建构主义认为人类获取知识和理解世界的过程是基于主体与客体之间的互动和交流。建构主义者认为人们通过主观的经验、思考和社会文化背景的影响来建构他们的认识。采用建

前言 当代生命技术的中国伦理探索 / XV

构主义的进路需要搁置"客观"真理的概念,强调个人和社会共同建构的结果。总之,建构主义与直觉主义在认识论、知识论以及方法论上都有着不同的立场和观点:在知识的来源(直觉抑或经验)、知识的性质(客观真理抑或主观建构)和研究的方法(直觉感受抑或互动平衡)等方面,都存在差异。这两种进路各有优点,但就"建构中国生命伦理学"而言,我们一直主张建构主义的进路是更为合适的①,这是因为:一者,我们不能也不应该否认伦理多元化的境况,大家需要互相尊重,和平协商;二者,公共政策的制定需要公共理性的达成,无法也不应该依赖于一家的文化"直觉"。儒家生命伦理学成为"建构中国生命伦理学"的主流,不是因为任何"强加",而是因为参与的学者们进行经验反思和主动建构的结果,其中不乏对于某些儒家传统观点的批评。这些特点,读者可以从本书所包含的章节中明显看出。

建构主义的进路势必涉及(中西)比较哲学的方法。当代儒家学者认识到,我们"这个时代的一个根本特点是不同文化传统、不同哲学思潮的交汇、碰撞和融合。在这样的世界背景下,儒学的研究已经不可能、也不应该像过去两千年那样,作为一个受地域限制的学术传统,独立地发展"②。当代生命伦理学的研究也是如此。特别是,面对类似的问题,西方生命伦理学研究处于明显领先的地位。若要建构中国生命伦理学,例如儒家生命伦理学,我们无法不做一些比较生命伦理学的工作。这种工作可能涉及三个不同的层面。其一是描述比较:这是一种客观比较,清楚指出某两种东西方生命伦理学说之间的异同,从比较的

---

① 范瑞平:《十年一思:建构中国生命伦理学的一些理论问题》,载《建构中国生命伦理学:新的探索》,范瑞平、张颖主编,中国人民大学出版社 2017 年版,第29 页。
② 李晨阳:《比较的时代:中西视野中的儒家哲学前沿问题》,中国社会科学出版社 2019 年版,第 1 页。

视角来看它们各自不同的文本渊源和推理脉络，对两者都会达到更深入的理解。其二是借鉴比较：从相互对比的学说中得到启发，发现一方学说的某种不足乃至错谬，通过借鉴另一方学说的优点来弥补前者的不足或纠正其错谬，但并不是建议完全放弃一方学说而全盘转向另一方的学说。

我们常常可以看到以上两个层面的比较生命伦理学研究，它们也取得了不少成果，在本书的许多章节中都有体现。但我们认为，比较研究可能还有第三个层面：创新比较。显然，当代生命技术发展造成的伦理问题，并不限于一个国家或一种文化，而是全人类都在共同遭遇和面对；凡是不满足于彻底的文化相对主义伦理学而要追求一定程度的普适生命伦理学的学者，都需要在一个更高的层次上从事比较生命伦理学，那就是，人们可能需要利用比上述"借鉴"更为综合的手段来建构新的生命伦理学说，从而应对全球生命伦理问题。人们可能发现，东西传统伦理学说都有一定帮助，但也都包含某种偏颇，哪怕已经借鉴了对方的部分优点，也不可能全然利用一方学说来推出完全令人满意的普适全球生命伦理学解决方案。真正需要的突破在于基于比较而作出创新——不止是对一方学说来说是创新，而且对另一方学说来说也是创新，能够让各个社会和文化的人都认为合理、合情、合意，从而成为真正普适的全球生命伦理学。应该承认，这一层次的比较生命伦理学研究难度很大，差距也很远，基本超出了本书致力的范围，有待东西学术双方在未来作出更多的努力。

三、本书的由来、特点和主要内容

本书除前言外，由19篇文章组成。各篇作者首先应我们的邀请就三类生命技术中的某一突出伦理问题提交了写作提纲,经我们审核通过后写成了初稿,然后在香港浸会大学应用伦理学中心于 2023 年 5 月召开的第 17 届"建构中国生命伦理学"研讨会上进行了交流讨论。各篇定稿都是根据会中讨论及主编建议而修改完成的。本书虽然包括个别道家及佛家观点,但它们主要是作为儒家观点的补充和扩展来展开论述的,起到丰富和深化儒家观点的作用。本书的一大特点,是针对三大生命技术在当前中国社会的发展和应用所引起的尖锐道德冲突进行儒家伦理的分析、探索和应对,同时也与相应的西方伦理学说进行比较和反思,提供进一步研究和发展的机缘。以下将三大部分中的各篇内容作一概述介绍。

(一) 生殖选择

这一部分由第一篇到第七篇组成。首先,第一篇探讨的是著名的"保护后代原则"在当代人工辅助生殖技术应用中的应有作用及其滥用问题。中国于 2003 年颁布实施的《人类辅助生殖技术和人类精子库伦理原则》将"保护后代原则"确立为人工辅助生殖医疗中一项特有的伦理原则。这条原则规定,"如果有证据表明实施人类辅助生殖技术将会对后代产生严重的生理、心理和社会损害,医务人员有义务停止该技术的实施",并提出了一些具体要求。因此,在人工辅助生殖医疗实践中,医务人员、伦理委员会经常会援引这条原则来反对一些特定群体提出的辅助生殖医疗需求,如癌症病人家庭、同性恋形式的婚姻家庭、性别转换者婚姻家庭。这几类群体在社会中具有一定数量,符合辅助生殖实践的医学指征和一般伦理考虑,并且具有中国法律认可的婚姻关系。反对的核心理由在于,这些群体并不严格符合"夫妻二人"作为稳定的婚姻家庭组织形式的要求,并因此推断他们经人工辅助生殖产生的后代将面临巨大的生理、心理和社会损害风险，因此，给他们进行人工辅助生殖将违背保护后代原则。唐健论证，这种反对理由并不充分，既缺乏经验依据，也不符合当代国际辅助生殖医学伦理的普遍规范，而且还不能获得儒家传统价值观的辩护，其实是对"保护后代原则"的误用或滥用。他认为，儒家家庭主义伦理注重家庭整体的道德地位、鼓励生育、强调血亲关系。鉴于儒家家庭主义在当代中国生命伦理话语中占有重要地位，应当通过对于这种伦理的适当澄清与发展，为上述群体的辅助生殖医疗需求提供伦理辩护，避免"保护后代原则"的误用或滥用。

第二篇转向探讨"代理母亲"的复杂现状及其伦理问题。显然，以"传宗接代"为生育目的的代孕常常处在习俗、伦理和法律的风口浪尖之上。为了保障代理母亲及其子代的基本权益，当代社会在婚姻制度、法律禁令、契约关系和亲子关系方面都在作新的尝试。李杰和韩丹看到了代孕的传统渊源，也把探索的目光聚焦在当今发达经济体的法律和伦理情况上。无疑，与传统社会不同的是，身处现代的人们由于拥有更多的自由和选择，寻求代孕帮助的理由更为多元化，因而社会面对的难题也更为突出。不同于过去的过继、收养、招赘婿、代孕等延续香火的方式，采用现代医学辅助生殖技术，且被部分国家和地区赋予合法地位的代孕特指妊娠代孕，即用委托父母的、捐献的卵子/精子在体外人工授精产生胚胎植入代孕母亲子宫的方式，这种妊娠代孕出生的孩子跟代理母亲没有血缘关系。李杰和韩丹强调，传宗接代的生育目的应得到伦理的支持，但在实现传宗接代的途径中应兼顾代孕母亲和代孕子女的权益，在亲属权的争议中无论是代理母亲优先，还是意向父母优先，法律制度都需要特定的平衡机制来促进和保护代孕子女、代理母亲和意向父母的权益。

女性冻卵是当今社会的一大热点。不少人把"冻卵"分为"医学性冻卵"与"社会性冻卵"两种：前者主要是为不孕不育患者提供的一种医学治疗手段，而后者则是为那些目前不想生育、但想保存生育能力的女性提供对抗"生育年龄威胁"的一项生殖技术手段。中国内地目前不接受单身女性的社会性冻卵请求。在第三篇中，张琨和丛亚丽认为，医学性冻卵与社会性冻卵的区分意义不大。在他们看来，一方面，儒家传统文化以"仁"为中心，关注人的生命和情感，阐释"生生"观念，具有重视生育的伦理内核，而个体生命的脆弱性、个体的不断"老化"所展现的个体生命的有限性提示儒家伦理可以支持女性个体对辅助生育手段需求的合理性，没有必要执着于医学性冻卵与社会性冻卵之间的分野，这体现出儒家伦理在论证资源上的"有为"一面。但另一方面，儒家传统文化将女性的身份建立在婚姻和家庭关系中，认为单身女性在生育中是特殊的，单身和非婚状态无法在儒家婚姻伦理中得到平等支持，这可能也是中国内地在政策制定上对单身女性的社会性冻卵请求设置障碍的一个文化因素。在这点上，儒家传统文化似乎又是"无力"的。在张琨和丛亚丽看来，我们需要进一步挖掘儒家生命伦理对此问题的看法，寻求更为可行和合理的出路，使其更加符合儒家"有心"的价值理念和对生育目的与人类繁衍的支持。他们强调，尽管生殖技术的新进展还会带来更多挑战，但儒家关注家庭整体的延续和社会完好状态的思想特点，提示我们立足于终极目标的把握，而非只局限于个人的权利视角，这也许可以为当代生殖伦理问题提供新思路。

一些国家允许为同性恋人群提供辅助生殖技术服务，其中包括流行于女同性恋伴侣之间的"A 卵 B 怀"模式（Reception of Oocytes from Partner, ROPA）：女性伴侣中一方（A）提供卵子，与精子库中捐精人的精子在体外结合形成受精卵，发育成胚胎，然后植入另外一方（B）子宫并完成生育过程。近年在中国厦门即发生一对女性同性伴侣通过

ROPA 模式生女后争夺抚养权一案，将这种独特生育模式引入了大众视野。通过 ROPA 模式，供卵者与孩子建立了遗传学联系，而怀孕者通过孕育、分娩与孩子建立非基因关系的生物学联系。西方学者多从自由和权利视角论证 ROPA 模式的合理性和正当性，以及探讨其带来的伦理、法律和社会问题。鉴于儒家伦理对中国人的生育观和家庭观影响深远，马永慧在第四篇中从儒家的"孝道""自然性""仁爱"以及"家"的观念出发，对 A 卵 B 怀案例的相关问题进行分析，展现其中的价值和文化冲突，最后提出"中庸之道"的思想可为 ROPA 模式与儒家伦理的相容性提供和解方案。这一篇的讨论为促进和谐包容的社会环境和提升辅助生殖技术的监管提供新的思路，也对儒家伦理的现代转型思考具有意义。

接下来的两篇转向"人造子宫"问题的探讨。从设想、现实再到全面应用的可能性，人造子宫技术在发展的每一个阶段均受到社会的广泛关注。的确，随着人造子宫技术的突飞猛进，人类不依靠女性生育后代的那一天已不再遥远。方旭东在第五篇指出，男性独自就可以完成生育工程，这对女性来说，既意味着巨大的解放，也潜藏了始料不及的威胁。因为强调"不孝有三，无后为大"，儒家曾被人批评为将女性物化为"生育机器"。但在方旭东看来，人造子宫技术的出现，让儒家有一个机会为自己正名：它一如既往地珍视婚姻家庭的价值，不会因为生育不依赖女性就从婚姻家庭当中罢黜女性。他认为，儒家关于阴阳互补和谐的信念在理论上保证了女性在婚姻家庭中的重要性。当然，方旭东承认，这样理解的儒家是一种基于他所谓分析儒学视域下的儒家，而并非一种反对所有新技术而以保守著称的儒家。

相比之下，王芬在第六篇中将人造子宫实践中的问题看得更为严重一些。这一篇立足中国生命医学伦理的境域，以儒家传统伦理思想为视野,通过对家族身份认同、亲子情感联系、个体自然历史属性等问题的分析,探讨未来人造子宫技术全面取代母体孕育功能可能对个人以及社会生活带来的直接影响。具体说来,她认为人造子宫技术对于儒家宗族伦理的冲击集中在三个方面:第一,生育的商业化使人远离自然,带来社会不公等问题。第二,新生儿固有的家族历史传承将被取消,以家庭血缘关系为根基的氏族谱系传统受到极大挑战。第三,若人造子宫技术被滥用,就会造成潜在的社会阶层分化与对立,使得社会文明退化。也就是说,该技术一旦被无限制使用,将对东亚社会传统乃至社会结构造成破坏性冲击。但她认为儒家思想也不应把"人造子宫"视为其理所当然的对立面而将它禁锢,而是在体认"中""和"智慧、"仁""爱"之道的儒家伦理社会中,在应用人造子宫技术时"知度"与"知止"。

　　这一部分的最后一篇探讨男性怀孕的伦理问题。尹洁认为,男性怀孕在技术上实现的可能性已有不少基于医学科学证据的探讨,并且其可欲求性也并非空穴来风。在她看来,无论是希望获得受孕体验以此增进亲子关系或是体谅异性伴侣的顺性别男士,还是希望不求助于代孕而获得子嗣的性少数群体,在生殖自由权的话语框架下,似乎都有其正当的诉求。有些西方学者认为即便这种诉求是合理的,也不存在所谓男性怀孕权,因为性别差异有着重要的规范性意蕴,而人们应该以生物性的性别差异来划定生殖权利的边界。尹洁则论证,这类西方保守主义与其自由主义对手一样都有从立场直接导向结论之嫌,而她在这一篇中则希望诉诸早期儒家的理论形态,借由一种非生物主义的阴阳区分,同时借由男性怀孕权作为一种类思想实验,来揭示植根于早期儒家形而上学立场有可能为当代平等与多元价值主张提供一种非生物性、非本质主义之外的思想源泉的可能性。

（二）基因工程

第八篇是第二部分的开篇。邓小虎在这一篇中根据早期儒家思想对于当代基因工程技术的发展和应用作出一些提纲挈领的哲学探讨。他指出，当代生命伦理学涉及的诸多医学技术和相关议题，如生殖、性别、婚姻、基因改造等，其实无一不涉及自然和人工的区分以及相应的伦理学意涵。在以往的生命伦理学讨论中，学者大多是借用道家的"自然"观念来进行相关讨论。虽然早期儒学并不强调"自然"的重要，但早期儒家思想对于天人关系的诸多论述，其实已经蕴涵了儒学对于相关生命伦理学议题的洞见和观点。邓小虎认为，我们需要重构早期儒学对于天人关系和生命伦理的理解，并以基因工程为例，阐述儒学对生命医学技术的理解和响应。在他看来，儒学基于"参与天地"和"赞天地之化育"等观点所论述的生命伦理，可以为当代基因工程的讨论和争议提供重要启发。

接下来的三篇从不同的视角出发，讨论基因编辑的相关问题。人类基因编辑技术的应用常常被分为基因治疗与基因增强两个类型：基因治疗用于治疗不正常的、违反健康的疾病，而基因增强则用来增强正常的、健康人的能力。第九篇的出发视角是中国传统医学经典《黄帝内经》。李振良论述，《黄帝内经》的健康观念与现代基因技术具有弱的"不可通约"性。虽然在预防疾病、增进健康、促进长寿的目标上二者是一致的，且从《黄帝内经》文本的观念不能推出排斥人类基因编辑技术应用的结论，但也不能说这一传统医学观念支持这类技术的运用。他论证，"寿敝天地"的意愿似乎认同采取基因编辑的手段，但"移精变气"的原则并不提倡外部干预的手段，而"七损八益"的规律则为基因编辑设置了边界。因此，李振良认为，基因编辑从理论上可以达到"气脉常通"的基本要求，但不能保证"形与神俱"，更可能破坏"阴平阳秘"。《黄帝内经》更强调通过顺应而不是改变天、地、人的自然规律来达到强身健体和健康长寿的目的。

第十篇的出发视角则是汉传佛教的生命伦理思想。王富宜认为，在该视域下审视人类基因编辑技术，核心在于追究其对于人类生命的理解。汉传佛教生命伦理思想认为人的生命由色身生命与心性生命构成，后者极为重要，而人类基因编辑技术则面对两个无法避免的问题：胚胎是否为人及其道德地位如何？作为父母和专家的他者是否应该决定后代的基因特征？在王富宜看来，汉传佛教认为胚胎具有独立道德地位；父母和专家擅自决定后代的基因特征违背了汉传佛教所坚持的缘起和平等思想。因此，她认为，基因编辑一方面损害了汉传佛教生命伦理的生命观念，应该受到拒斥；另一方面，基因治疗对人类生命有一定的守护性，在伦理上可以得到一定辩护。

在第十一篇中，蒋辉和张韵的出发视角是综合儒佛道三家的伦理思考来探讨人类基因编辑治疗技术。在他们看来，中国生命伦理学应该诉诸五个不同的原则来研究人类基因编辑治疗技术的历史、当前的应用和发展的挑战：仁爱原则（维护尊严的意识、善用其心的思想、兼济天下的情怀）、慎行原则（奉行中庸之道、敬畏自然之法、怀有慈悲之心）、知止原则（承认认知的局限、把握干预的尺度、尊重生命的规律）、安心原则（起心动念致良知、行为抉择循天理、是非善恶见本心）、和谐原则（生理机能平衡、社会关系融洽、生态循环健康）。他们认为，围绕这五个维度来探索科技伦理治理，发挥中国智慧，发展中国方案，结合中华传统文化来构建符合中国国情的伦理规范，并充分与社会公众互动沟通以统一调和各种矛盾冲突，可以丰富和发展更包容、更全面、更和谐的中华价值观体系。

接下来的四篇将重点放在了基因增强问题上。第十二篇尝试从道家观点出发，针对超人类主义的"形态自由"（Morphological Freedom）观念，超越单纯技术层次来深入反省基因增强的理论。洪亮指出，"形态自由"概念的雏形诞生于 20 世纪末，尤以"世界超人类主义者联合会"（WTA）1998 年成立时发布的宣言为重要标志。它强调人类借助技术扩展"心智与生理能力，提升对自身生命的掌控"，应该被赋予实现这个意愿的"道德权利"，寻求"超越我们目前生物局限的个人性增长"的目标。也就是说，"形态自由"观念强调从立法角度保护"个体性自由选择"：人有"按自己的意愿处置自己的生理属性或智能的权利，只要不损害他人"即可。借助当代西方哲学家基于道家自然观的启发而提出的"新自然观"，洪亮认为，我们应该对于"形态自由"进行批判性考察，不仅要指向其社会本体论层面，更要指向其自然观层面。在贫富分化日益严重的当下世界，有能力实践"形态自由"的少数人能否按其鼓吹者所设想的那样，使"形态自由"成为人人都能平等共享的机会，从政治经济学的现实主义角度看非常可疑。挣脱社会语境和生活世界，不断推进"形态自由"，未必可以诞生"更好的人类"，反而揭示出人类试图以此达至的进化目标在自由与自然之间制造了冲突局面，提醒我们要在道家注重生态循环的自然观中为现代自由观构建一个有界线的空间，发展出一种具有前瞻性和综合性的自然概念。

在第十三篇中，陈化从儒家伦理学的核心范畴出发来梳理生殖性基因增强的伦理困境。他指出，追求自身进化以至"完美"一直是人类梦寐以求的目标。基因作为蕴含丰富人类信息和密码的载体，无疑是实现人类增强的重要突破口。但生殖性基因增强因涉及父母、家庭和社会关系，使人们面对不可避免的伦理困境。陈化认为，儒家伦理学的核心范畴——"家庭、仁义、天人"——为我们提供了分析生殖性基因增强的理论资源。在他看来，儒家伦理中家庭本位的家庭观、天人合一的自然观和仁爱德性的道德观,均强调基因增强技术不应损害道德价值,破坏天人关系,违反爱人和正当的道德原则。他强调,儒家文化内嵌于中华民族的血脉之中,理应为现代技术的应用提出相应的阐释,以为全球生命伦理学的发展提供自己的理论资源,从而也帮助别人更好地理解中国生命伦理学。

第十四篇聚焦于基因道德增强(Genetic Moral Enhancement)问题,即通过对生殖细胞进行基因编辑以帮助父母提升未来子女的道德水平所涉及的伦理问题。在徐汉辉看来,这类问题包括两个方面:① 什么样的道德增强是道德上可接受的(或不可接受的);② 父母是否有权为子女作出进行基因道德增强的决定。他尝试基于儒家伦理学来回应这两方面的问题。徐汉辉论证,基于孟子的"恻隐之心"观点,通过提高移情能力以提升利他动力的道德增强在道德上是可接受的。同时,基于"爱有差等"的观点,有两种形式的道德增强是儒家无法接受的,一是通过弱化甚至消除利己本能来减少利他的阻力;二是通过改造我们对他人痛苦的接收机制以提升利他的动力。徐汉辉强调,前者不可接受,是因为利己倾向的自爱本能是利他倾向的恻隐之心的前提和基础,弱化或者消除自爱本能会使恻隐之心无所依据。后者不可接受,是因为通过改造个体对他人痛苦的接收机制来"迫使"个体对自己和对他人等同地趋利避害,难以符合孟子的"爱有差等"思想。显然,这些复杂论证,可以激发读者更进一步思考和探索。

在这一部分的最后一篇中,李书磊集中讨论儒家德性观点下基因增强与基因治疗的区别问题,他批评范瑞平以前就此发表的论点(即区别基因增强与基因治疗对于儒家美德来说并无重要意义)是站不住脚的。在他看来,以单纯自主为核心来讨论基因编辑活动的伦理问题是不够的,真正的自主需要德性。儒学中的德性联结个人和家庭,内含个人自主，但家庭也应留存来扩充孩子的德性。人性本善，性通过心发显于外，情境深度参与其中。父母应提供在孩子留存善念时作出正向反馈，在孩子产生恶念时作出反向反馈的情境。他判断，儒学中的德性支持基因治疗，不赞成基因增强，因为使身体增强的基因编辑所提供的情境易使孩子本心陷溺，卷入攀比竞赛的父母也易陷于"偏险悖乱"，并易破坏父母孩子之间以感恩和关爱建立起的家庭关系，从根本上断掉家庭带来的反馈影响，使亲子关系变为一种责任—追责关系。

（三）智能医护

本书最后部分探讨智能医护带来的新型伦理问题。作为一项备受瞩目且具有颠覆性的科学技术，人工智能研究及应用的突飞猛进重塑并深刻地改变人类的生活世界，也引发养老领域的深层次变革。第十六篇和第十七篇集中探讨这方面的问题。王珏指出，随着全球社会老龄化程度的加深，越来越多的研究者和技术公司将机器人照护看作解决老龄化问题的终极方案。但她认为，这种技术主义思路遮蔽了智能机器人照护对人类社会的结构、特定领域的实践方式以及人与人之间的关系所具有的负面影响。第十六篇深入机器人老年照护的不同应用场景，借助儒家思想资源，剖析潜在的伦理问题和伦理挑战。王珏论证，我们应该构建一种儒家关系性技术伦理框架，来帮助我们评价和规范人工智能在老年照护领域的应用。儒家伦理的关系性视角具有迥异于西方主流伦理框架的伦理关切和道德重心。在她看来，如果将某种技术引入某种人类实践，并因此重构了其中的角色关系，结果是侵蚀了相关道德行动者的德性的话，那么我们就需要慎重思考这种技术的伦理适用性。

在第十七篇中，贺苗指出，当下中国社会正值人口老龄化、高龄化、深龄化的加速期与上升期,人工智能养老为满足老年人的健康需求提供前所未有的契机,也蕴含着不可预测的伦理风险,对老年健康生活产生双重效应。一方面,从技术本身而言,人工智能为日趋庞大的老龄人口提供更加高效、便捷、精准化的智能服务,在生活照料、医疗护理、心灵抚慰等多方面满足老年人的健康需求,促进老年人实现自我管理、自我赋能与自我发展,为健康老龄化提供技术支撑。另一方面,人工智能与人口老龄化、贫富分化、城乡差异、地区差距叠加在一起,产生出巨大的老年"数字鸿沟",极大冲击传统的人伦亲情,使老年人陷入孤独、排斥的自我感知隔离困境。从传统儒家伦理视角反思人工智能养老模式对于老年健康生活的双重效应,对于我们如何更好地应用人工智能技术来服务健康老年生活具有重要意义。贺苗强调,尽管人工智能技术有可能引发传统血缘家庭关系、家庭养老形式的重大危机,但儒家文化倡导的"仁者爱人"的人本观和"仁者自爱"的生命观,在信息数字化与人口老龄化深度融合的时代,仍不失为弥合老年数字鸿沟、推行"仁心"人性治理,寻求美好健康生活的一面文化之镜。

本书最后两篇讨论人工智能医疗的伦理问题。近年来,人工智能技术发展迅速,其诊断技术在医疗中的应用引起一系列问题与挑战,受到人们的极高关注。在第十八篇中,陈安天和张新庆讨论通过大型语言模型 ChatGPT 实现问诊、提供相关医学建议,从而扮演人工智能医疗角色的问题。在他们看来,使用 ChatGPT 实现人工智能医疗无法避免安全、公平及隐私等伦理难题。他们认为,中国生命伦理学体系根植于儒家传统思想文化,应该发展出一套更易被接受的、本土化的伦理体系,使得 ChatGPT 等人工智能应用于医学领域时满足其要求。他们论证,虽然人工智能本身不具有道德主体性,但其行为往往是被评价和规范的对象。秉承儒家美德要求,我们一方面应该保障医疗人工智能使用者的安全并使得医疗人工智能尽可能提供优质、可靠的建议或意见，另一方面也可以提升使用者对医学人工智能的接受程度。他们强调，在人工智能被越来越广泛应用的今天，以儒家传统美德为代表的中国生命伦理学理应走入"医疗＋AI"领域，为新技术提供需要时刻遵守的道德规范，从而更好地发展中华文化并服务广大民众。

在第十九篇中，聂业以 IBM 公司开发的沃森（Watson）系统为例，论述人工智能医疗诊断技术的最核心伦理问题其实是义利之辩问题。在她看来，儒家义利观的核心在于，对于"利"的衡量标准可能不止在于利本身、更在于获利的方式或行为，即所获之"利"是否合理以及获利方式是否符合"义"的规范。也就是说，儒家首先并不反对获利；其次把义看作解决利益关系问题的根本道德原则；最后，义利并不总是对立，不是有利则无义，有义则无利，而是应该看到"义"与"利"可以相互转化。就医疗诊断方式而言，传统诊断方式往往需要多个不同部门的多个医生之间的合作，他们之间的资讯交流可能出现误差，单个医生可能出现的错误和延迟还会相互叠加，而人工智能诊断系统就可以有效地消除这种误差及叠加效果。如果后者的使用是为了协助医生（而不是取代医生）来弥补这些不足，从而更好地服务病人，那就是有"义"之"利"；相反，如果医院看到 AI 医生的医疗成本远远低于人类医生的医疗成本，只是为了节省医疗成本而采用人工智能诊断技术，减少乃至取代人类医生，造成医生失业、失培，即为了获得高额利润而采用人工智能诊断系统，这就是不当的私利，在儒家看来，就是不义之利。简言之，聂业认为儒家义利观是儒家伦理价值的核心和儒家思想文化的基础，按照这一观念来重新审视现代医学技术（包括人工智能诊断技术）的发展问题，具有可观的理论价值和现实意义。

四、致谢

本书得以完成和出版,得益于不少同事和朋友的热心帮助,在此谨致谢忱。首先,感谢香港浸会大学宗教及哲学系主任郭伟联及其同事对于举办第 17 届"建构中国生命伦理学"研讨会以及编辑出版本书所提供的鼎力支持;感谢何怀宏、赵明杰、王明旭、丛亚丽、关启文、王邦华在研讨会中对于相关章节给予的有益评论和建议;感谢香港浸会大学应用伦理学研究中心和宗教及哲学系公共事务伦理学文学硕士课程赞助出版此书;最后,感谢东方出版中心肖春茂编辑为本书出版所作的各项努力。

2024 年 1 月

目　录

第一部分

生殖选择

人工辅助生殖：保护后代原则的作用与滥用

唐　健[①]

引言

近年来，人工辅助生殖医疗领域的一些经典伦理问题，例如，单身女性冻卵、冷冻胚胎权属、代孕、生育登记政策等，不断成为中国学术界和社会领域的共同热点。这些问题从表面上看，是由于个别法律诉讼案件[②]所偶然触发的；而从深层次看，是由于社会对生育的新需求与政府对生育的治理之间出现了不协调，医疗专业与生育个体、家庭之间出现了新的价值观对立。在这样的背景下，本研究选取了中国人工辅助生殖医疗领域的一条能体现这种不协调与对立的伦理原则，即保护后代原则，进行集中分析讨论。研究目的旨在进一步理解当代中国家庭伦理的内涵，同时尝试对人工辅助生殖医疗中的伦理难题提供解决方案。

在中国内地，2003 年颁布实施的《人类辅助生殖技术和人类精

---

① 唐健，天津医科大学医学人文学院教授。
② 较为著名的案件，例如，"首例单身女子冻卵案""首例冷冻胚胎继承权纠纷案"。

子库伦理原则》在人工辅助生殖医疗领域一直具有权威性的指导地位。这份伦理规范确立了"有利于病人、知情同意、保护后代、社会公益、保密、严防商业化、伦理监督"等七项伦理原则，用于指导中国人工辅助生殖医疗实践。其中，"保护后代原则"是人工辅助生殖医疗中一项特有的伦理原则。在这条原则下，规定了"如果有证据表明实施人类辅助生殖技术将会对后代产生严重的生理、心理和社会损害，医务人员有义务停止该技术的实施"的具体道德要求。

在人工辅助生殖医疗实践中，医务人员、伦理委员会经常会援引"保护后代原则"反对一些特定群体提出的辅助生殖医疗需求，例如，癌症病人家庭、同性恋形式婚姻家庭、性别转换者婚姻家庭。这几类群体的共同特点是：社会中具有一定数量，符合辅助生殖实践的一般伦理原则和医学指征，并且具有中国法律认可的婚姻关系①。反对的核心理由在于，这些群体并不严格符合"夫妻二人"作为稳定的婚姻家庭组织形式，并因此推断，经人工辅助生殖产生的后代将面临巨大的生理、心理和社会损害风险，因此，不利于人工辅助生殖产生的后代福祉。

本文将从三个现实案例出发，描述为何已经在法规中确立的"保护后代"原则构成了需要检讨的伦理问题，进而尝试从儒家家庭主义伦理视角对该问题进行分析与回应。

---

① 根据原卫生部 2003 年印发的《关于修订人类辅助生殖技术与人类精子库相关技术规范、基本标准和伦理原则的通知》（卫科教发〔2003〕176 号）规定，"开展人类辅助生殖技术的医疗机构在为不育夫妇治疗时，必须预先查验不育夫妇的身份证、结婚证和符合国家人口和计划生育法规和条例规定的生育证明原件，并保留其复印件备案"。因此，具有中国法律认可的婚姻关系，是在中国内地实施人工辅助生殖治疗的前提。

一、涉及保护后代原则的伦理案例①

（一）终末期癌症病人家庭的助孕请求

一对夫妻，结婚六年未孕，没有接受过人工辅助治疗，此前对孕育并不急切。但丈夫在体检中发现了肺癌，医生经过检查，判断认为癌症病情较重，建议立即进行化疗，并且预后不佳，已经进入终末期。鉴于癌症化疗将对生殖细胞造成损伤，夫妻双方经过深思熟虑，决定丈夫在接受化疗之前，申请进行第三代试管婴儿技术（Preimplantation Genetic Testing，PGT），即胚胎植入前遗传学筛查与诊断技术助孕治疗。女方明确表示愿意接受助孕，也愿意承担如果丈夫过世之后抚育孩子的责任，夫妻的双方父母都表示了支持，愿意以后共同抚养。临床医师将该案例提交给伦理委员会进行进一步讨论②。

伦理委员会经过讨论，认为该申请从形式上符合现行法律条件，但部分委员依据"保护后代原则"表示忧虑，如果丈夫死亡之后，单亲家庭对儿童养育可能会造成严重的心理和社会损害。委员会最终投票，没有通过该项申请。

（二）同性恋形式婚姻家庭的助孕请求

一对夫妻结婚两年未孕，前来辅助生殖中心申请助孕服务。经过

---

① 该案例来自研究者提供伦理咨询的辅助生殖伦理委员会，案例隐去当事人身份信息。
② 临床医师如果对某些疑难案件难以给出独立判断，可以提交伦理委员会，要求进行伦理指导。如果伦理委员会给出了禁止性指导意见，那么临床医师则不能实施相关诊疗；如果伦理委员会作出了同意性指导意见，临床医师则可以实施相关诊疗，也可以拒绝实施。

检查，女方输卵管和男方精液均正常，提出要求进行夫精人工授精助孕（Artificial Insemination by Husband Semen，AIH）治疗。他们向医院出示了结婚证，但也坦诚表示，双方均是同性恋，并且有各自关系固定的男友和女友。他们本来并不认识，是通过一个同性形式婚姻互助网站相识的。由于到了婚育年龄，为了应对家庭和社会压力，他们采取了形式互助婚姻的方式。双方经过私下协商，签订了互助婚姻协议，婚后没有性生活，他们的同性恋身份一直没有公开。现在，他们双方的父母都催促他们尽快生育，并且他们也有生育的意愿。经过协商，他们决定通过辅助生殖技术得到下一代，并表示愿意共同抚养后代，也愿意承担做父母的责任。临床医师将该案例提交给伦理委员会进行讨论。

伦理委员会经过讨论，认为该申请从形式上符合现行法律条件，但部分委员依据"保护后代原则"提出反驳，认为同性恋形式互助婚姻家庭对儿童养育可能会造成严重的心理和社会损害。委员会最终投票，没有通过该项申请①。

（三）性别转换者婚姻家庭的助孕请求

一对夫妻前来辅助生殖中心咨询供精助孕服务，并提供染色体检查报告，显示为 46，XX。该丈夫曾经是女性，十年前完成变性手术，已经切除乳房和子宫卵巢，手术后以男性身份生活，身份证已经完成变更。妻子是女性，知晓丈夫曾做过变性手术。双方结婚五年，感情和睦，此次共同决定希望进行供精人工授精（Artificial Insemination by Donor Semen，AID）治疗。临床医师将该案例提交给伦理委员会进行

---

① 研究者访谈了一位资深的辅助生殖专家，他曾经帮助过同性恋人士在形式互助婚姻内实现过辅助生殖，他没有将案例提交给伦理委员会，他觉得法律没有禁止此类情形，同时个人有能力处理好这类问题。

讨论。

伦理委员会经过讨论，认为该申请从形式上符合现行法律条件，但部分委员依据"保护后代原则"提出反驳，认为变性人家庭对儿童养育可能会造成严重的心理和社会损害。委员会最终投票，没有通过该项申请①。

（四）"保护后代原则"的解释难题

以上三个案例都存在共同点：① 申请接受辅助生殖治疗的夫妻符合医学指征和技术要求。② 夫妻具备合法的婚姻关系，有别于单身公民生育问题、同性婚姻合法化问题。在中国法律框架内，对于同性恋者而言，只有与异性结婚，无论对方是否知道其真实的性倾向，本人或配偶才有接受人类辅助生殖技术的法律资格；对于跨性别者而言，只有在接受性别肯定手术后与异性结婚，并完成了法律性别承认的行政程序，本人或配偶才有接受人类辅助生殖技术的法律资格。③ 婚姻家庭双方主体，甚至家族是经过深思熟虑作出的决定，符合知情同意的要求，并不是一时情感冲动的选择。④ 临床医师认为构成了复杂的伦理案例，无法直接依据一般性伦理原则作出决策，希望递交给有非医疗专业成员构成的机构伦理委员会②讨论，给予进一步指导意见。⑤ 伦理委员会经过充分讨论，都认可这三类家庭的生育权利，但同时都考虑到了

---

① 研究者访谈了一位跨性别人士，他指出，很多跨性别人都有生育需求，但是很难在正规医疗机构实现辅助生殖的目的。

② 根据《人类辅助生殖技术和人类精子库伦理原则》，中国实施人类辅助生殖技术的机构应建立生殖医学伦理委员会，并接受其指导和监督；生殖医学伦理委员会应由医学伦理学、心理学、社会学、法学、生殖医学、护理学专家和群众代表等组成；生殖医学伦理委员会应依据法定的原则对人类辅助生殖技术的全过程和有关研究进行监督，开展生殖医学伦理宣传教育，并对实施中遇到的伦理问题进行审查、咨询、论证和建议。

现行《人类辅助生殖技术和人类精子库伦理原则》①中要求的"保护后代的原则"，认为这几类案例情形都不是典型的家庭情况，可能会造成辅助生殖产生的后代产生严重的心理和社会损害，因此，作为委员会一项集体决定，根据投票规则，驳回了此类申请。

辅助生殖是否符合这些本来不会被自然受孕的孩子的最大利益，构成了尖锐的难题。一般来说，如果声称为了潜在孩子的利益而不允许受孕和出生，经常遭到反对，因为按照伦理学行善原则要求，出生一般要比不出生要好。② 但是，保护后代原则的确立，却挑战了行善原则的确定性。

二、人工辅助生殖医疗中的后代利益

（一）后代利益

在世界"试管婴儿"技术发源地英国，伴随着 1978 年首例试管婴儿路易斯·布朗（Louise Brown）的出生，人们对生殖领域的道德规范深感不安，于是组建了英国人类受精和胚胎学调查委员会，由哲学家玛

---

① 《人类辅助生殖技术和人类精子库伦理原则》规定了"保护后代的原则"包括如下内容要求：① 医务人员有义务告知受者通过人类辅助生殖技术出生的后代与自然受孕分娩的后代享有同样的法律权利和义务，包括后代的继承权、受教育权、赡养父母的义务、父母离异时对孩子监护权的裁定等；② 医务人员有义务告知接受人类辅助生殖技术治疗的夫妇，他们通过对该技术出生的孩子（包括对有出生缺陷的孩子）负有伦理、道德和法律上的权利和义务；③ 如果有证据表明实施人类辅助生殖技术将会对后代产生严重的生理、心理和社会损害，医务人员有义务停止该技术的实施；④ 医务人员不得对近亲间及任何不符合伦理、道德原则的精子和卵子实施人类辅助生殖技术；⑤ 医务人员不得实施代孕技术；⑥ 医务人员不得实施胚胎赠送助孕技术；⑦ 在尚未解决人卵胞浆移植和人卵核移植技术安全性问题之前，医务人员不得实施以治疗不育为目的的人卵胞浆移植和人卵核移植技术；⑧ 同一供者的精子、卵子最多只能使 5 名妇女受孕；⑨ 医务人员不得实施以生育为目的的嵌合体胚胎技术。

② Harris, John. "Rights and Reproductive Choice," In John Harris and Søren Holm eds. *The Future of Human Reproduction*. Oxford University Press，1998.

丽·沃诺克(Mary Warnock)出任主席，1984 年出版了著名的《沃诺克报告》①，成为人工辅助生殖医疗领域奠基性的伦理共识文献。该委员会指出，出于对孩子利益的考虑，孩子应出生在一个有爱、稳定、异性恋关系的家庭中，如果故意让孩子出生在不具备这些特征的家庭中，在伦理上是错误的。沃诺克夫人在独立发表的论文《孩子的利益》中②，讨论了单身人士和同性恋者等"人工家庭"。她发现，人们所强调的是成年人的愿望和福祉，而"孩子的利益"则是一个"被广泛引用，而又含混不清的概念，并不总是可信的"。她进而建议，要对现有"人工家庭"的儿童进行详细研究，以帮助作出关于辅助生殖的公共政策决定。

经过多年讨论，一些关于辅助生殖的国际伦理共识已经形成。例如，世界医学会(World Medical Association，WMA)在 2022 年修订的《WMA 关于辅助生殖技术的声明》指出，如果存在令人信服的证据(compelling evidence)能表明对辅助生殖受孕出生的孩子会造成严重伤害(serious harm)，那么辅助生殖医疗不应该开展③。这里提出了两个重要指标：高质量的证据以及能够预见到的严重伤害后果。这是需要我们评估后代利益时需要重点分析的。美国生殖医学会(American Society for Reproductive Medicine，ASRM)的伦理委员会指出，无论准父母是单身还是与同性或异性伴侣有关系，都可能出现对其育儿能力和提供生育服务提出质疑的情况。在这种情况下，医方只能根据有充分根据的判断，即病人将无法为后代提供最低限度的充分或安全的

---

① Warnock，Mary. "Chairman." In *Report of the Committee of Inquiry into Human Fertilisation and Embryology*. Her Majesty's Stationery Office，1984.

② Warnock M. "The good of the child." *Bioethics*，1987，Apr；1(2)：141 - 155.

③ World Medical Association. *WMA Statement on Assisted Reproductive Technologies*，2022. https://www.wma.net/policies-post/wma-statement-on-assisted-reproductive-technologies，访问日期：2023 - 05 - 01.

照护①。该意见还告诫说，关于父母潜在健康的决定必须谨慎作出，并以确凿的证据为基础，而不是基于可能具有歧视性的理由。如果一个辅助生殖治疗项目合理地认为对未来儿童的福利存在这种担忧，它可以在道德上拒绝提供服务。

中国的法规明确指出了辅助生殖医疗中后代利益考虑的基本范围，即生理、心理和社会利益。其中，心理、社会利益是重点考量的内容，也是伦理委员会的最为忧虑的内容，同时也往往是非常模糊的内容，需要分别讨论。

（二）生理利益

生理利益主要考虑经过辅助生殖医疗而受孕出生的儿童是否在身体上完好。目前，科学研究已经证实，遗传是导致癌症的重要因素之一。癌症病人家庭申请辅助生殖确实会给潜在儿童带来一定致癌风险。但是，目前没有证据显示经由辅助生殖受孕出生的儿童，比自然受孕出生的儿童，会有更高的遗传癌症的风险。此外，癌症病人家庭选择第三代试管技术，即在胚胎移植到母体前，可以对其进行检测，挑选健康的胚胎植入母体，可以有效避免遗传病患儿的妊娠和出生，更符合后代的利益。对于同性恋家庭案例而言，关于同性恋是遗传产生还是后天产生至今也没有获得明确的科学证据②，并不存在同性恋倾向遗传

---

① Ethics Committee of the American Society for Reproductive Medicine. Child-rearing ability and the provision of fertility services: an Ethics Committee opinion. *Fertil Steril*, 2017, 108: 944 - 947.

② American Psychological Association. *Understanding sexual orientation and homosexuality*, 2018. https://www.apa.org/topics/lgbtq/orientation, 访问日期：2023 - 05 - 01; Frankowski, Barbara L. "American Academy of Pediatrics Committee on Adolescence. Sexual orientation and adolescents." *Pediatrics*, 2004, 113(6): 1827 - 1832.

的绝对证据。值得强调的是,早在 2001 年《中国精神障碍分类与诊断标准》把"同性恋"从精神病名单中删除,实现了同性恋非病理化。中国内地虽然不承认同性恋婚姻,但同性恋作为正常性倾向客观存在,已经是一种默认的事实。

对于跨性别者家庭,仍然面临一些医疗上的障碍。在获得任何形式的法律性别认可前,跨性别者必须被诊断患有精神疾病。法律更要求跨性别者先进行医疗转型过程,包括导致绝育的手术。2019 年世界卫生组织已经将"易性症"从国际疾病分类中移除。但在中国,跨性别仍属于"精神疾病",在使用激素或者性别置换手术前,跨性别者需要先要有"易性症精神疾病证明",并获得家庭的同意①。但该案例中,采取申请来自精子库的供精人工授精助孕方法,不涉及遗传问题,当然也没有证据能证明跨性别倾向的可遗传性②。

(三) 心理利益

在本研究的伦理委员会中,伦理委员会没有支持这三类助孕申请,一个重要忧虑在于,这三类家庭不是传统意义上的"一夫一妻"家庭,会不利于潜在孩子的心理健康。这种考虑基于如下的预设:① 癌症家庭面临高概率的患癌亲体死亡风险,面临单亲养育或再婚问题,不利于孩子的心理健康;② 同性恋形式互助婚姻家庭缺乏牢固的情感基础,不利于孩子的心理健康,而且孩子的养育可能是由同性恋伴侣来实现的,也会不利于孩子的心理发育,可能造成儿童的性别认知障碍;③ 转换

---

① 联合国开发规划署和中华女子学院(2018 年):《跨性别者性别认同的法律承认:中国相关法律和政策的评估报告》,第 21 页。
② 陆峥、刘娜、陈发展等:《中国易性症多学科诊疗专家共识》,载《临床精神医学杂志》2022 年第 32 卷,第 1—15 页。

性别家庭因亲体一方是性少数群体，不利于孩子的心理发育，可能造成儿童的性别认知障碍。

长期以来，一直缺乏针对少数家庭对子代的实质性影响的研究证据，导致很多主观臆断产生。早期一些支持同性恋家庭养育孩子的相关研究，也难以提供令人信服的证据。例如，一些研究是针对白人女性的同性恋母亲，这些研究对象往往受教育程度高、成熟，居住在相对进步开放的城市，因此，存在研究人群的种族、民族和阶层失衡问题①。

然而，近年来一些高质量的实证研究正在不断推翻以上的预设或忧虑。一些国家近年来实现了同性婚姻合法化（例如，美国 2015 年），但很多关于非传统家庭儿童福祉的研究都早已开展进行。2004 年，美国心理学会审查了当时的数据，发现没有科学证据表明育儿的有效性与父母的性取向或性别认同有关，女同性恋和男同性恋父母与异性恋父母一样有可能为他们的孩子提供支持和健康的环境②。近年压倒性的研究证据表明，父母的性取向不会对他们的孩子产生不利影响③。例如，一项来自荷兰的研究，比较了来自女同性

---

① Judith Stacey and Timothy J. Biblarz. (How) Does the Sexual Orientation of Parents Matter? *American Sociological Review*. 2001，66(2)：159 - 183.

② American Psychological Association. *Sexual orientation，parents，and children*. http://lgbtqpn. ca/wp-content/uploads/2015/03/Sexual-Orientation-Parents-and-Children-APA.pdf.

③ De Wert G. Dondorp W. Shenfield F. Barri P. Devroey P. Diedrich K. et al. "ESHRE Task Force on Ethics and Law 23：medically assisted reproduction in singles，lesbian and gay couples，and transsexual people." *Hum Reprod*，2014，29：1859 - 1865；What We Know Project，Cornell University. "What Does the Scholarly Research Say about the Well-Being of Children with Gay or Lesbian Parents?" 2015. https://whatweknow. inequality. cornell. edu/topics/lgbt-equality/what-does-the-scholarly-research-say-about-the-wellbeing-of-children-with-gay-or-lesbian-parents/访问日期：2023 - 05 - 01.

恋家庭和传统异性恋家庭的青少年心理发育情况，指出问题行为的发生率没有差异①。一项针对在美国由女同性恋和男同性恋父母抚养长大的成年人的研究报告了不同的成长经历，但在成年后的适应方面没有差异②。单亲父母选择的研究并未显示儿童心理问题的增加，真正影响儿童福祉的是养育关系的质量，而不是父母的婚姻状况③。

基于实证研究的进展和法律的变化，美国生殖医学学会（ASRM）的伦理委员会在2021年发布了伦理意见，指出：① 无论婚姻状况、性取向或性别认同如何，个人和夫妇都对生育和抚养孩子感兴趣。② 根据研究结果表明，儿童的发育、适应和福祉并未受到父母婚姻状况、性取向或性别认同的显著影响。③ 辅助生殖项目应平等对待所有辅助生殖请求，而不应考虑婚姻状况、性取向或性别认同④。

值得指出的是，国内几乎难以找到高质量的量化研究证据，无论是提供支持或反对的论证。但是在教科书中却存在一些非常主观性的表述。例如，在"全国辅助生殖技术规范化培训教材"中指出："同性恋人群因其取向问题，对孩子的教育和培育正常取向有影响，尤其是孩子处在同性恋家庭时，处于'父亲'或'母亲'缺失的环境中，对其成长会造成

---

① Van Rijn-van Gelderen L. Bos H. M. W. Gartrell N. "Dutch Adolescents from Lesbian-Parent Families: How Do They Compare to Peers with Heterosexual Parents and What Is the Impact of Homophobic Stigmatization?" *J Adolesc*, 2015，40：65 - 73.

② Lick D. J. Patterson C. J. Schmidt K. M. "Recalled social experiences and current psychological adjustment among adults reared by gay and lesbian parents." *J GLBT Fam Stud*, 2013，9：230 - 253.

③ Golombok S. Zadeh S. Imrie S. Smith V. Freeman T. "Single mothers by choice: mother-child relationships and children's psychological adjustment." *J Fam Psychol*, 2016，30：409 - 418.

④ Ethics Committee of the American Society for Reproductive Medicine. "Access to fertility treatment irrespective of marital status, sexual orientation, or gender identity: an Ethics Committee opinion." *Fertil Steril*, 2021，116(2)：326 - 330.

不良影响。所以,同性恋实施生殖辅助技术还不应该被使用。"①该教材甚至进一步主张:"选择让孩子出生和生长在一个单亲母亲的家庭,缺失合法父亲的抚养和教育,是对子代利益的粗暴干涉,忽视了孩子应该具有的家庭权利。……如果孩子被同性恋'父母'的个人意愿带到人间,完全处于非正常的家庭关系中,就会违背孩子自己的意愿,缺失成长的健康心理环境,子代受到的伤害可能是深刻而永久的。这样的结局完全忽略了子代的合法权益,在中国是非法的。"②这些来自专业群体的观点与目前的实证研究结论相反,难以获得有效的支持,但可以说明性少数群体家庭还缺乏一个友好、宽容的社会舆论环境。同时,这些专业群体的观点,也有悖于《世界医学会日内瓦宣言》中承诺不会以性倾向为理由,来干扰医生对病人的责任。

(四) 社会利益

辅助生殖受孕出生儿童的社会利益,往往指的是基于其身份在社会生活中产生的对自我利益的影响。其中有两项指标最具评估参考性:① 接受辅助生殖治疗的家庭是否具备照护、培育儿童的能力,特别是经济能力;② 辅助生殖受孕出生儿童,其出生成长的社会文化环境是否具有支持性,而不是歧视性和污名化。

关于家庭照护能力的评估,是可以通过评价工具进行的,而经济能力更容易量化评价。具有讽刺意义的是,相比于一些传统家庭而言,希望借助人工技术孕育孩子的非传统家庭,必然要经历一个深思熟虑、家庭共同决策的过程,一定会充分考虑到辅助生殖治疗,以及后续养育的

---

① 于修成主编:《辅助生殖的伦理与管理》,人民卫生出版社 2014 年版,第 73 页。
② 同上书,第 114—115 页。

支付能力①。在这一层面，可能一些申请辅助生殖助孕的非传统家庭更有利于孩子的利益②。

　　同性家庭的孩子通常过得很好，但如果父母的关系得到社会和法律的承认，孩子的处境可能会得到进一步改善③。本文所讨论的案例类型，都具备合法的前提要件。但是，符合法律的要求，未必与社会文化能充分协调。例如，世界上第一位试管婴儿路易斯·布朗曾在其自传中袒露，其在成长阶段一直被他人视为异类，当自己做了母亲之后，好像才被社会接纳，视为正常人④。又例如，中国台湾地区在 2019 年通过了同性婚姻法案，但直到目前中国台湾地区的《人工生殖法》并没有相应变更，仍然将人工生殖治疗的对象限定在有法律婚姻关系的异性恋夫妻⑤。可见在生育问题上，法律的变更，并不必然与社会文化保持同步。值得指出的是，无论是否接纳同性恋父母的性取向，在中国社会出现了祖辈会广泛参与到同性家庭的对孙辈的照顾过程中，极大地缓解了成年同性恋者在性取向问题上面临的家庭压力，还提高了对后代的照顾质量，后代的社会利益得到了保障⑥。

---

① 魏伟：《同性伴侣家庭的生育：实现途径、家庭生活和社会适应》，载《山东社会科学》2016 年第 12 期，第 75—82 页。
② 例如，中国网络"红人"叶海洋是一名成功的女性商人，她在社交平台公开了自己出国花钱买精生育一男一女的过程，以及日常养育孩子的生活，呈现正面积极的社会形象。参见：澎湃新闻(2019).《女 CEO 砸 50 万买精子生 5 国混血女》，https://www.thepaper.cn/newsDetail_forward_4255648，访问日期：2023－04－30。
③ Guido Pennings. "Evaluating the welfare of the child in same-sex families." *Human Reproduction*, Volume 26, Issue 7, 1 July 2011, 1609-1615.
④ Louise Brown. *My Life As The World's First Test-Tube Baby*. Bristol Books, 2015.
⑤ 根据中国台湾地区《人工生殖法》规定，只有符合这些条件的人，经过医疗机构的评估后，可以使用人工生殖：① 有婚姻关系的夫妻；② 妻的子宫正常；③ 夫妻中至少一方有健康的精或卵；④ 一方有不孕症，或者有重大遗传疾病，经由自然生育极可能生出不健康的小孩。
⑥ 魏伟、高晓君：《中国同性育儿家庭中的隔代照料》，载《中国研究》2020 年第 1 期，第 63—85 页、第 255 页。

相比于单身女性接受辅助生殖生育可能面临的社会抚养费、户口问题以及文化歧视问题等社会障碍[1]，本研究所探讨的癌症病人家庭、同性形式互助婚姻家庭以及性别转换婚姻家庭因为符合法律的前提，可以规避社会抚养费和户口问题，但是面临的文化歧视（对疾病和性倾向）可能是持久的[2]。

总之，通过以上的分析，接受辅助生殖治疗的非传统家庭其后代在生理、心理和社会利益层面，与传统家庭相似，并没有出现伦理委员会所忧虑的严重伤害后果。这一判断基本上已经获得了一些高质量实证研究的支持。

三、儒家家庭伦理的考察

上文列举了诸多关于对非传统家庭在养育孩子议题上的实证研究，虽然这些研究的文化背景不是基于中国文化，但仍然有普遍的指导意义。如果只是根据这些实证研究成果，那么本研究所列举的三类案例类型的伦理委员会决策，就已经构成了对"保护后代原则"的滥用。但是，作为一条中国现行的原则规范，"保护后代原则"仍然需要在中国文化背景中，才能获得充分的认知与评价，而作为中国传统道德资源最大提供者的儒家，应该作为主要的考察依据。在功能上，儒家的家庭观不但是中国数千年的家庭与社会生活的基本原则，而且在

---

[1] 睿博律师团队（2022）：《中国单身女性生育权现状及法律政策调查报告》，https://cnlgbtdata.com/files/uploads/2022/03/中国单身女性生育权现状及法律政策调查报告.pdf，访问日期：2023 - 05 - 01。

[2] 联合国开发规划署和中华女子学院（2018）：《跨性别者性别认同的法律承认：中国相关法律和政策的评估报告》。

现代世界中仍然是维系个人生命的最重要的伦理规范①，尤其对儿童成长意义重大②。在深层次意义上，家庭不仅是具有这些工具主义价值的所谓社会的细胞，而且是具有内在价值的生命，具有伦理实体意义。家庭具有其内在的终极价值，这是儒家文化的特质，故而构成家庭主义伦理观，有别于西方个人主义伦理观③。因此，当使用儒家文化资源来批评或辩护保护后代原则的时候，需要具体分析儒家的生育观、养育观。

（一）经典儒家家庭主义伦理的观点

在生育观上，儒家基于孝道，主张鼓励生育，延续氏族血脉。在社会学意义上，中国传统意义上的家，并非现代意义上的家庭，主要指的是一种氏族结构，其功能主要为了实现政治、经济等方面的"长期绵延性"④。无论是小家庭还是大氏族，并不存在本质的区别，族是家的扩大，因此，中国古代的家主要以氏族的面貌呈现出来⑤。儒家提倡"百善孝为先"，"孝悌也者，其为仁之本与"（《论语·学而》）。孟子强调"不孝有三，无后为大"（《孟子·离娄上》），一个家族没有了子嗣，香火就会断绝，强调无后是比陷亲不义、不赡养父母更为不孝的事情。孟子用"舜不告而娶，为无后也，君子以为犹告也"（《孟子·离娄上》）的例子来论述了生育的重要性。舜娶妻没有征得家长的意见，从一般意义上并不符合孝道的要求；但是孟子认为，如果舜出于延续后代之目的，采取

---

① 李瑞全：《儒家的家庭文化观》，载《家庭生命文化：跨学科视角》，张新庆、尹一桥主编，中国协和医科大学出版社 2019 年版。
② ［美］柯爱莲（Erin M. Cline）：《家庭美德：儒家与西方关于儿童成长的观念》，刘旭译，东方出版中心 2022 年版。
③ 范瑞平：《儒家视野中的美好社会》，载《文化纵横》2011 年第 6 期，第 70—73 页。
④ 费孝通：《乡土中国》，北京大学出版社 2012 年版。
⑤ 瞿同祖：《中国法律与中国社会》，中华书局 2003 年版。

这种做法，就可以获得道德上的合理性。可见，儒家对生育的重视，以及对生育制度的严格规范，使得生育具有了某种神圣性。在传统儒家看来，只有家庭作为整体的伦理地位，而无个人独立的伦理地位。因此，有利于家庭生育、赓续血脉的行为选择，基本上都是受到鼓励的。甚至，生育构成了儒家"仁政"的基础前提。孟子认为，鳏寡孤独是"天下之穷民而无告者。文王发政施仁，必先斯四者"（《孟子·梁惠王下》）。没有家庭依托，没有后代的家庭是最悲惨的，最需要施行仁政要考虑的。因此，本研究所涉及的三类案例，以实现生育目的为评价标准，很容易获得儒家的辩护。

在养育观上，传统儒家认为人的生命和道德养成都始于家庭，人人都必须有父母多年的养育才得以成长发展，因此，尤其看重对后代的教导与保护。因此，儒家注重主张"父慈子孝""夫妇有别"的家庭伦理关系。孝悌是家庭伦理和道德行为的开始，因此，《论语》强调最重要的伦理行为和道德品格的养成是从家庭开始的："为人也孝悌，而好犯上者，鲜矣；不好犯上，而好作乱者，未之有也。君子务本，本立而道生。"（《论语·学而》）孝道也意味着人要爱护身体的完整性，"身体发肤，受之父母，不敢毁伤，孝之始也"。（《孝经·开宗明义章》）因此，在传统儒家看来，性别转换这种破坏身体的行为，或许是不孝敬父母的表现，是难以获得辩护的。但是，在儒家看来，孝的真正基础是"孩子在被真正出于爱以及孩子幸福的人养育、支持与关怀时自发感受到的感恩与爱"①。这提示我们，应该从更基础意义上去理解和诠释孝道，而不是拘泥于教条。值得指出的是，孔子与孟子均是在幼年父亲角色缺失的情况下成

---

① Ivanhoe, Philip J. "Filial piety as a virtue." In Rebecca L. Walker & Philip J. Ivanhoe, eds., *Working Virtue: Virtue Ethics and Contemporary Moral Problems*. Oxford University Press, 2006, 297–312.

长为儒家的圣人的①。孔孟的例子可以给予我们以深刻的启迪：个人的成长离不开家庭、家族的照料与养育，但并不拘泥于具体的家庭结构和组织形式。

对于性少数家庭而言，儒家自古以来表现出了宽容的态度。"在传统的儒家社会中，同性恋与异性恋能够和睦相处，各如其愿，各守其理，各安其分，各得其所。因此，在今天，儒家在对待同性恋的问题上，也应作如是观。……社会与异性恋人群不能干预同性恋人群合乎其正义的生活，并应对他们合乎其正义的生活予以宽容与尊重。"②儒家或许并不支持同性婚姻合法化，但儒家并不反对同性恋家庭寻求绵延后代的努力。儒家的观点，体现了保守主义的精华，具有灵活性，能够适应当代进步思想，"家庭价值观可以直接加入平等、民主，也许有利于根本消除反人类的歧视"③。

对于本研究所提及的三种类型的案例，从儒家家庭主义角度出发，都会获得辩护。第一，这三种类型的案例都是经过家庭深思熟虑采取协商作出的决定；第二，家庭整体以追求生育为目的；第三，家庭对养育都有很强的责任意识和能力。

（二）新家庭主义伦理的发展

在儒家看来，家庭的根本关系是代际关系④。在当代中国社会，家

---

① 冉启斌：《父爱缺失与孔孟学说——论孔孟思想生发的心理动因》，载《国学》2014年第4期，第75—85页。
② 蒋庆：《这个世界究竟怎么了？——从儒家立场看美国同性婚姻合法化》，载《岳麓法学评论》2016年第10卷，第15页。
③ 罗思文：《反对个人主义：儒家对道德、政治、家庭和宗教基础的重新思考》，西北大学出版社2021年版，第129页。
④ 罗思文：《反对个人主义：儒家对道德、政治、家庭和宗教基础的重新思考》，西北大学出版社2021年版。

庭从结构到功能,不是静止的,而是动态发展的。在《当代中国的新家庭主义和国家》一文中,人类学家阎云翔发表了尝试提出"新家庭主义"这一理解中国社会家庭制度和家庭生活的新的路径①。这一概念有助于我们进一步理解家庭伦理关于后代利益的观点。

新家庭主义与传统家庭主义相比,具备一些理论特征。第一,家庭的物质、精神生活供给中心已经由祖辈转变为孙辈。不论是祖父辈还是父亲辈,他们辛勤工作的目标和生命的意义就在于孩子的成功和幸福。爱、照顾和家庭资源都是由上往下的。第二,家庭生活亲密感增加,而个体最看重的情感体验就是亲情。第三,个体有着积累财富的巨大压力。个体的核心价值在于使得家庭和谐、有财富、孩子成才,体现在家庭财产的积累。第四,新家庭主义中不同于传统家庭主义的最重要一点就在于它对追求个体幸福的重视,而在传统家庭主义中,这是遭到反对的。

作为一种新家庭主义实践形式,中国同性恋家庭中祖辈广泛参与了对孙辈的照料,构成了与西方国家同性(伴侣)家庭之间最为突出的差别②。一方面,生育后代以及后续的隔代照料,极大地缓解了成年同性恋者在性取向问题上面临的家庭压力,无论他们是否向父母出柜;另一方面,在中国社会隔代照料盛行的情况下,祖辈参与同性家庭子女的日常照料,在一定程度上使这些另类的家庭变成"正常"同性育儿家庭中的隔代照料,体现了传统家庭本位伦理和现代个人本位追求之间的平衡,显示了中国家庭代际关系新的流变,更加体现了对后代的保护。

① YAN Y. "Neo-familism and the state in contemporary China." *Urban Anthropology and Studies of Cultural Systems and World Economic Development*, 2018, 47(3): 181-224.
② 魏伟、高晓君:《中国同性育儿家庭中的隔代照料》,载《中国研究》2020年第1期,第63—85页、第255页。

基于此，新家庭主义在理论与现实中的发展对判断人工辅助生殖医疗伦理的价值可以体现在两个层面：① 判断对后代利益的保护，要考虑到祖辈—孙辈关系，这是家庭关系的重要拓展。例如，计划进行辅助生殖治疗的癌症病人，可以召开家庭会议来商讨后代的照料问题。② 重视评估家庭对孩子的爱与照护能力，而不是片面追求家庭组织的形式。例如，在辅助生殖治疗中，对癌症病人家庭、性少数家庭的评估，应该注重家庭关系的稳定、和谐以及照护能力，这一点更应该拓展到所有申请人工辅助生殖治疗的家庭。

结语

在当代中国生命伦理话语中，鉴于儒家家庭主义伦理占有重要地位，应尝试对其重构分析，并与医学专业伦理和社会伦理相融合，为解决辅助生殖医学的伦理难题提供创造性思路。儒家家庭主义伦理注重家庭整体的道德地位，有鼓励生育的传统，注重血亲关系的延续，可以淡化对特殊家庭应用辅助生殖技术产生的忧思。儒家家庭主义伦理，经过澄清与发展，可以反驳"保护后代原则"的滥用或误用，并可以为相应群体的医疗需求提供伦理辩护。在审查本研究所提出的类似案例时，医师以及伦理委员会应充分考虑到目前存在的实证研究成果，要更全面地理解，以及审慎地使用保护后代的原则。

代理母亲：经济发达地区的传宗接代

李杰,韩丹[①]

现代社会语境下的"代孕"只有不到四十年的历史,它是辅助生育技术中最具争议的一种。然而,传统社会中以"传宗接代"为生育目的的"代孕",却在历史的进程中源远流长且展现出丰富的实践形式。当现代人围绕代孕的存废之辩,展开支持与反对的激烈争论时,我们不妨回望来路、反思当下,以期为代孕建制提供有益的探索。

一、传宗接代的伦理阐释

让我们来构思一个传宗接代的思想实验。从前,有一个偏远且贫穷的古老村庄,这个村子里的女性全部都嫁到外地,同时几乎没有外地的女性愿意嫁到这个村子里来。于是乎,这个村子里的男性要实现传宗接代的生育目的只剩下拐卖妇女一条路。如果不允许村子买媳妇,这个古老的村庄就会消亡。试问,可否允许村子买媳妇来繁衍后代?

① 李杰,广州市花都区人民医院/南方医科大学附属花都医院医生。
韩丹,广州医科大学马克思主义学院教授。

在作出思想实验的回答之前，让我们从观念内涵和习俗特点两个方面梳理传统社会对传宗接代的理解。

（一）传宗接代的观念内涵

传宗接代的观念在中国由来已久，在民间也叫作延续香火，通常表示一个家庭需要有一个男子来继承家业，也即同一宗族中一直有人奉祀祖先①，子孙无穷，香火不断，意味着祖先永生。传宗接代在汉语词典②中的解释为让子孙一代一代地延续下去，其中，"宗"可以理解为祖宗或同一个家族，"代"可以理解为世系辈分，而传统观念中，不管是"宗"还是"代"都是以父系的亲属关系进行计算，建立起一个在血缘共同体之上的、维持该共同体生存与繁衍的强封闭性的父系血缘集团③。而传统姓氏体系为子女随父亲的姓以及婚俗多以"女随男"的婚居制，人们愿生男以传宗接代，完成祭祀行为。这个观念与农业家庭生产力、男女就业机会成本等诸多因素密不可分。

此外，传宗接代的观念还涉及对物权的接替。对传宗接代的内涵较为全面的解释是，一定社会的家庭关系中血缘关系及经济关系的必然伸延和接续的发展体系。实际生活中，绝大多数中国人都倾尽全力以建立和发展家庭，并维系其存在和发展，使其成为完成延续家庭生命和宗祠的功能④。多个调研表明，传宗接代是非常重要的生育动机之

---

① 尚海明：《宗嗣、香火与中国人的死刑观》，载《法律和社会科学》2018 年第 2 期：第 254—274 页。
② 汉语词典. https://cidian.gushici.net/79/3bbcdd7bff9b.html.
③ 梁剑兵：《试论传宗接代》，载《西北民族大学学报（哲学社会科学版）》1988 年第 1 期，第 9 页。
④ 李良：《论传统社会人们的家庭本位观念》，载《南阳师范学院学报》2014 年第 11 期，第 4 页。

一,在农村地区尤为明显①。

（二）传宗接代的习俗特点

在民间风土人情中,自一个人出生、结婚到继承家业的人生各个阶段中,传宗接代观念像是一双无形的手,推动着人的日常生活,主要体现在以下八个方面：姓氏②、节日③、谚语④、物品⑤、祈子习俗⑥、婚俗⑦、继承约束⑧、家具装饰纹样⑨。见表1。

表1　传宗接代的习俗特点

序号	类别	习　俗　特　点	性别偏向
1	姓氏	子承父姓的姓氏文化、续写家谱活动、"招娣"等取名寓意	男
2	节日	上灯节、诞生礼	男

① 方力维、李祚山、向琦祺等：《"全面两孩"政策下"80后"父母的再生育动机及其影响因素调查》,载《中国计划生育学杂志》2017年第10期,第658—661页。
② 肖锐：《论中国姓氏文化研究意义》,载《中南民族大学学报（人文社会科学版）》2015年第4期,第63—66页。
③ 王秋珺：《与小孩有关的客家话词语撷录》,载《客家文博》2014年第1期,第78—79页。
④ 刘铭泽：《针对女性的中韩谚语比较探究》,载《中国民族博览》2016年第3期,第105—106页。
⑤ 王楠：《物无不怀仁——论十里红妆器物中的设计伦理策略》,载《浙江学刊》2011年第5期,第162—166页。
⑥ 朱晓芳：《闽西客家祈子习俗初探》,载《福建论坛（人文社会科学版）》2006年第S1期,第96—97页。
⑦ 沈燕：《"两家并一家"之传宗接代的另类解读——阴间与阳间的连结》,载《民俗研究》2018年第1期,第136—145页。
⑧ 高学强：《传宗接代：清代宗祧继承考论》,载《西南民族大学学报（人文社会科学版）》2018年第5期,第102—107页。
⑨ 张勃、李敏秀：《浅析宗法制度对中国家具装饰纹样的影响》,载《广西轻工业》2010年第4期,第93—94页。

（续表）

序号	类别	习　俗　特　点	性别偏向
3	谚语	"有子方为妻，无子便是脾""母以子为贵""不孝有三，无后为大""有子即是福""子孙满堂""有子万事足""酸儿辣女""人留子孙草留根""生个男子满堂红""有儿贫不久，无子富不长""早生贵子""儿子是牙齿根""早生儿子早得福"	男
		"有喜""只生一个好，生男生女都一样""孝顺女儿也养老""女儿也是传后人"	无
4	物品	子孙桶、《天仙送子图》《麒麟松子图》、香橼盆栽、长命锁	男
5	祈子习俗	祈观音、祈妈祖、祈定光佛、祈临水夫人、吃红鸡蛋、"吉祥哥"崇拜、花儿会	男
		盘长纹、蒙古族祭石活动	无
6	婚俗	男娶女嫁、随夫居、红纸包大枣、栗子、花生、白果、双全人活动、早婚俗	男
		两家并一家、两头挂花幡、入赘婚、接脚夫、不落夫家、两不做、串账、女子出嫁娘家送两只鸡、欧贵婚姻	无
7	继承约束	宗桃继承，立长及立嗣	男
8	家具装饰纹样	葫芦、莲花、南瓜、石榴、葡萄、荷花、麒麟	无

　　从以上习俗特点不难看出，传宗接代观念对个人、家族乃至地域的风俗习惯都有着渗透式的影响。为了大家族或小家庭的延续与发展，大多数人在"养崽，起屋，讨媳妇"的这一过程中周而复始；同时，传宗接代在性别偏向方面以男性为主，这与传统经济产业（农业、手工业）与劳动分工、主流婚嫁模式与家庭本位观念、男女受教育与就业机会成本等

密切相关。

综合上述观念内涵和习俗特点，传宗接代的生育目的不仅满足人类繁衍生息的基本需求，而且它作为社会正式制度的补充，维系着人类生存发展的外部需求。所以，"传宗接代"是合伦理的，可以得到伦理支持。

（三）传宗接代的实践形式

"万物化生，必有乐育之时"，生儿育女是一种自然的生命孕育过程，但从古至今，都存在久婚不育、追求以男子为传宗接代者、失独或是女方家无男丁的情况，这些情况除了通过过继、收养、招赘婿等方式延续香火，"代理母亲"也成为实现传宗接代这一需求最重要的途经。

关于"代理母亲"，被广泛引用的最早文字记载出现在《圣经·创世记》里。亚伯拉罕的妻子撒拉无子嗣，求助于侍女夏甲（Hagar）代孕；雷切尔让侍女比拉（Bilhah）跟自己的丈夫雅各交配受孕。有偿代孕也可追溯到中世纪。比如，英国历史学者珀斯盖特（J. N. Postgate）在关于早期美索不达米亚的社会和经济的专著中提到，古巴比伦法律和社会习俗允许代孕，主要因为当时已婚女性不育可以被丈夫合法抛弃，所以富家太太为了避免离婚会让女仆代孕。中国著名典故"狸猫换太子"，其历史原型就是一桩代孕公案。宋真宗想让刘娥做皇后，可刘娥没孩子，无法传宗接代。于是让她身边姓李的宫女生了个儿子，谎称是刘娥生的孩子。然后母凭子贵，刘娥就坐上了皇后的宝座。

回到思想实验的讨论，挽救古老村庄的行动，是为了达成"传宗接代"的生育目的，它似乎应该得到支持。然而，几乎所有人都相信让这样的村庄消失未尝不是一个更好的选择。面对传宗接代的生育目的，人们为什么会作出截然相反的判断？

问题的关键是,目的的正当性不能证明手段的正当性,即传宗接代的合伦理性不能补偿拐卖妇女的道德缺陷。那些被拐卖到村子里、为陌生男性生儿育女的女性,与其称她们为人妻,毋宁称她们为代理孕母更贴切些。被拐卖的女性不受婚姻制度的保护,不享受人妻的各项权益,村子里的男性只将她们视为生育工具,其传宗接代的生育方式类似传统代孕,即自然授精的代孕。

反对买媳妇来繁衍后代有两条主要的道德理由。其一,人是目的。康德说:"人是目的本身,在任何时候都不能仅仅当作工具。"女性不是生育工具,她们不能为了达成他人"传宗接代"的生育目的而被买卖,也不能为了保护古老村庄,保护农业文明的延续而被牺牲。其二,不能牺牲别人成全自己。《春秋公羊传·桓公十一年》说"杀人以自生,亡人以自存,君子不为也",说的就是行使权利的原则,"亡人自存"(《三国志·蜀书·秦宓传》),泛指毁掉别人成全自己的卑鄙自私的行为。一般情况下人们都享有传宗接代的权利和自由,但是这项个人权利和自由不能要求他人经历苦难和作出牺牲。无论为了保障何种社会利益,无辜个体的生命和权益都不能被任意剥夺。

综合以上分析,虽然"传宗接代"的生育目的是合伦理的,但是实现传宗接代的生育方式有其独立的伦理判断。伦理争议主要集中在类似现代代孕的生育方式上。争议的焦点是,传统社会往往无法保障代理母亲及其子代的基本权益。

二、代理母亲权益保护的时代痛点

只要有人执着于"传宗接代"的生育目的,代孕的生育方式就会被置于风口浪尖。为了保障代理母亲及其子代的基本权益,人们在婚姻制度、法律禁令、契约关系和亲子关系方面作出了尝试，也收获了宝贵的经验。

（一）典妻困境：婚姻制度失灵

在传统社会，婚姻制度似乎是保障女性基本权益的主要途径之一。那么，婚姻能否保障代理母亲的基本权益呢？比如，古老村庄的男性买来女性结婚，并与其生儿育女，达成"传宗接代"的生育目的。这是一个具有挑战性的想法。因为以现代人的眼光来看，这个问题似乎是个伪问题。其一，现代婚姻制度日益剥离生育的职能；其二，由于亲子关系的认定除了血缘之外，还基于社会关系。人们一般认为，婚姻关系内部是不存在代理母亲的。那么，让我们先基于传统社会的观念厘清主要问题。

《韩非子·六反》载："相怜以衣食，相惠以佚乐，天饥岁荒，嫁妻卖子者，必是家也。"可见早在2 200多年前的战国时期，典妻的苗头已经出现。《魏书》《南齐书》《续资治通鉴长编》也曾载"质卖妻儿"或者"质妻卖子"。"富人典业，贫子典妻"，明清时期民间也盛行典妻的婚俗。"典妻"顾名思义就是把妻妾抵押给承典人，换取一定的好处，通常是钱。这个抵押通常有时间段，到期就得赎买回去，如果不赎回，那就是卖妻。典妻中的"妻"，不限于妻子，也可以是妾、婢女等。典妻作为"临时妻子"的婚姻形式，替承典人生下子嗣延续香火。而典主之所以会找典妻，基本上都是因为原来的妻子不能生育，租妻便是为了延续后嗣，所以承典人一般会对自己所要典的女性提出必须具备生育能力的条件。典妻目的多以生育为主，留子不留娘，原妻为正式母亲。其子可入宗谱，而生母作为典妻，大多不能上事宗庙、下列宗谱。被典妇女在典期内生了男孩后，就可归回原夫家，故俗称租肚皮。据清人徐珂的《清稗类钞》，典妻在号称富庶的吴越时常发生，成俗久矣。

典妻与现代的代理母亲在关键方面极为相似，比如留子不留娘，典妻生子后可回原夫家，制度性剥夺典妻与其子的亲子关系等。更进一步，与现代的代理母亲相比，典妻还额外享受婚姻制度的保障。这是不是意味着典妻的基本权益可以得到较好的保障？答案是否定的。其一，典妻没有自主决定权。是否租典一般由丈夫决定，即遵循三纲之一的"夫为妻纲"的原则，有时甚至不需要征得妻子的同意①。其二，典妻的唯一使命是传宗接代。被出典的妻子为人生儿育女，最后还得与自己的子女骨肉分离。基于上述理由，典妻的尊严被先天贬损，世俗的婚姻制度对于恢复典妻的人格尊严无法提供实质性的帮助。

（二）孕母困境：法律禁令失效

接下来我们想追问的是，婚姻制度无法给予典妻的权益保障，法律禁令可以吗？《汉书·贾捐之传》载："嫁妻卖子，法不能禁，义不能止。"元朝明令禁止，《元史·刑法志》载："诸以女子典雇于人及典雇人之子女者，并禁止之。若已典雇，愿以婚嫁之礼为妻妾者，听。请受钱典雇妻妾者，禁。"《明律》规定"凡将妻妾典雇予别人的，杖八十"，清代顺治初年沿用《明律》对此也屡发禁令，而《大清律例便览·户婚》载："必立契受财，典雇与人为妻妾者，方坐此律：今之贫民将妻女典雇于人服役者甚多，不在此限。"相较于明朝，清朝则给典妻开了绿灯，刑责宽松，只要不正式立契，便不受律法约束。这种宽松，几乎是认可了典雇妻女现状的存在，因为只要不正式立契标明价钱，同时被典雇的妻女又有劳役在身，这种典雇便为法律所许可。基于上述分析，法律的内核在于法的

---

① 作者注意到，有少数女性因丈夫长期外出或守寡，无以为生而自典。这种特殊的情况与自愿为奴的情况类似，读者可以参考自愿为奴的经典论证，受篇幅所限，本章不对这种情况展开讨论。

精神,法的精神如果缺乏对女性尊严的保护,世俗的条文法律亦无力保障代理母亲的基本权益。

有人可能会反驳说,无法保障代理母亲的基本权益,其根源主要不是法律层面,而是传统社会的问题。那么,让我们把问题视角转换到现代社会。2023 年 4 月 6 日,江苏省徐州市中级人民法院一审公开开庭审理了丰县女子生育八孩案。判决中,法院认定董某民犯虐待罪和非法拘禁罪;认定时某忠、桑某妞、谭某庆、霍某渠、霍某得犯拐卖妇女罪。姗姗迟来的判决为这个公众高度关注的案件画上句号,但同时也引发了新的疑问,即为何没有追诉涉嫌强奸的刑事责任? 当人们仔细阅读判决书尝试寻找答案时,发现判决书多处称,"被告人董某民将小花梅带至董集村家中共同生活","董某民虐待家庭成员,情节恶劣",这些表述似乎意味着法院默认收买被拐妇女的董某民和小花梅的婚姻关系是有效的,被拐妇女和收买人已成为"家庭成员共同生活"。判决只是认定董某民在 2017 年小花梅生下六子后,对她实施了布条绳索捆绑、铁链锁脖等虐待和监禁行为,而未认定董某民构成强奸行为。因为,虐待罪的适用对象就是家庭成员。既然婚姻关系存在,对于董某民是否实施了强奸行为,是否违反了被害人意志,就很难达到定罪的证明程度。

遗憾的是,人们极少谈论婚内强奸。根据中国《刑法》第 241 条第 2 款的规定,收买被拐卖的妇女,又强行发生性关系的,应该以收买被拐卖妇女罪和强奸罪进行数罪并罚。然而,一旦缺乏尊重女性的人格尊严的法之精神,在维护孕母基本权益的法律实践中,法律禁令可能如同无源之水,名虽至而实不达。

(三)弃养与毁约：契约难题

由于代孕涉及社会、伦理、法律等一系列问题,这使得代理母亲的权益往往无法得到保障,并且容易产生抚养纠纷。在所有代理母亲可能面临的权益损害当中,弃养和毁约的问题尤为突出,给代理母亲带来的伤害也最为严重和持久。

让我们回顾国内首个代孕退单无法上户口事件。2016 年成都 47 岁代理母亲吴川川为财代孕,不料身染梅毒,遭客户退单。她怜惜胎儿拒绝流产,跑回老家产女,因生活拮据卖掉出生证,一度陷入无法律依据上户困难的境地。

在这个案例中,代理母亲的代孕行为虽然违反了国家禁止性规定,但是代理母亲抚养代孕子女的选择得到了公众普遍的同情。一方面,代理母亲虽不是"基因母亲",但属于"法律母亲"。从遵循子女最佳利益原则出发,生物学父母有道德义务提供出生证明及亲子鉴定,帮助代理母亲获得法律保障。另一方面,代孕所生子女与普通自然生育的子女一样享有基本人权。具体来说,代孕出生的孩子同样具有中国国籍,属于中国公民,与其他方式出生的孩子一样享有同等社会权利,包括享有户籍登记并拥有户籍档案的权利。

然而,我们不得不面对的事实是,多数代理母亲面对的弃养与毁约问题,其严重程度远胜于上述情况。其一,被弃养的代孕子女往往是罹患严重出生缺陷、畸形,以及严重疾病的孩子;其二,被毁约的代理母亲往往在代孕过程中遭受到严重损害,比如严重的妊娠并发症等。

问题的焦点是,弃养或毁约的雇主与机构是否构成遗弃罪?答案是,不会。雇主与机构最多可能面临支付抚养费的问题。但是,代理母亲遗弃代孕子女可能会面临遗弃罪指控。原因是代理母亲是法律上的母亲、监护人,因此,有抚养代孕子女的义务。这种戏剧化的悖论,让人们不得不正视代理母亲所处的契约困境。

（四）亲属权与抚养权：子代权益难题

在全面禁止代孕的社会环境下，代理母亲主张亲属权和争取抚养权时不得不面对充满不确定性的诉讼风险。

案例一，35 岁的上海单身男性 A 先生通过网络途径找到代孕妈妈 B，二人达成代孕协议，A 先生付钱，B 妈妈代孕，孩子归 A，满月后 B 收尾款离开。四个月后，A 先生收到了法院传票，B 代孕妈妈要求孩子的抚养权。经过一审、二审，法院综合考虑孩子父母的实际情况、当时的代孕协议、生育目的、孩子利益等，判决孩子由 A 先生抚养，同时法院支持了 B 妈妈的探视权。

案例二，福建丧子的 C 先生通过中介找到 D 代孕妈妈。双方谈妥之后，D 妈妈开始代孕，怀孕期间由 C 先生承担 D 妈妈的生活费。十个月后，孩子顺利出生，可 D 妈妈不愿将孩子交给 C 先生。D 妈妈将 C 先生告上法庭，要求抚养权归 D，并由 C 先生支付抚养费。最终，法院认为 C 先生提交的证据无法证明双方系代孕关系，且即使存在代孕协议，也是无效的。孩子系非婚生子，考虑到还在哺乳期，由 D 代孕妈妈抚养，C 先生按月支付抚养费。

面对充满不确定性的诉讼风险，代理母亲主张亲子关系和抚养权，能否得到伦理支持？代孕所生子女的亲子关系认定和抚养权归属的认定具有一定的复杂性，关系到代孕目的的实现、各方当事人的利益、代孕所生子女的权益保护等，更需考虑到公众基于传统的伦理观念、文化背景等的接受程度。

一般来说，可以得到伦理辩护的认定标准包括血缘、分娩、契约、利益最佳四种。其一，血缘标准。根据亲缘关系来判定亲子关系和抚养权归属，在中国有着悠久的历史、深厚的群众基础，符合社会承认的公序良俗。其二，"分娩者为母"的认定原则，符合中国传统的伦理原则及价值观念，且与中国目前对代孕行为的禁止立场相一致。根据这一认定标准，作为代孕所生子女，其法律上的亲生母亲应认定为代理母亲。其三，契约标准。各方当事人根据事先达成的协议执行。其四，最佳利益标准。根据儿童最大利益原则，从监护能力、孩子对生活环境及情感的需求、家庭结构完整性等方面综合考虑，选择更有利于孩子的健康成长的当事人作为监护人。值得注意的是，上述四条认定标准之间并没有明确界限和排序，不同标准间的竞争关系可能导致亲子关系和抚养权认定的困难，进而引发子代权益难题。

三、代理母亲权益保障的法律规制与伦理关切

无论是身处传统社会，还是现代社会，人们对代孕的需求都是为了达成传宗接代的生育目的。但是，与传统社会不同的是，身处现代社会的人们由于拥有更多的自由和选择，他们寻求代孕帮助的理由更为多元化。比如，不能或不适合自然怀孕或分娩、大龄想要二胎或三胎、同性伴侣或单身男女等，都可以选择代孕方式。这种基于自由和选择而形成的多元化局面，直接表现为现代社会中寻求代孕帮助的人群更为广泛，数量更为庞大，面对的难题也更为严峻。

（一）主要经济体的代孕立法概况

科技进步、社会发展和观念改变为现代意义的代孕提供了必要条件。代孕泛指替别人家庭孕育胚胎直到孩子出生。而采用现代医学辅助生殖技术，且被部分国家和地区赋予合法地位的代孕特指妊娠代孕，即用委托父母的、捐献的卵子/精子在体外人工授精产生胚胎植入代孕母亲子宫。现代社会语境下的代理母亲是指一名同意为他人妊娠的健

康女性。准父母的胚胎配好后，会移植到代理母亲的体内进行妊娠生产，代理母亲不提供任何遗传物质。从遗传基因角度看，妊娠代孕出生的孩子跟代理母亲没有血缘关系。

概括而言，大多数西方国家是不允许商业代孕的，半数西方国家允许利他代孕，而发达国家以外的国家多数缺乏明确的法律规定。在欧洲，经济较为发达的国家多数明令禁止代孕，而经济相对落后的欧洲国家往往没有明确的法规，代孕也处于灰色地带。

具体来看，在主要经济体国家中，德国、法国、意大利、西班牙、中国、加拿大魁北克省等国家和地区明文禁止代孕，不仅反对商业代孕，也禁止利他代孕；美国的部分州、乌克兰、俄罗斯、白俄罗斯、塞浦路斯、哈萨克斯坦、格鲁吉亚等国家和地区持代孕宽松政策，允许利他代孕和商业代孕；巴西允许代孕的情况有些特殊，表亲以内代孕合法，即允许代孕母亲是在二级亲属之间的亲属；英国、荷兰、比利时、希腊、印度、泰国、越南、澳洲、新西兰、加拿大大部分省等国家和地区允许利他代孕，其中英联邦国家普遍允许利他代孕，禁止商业代孕；美国代孕的立法情况因州而异[1]，大部分州允许代孕，少数州完全禁止代孕，其中加利福尼亚州的政策最为宽松，密歇根州的政策最严格。

从整体倾向来看，经济越发达的国家和地区，道德考量越多；各主要经济体对代理母亲的态度谨慎保守；多数国家允许利他代孕的同时，禁止商业代孕。

（二）套上枷锁的开放与走向包容的禁止

俄罗斯一直被视为对代孕持开放态度的国家。俄罗斯的商业辅助

---

[1] The US Surrogacy Law Map. https://www.creativefamilyconnections.com/us-surrogacy-law-map/.

生殖自 1995 年起即为合法。2012 年 8 月俄罗斯卫生部发布的第 107 号令，明确规定了代理母亲的体检项目和筛选条件，这为代孕机构提供了运营的法律空间。为外国人代孕在俄罗斯早已形成一条成熟的产业链。在多国禁止代孕的形势下，来自欧洲、亚洲等多地的客户会通过中介或自行前往俄罗斯购买代孕服务。

　　长期以来，俄罗斯法律没有为代理母亲和代孕子女提供必要的法律保护，涉嫌买卖儿童和侵害代理母亲权益的代孕案件频发。2022 年 12 月 8 日，俄罗斯国家杜马（议会下院）正式通过针对外国人的"反代孕"立法。这意味着外国人或俄罗斯同性恋情侣均无法通过代孕获得后代。按照规定，只有俄罗斯的已婚公民或因健康原因不能生育的俄罗斯单身女性，才允许使用代孕服务。此外，代孕母亲必须为俄罗斯籍，生下的孩子也将自动获得俄罗斯国籍。

　　类似的情况还发生在其他代孕合法化的国家。比如，泰国在 2015 年禁止了外国人在泰国购买代孕服务，只允许泰国本国人购买代孕服务；乌克兰 2006 年修订其《家庭法典》只允许已婚异性恋夫妇购买代孕服务；印度在 2002 年代孕合法化，2015 年印度改变立场通过了限制商业代孕的法律，2018 年仅允许为有需要的、无法生育、结婚满 5 年以上的印度夫妇提供无偿的代孕服务。

　　与俄罗斯转向谨慎的态度不同，英联邦国家对待代孕的态度逐渐从禁止转向包容。20 世纪 80 年代，英国设立了人类受精及胚胎研究调查委员会——沃诺克委员会，该委员会于 1984 年发布《沃诺克报告》，认为"代孕所潜藏的危机远远超过可获得的利益"，"在伦理上是完全不能接受的"，避免代孕及其负面影响的唯一有效办法是"使其非法化"。随着社会生活的发展，代孕客观存在且不能有效禁绝，1985 年英国政府出台《代孕协议法》严禁商业性代孕、代孕中介和禁止各种类型的代孕广告，允许自愿性代孕和酬金给付。后续，因《代孕协议法》缺乏对当事人以及代孕所生子女利益的法律保护，1990年英国出台了《人类受精与胚胎学法》，明确主管代孕的监管机构，声明代孕协议只是代孕关系的证明，不是有法律约束力的合同，且改变《代孕协议法》中酬金支付为仅允许合理费用；1997年英国《布雷热报告》建议金钱给付应当限定在合法有据的费用范围内、卫生部应对中介组织及代孕操作规程等制定详细的管理细则、制定新的《代孕法》规定亲权令等的申请流程。2008年《人类受精与胚胎法》规定当事人无须再通过收养代孕子女的方式获得亲权。2019年6月英格兰法律委员会和苏格兰法律委员会联合发布《通过代孕建立家庭：一项新的法律》咨询文件，其关键建议是形成一个"新路径"。要求完成一系列的审核后才能够进行代孕，而不能将其作为一个"既成事实"事后处理。对于亲子关系，该文件创造性地提出，在孩子出生后，如果代孕母亲在2—4周内未提出反对，那么，意向父母可以自动成为孩子的合法父母，完成亲子关系登记。商业代孕是否应当允许的问题目前还处于争论阶段。

从发展趋势来看，禁止和开放的对立态度不是渐行渐远，而是相互影响。北欧的情况也比较具有代表性，重视女权的北欧各国普遍禁止代孕，并将其视为物化女性的行为。与此同时，北欧社会又以对LGBTQ＋①的开放态度而闻名。然而，代孕合法化又是LGBTQ＋群体的重要的诉求之一。在代孕这个问题上，代理母亲的权益和LGBTQ＋群体的权益是矛盾的。如何兼顾两者的利益诉求将超越禁止或开放的态度，成为无法回避的实质性难题。

---

① LGBTIQA＋代表"女同性恋、男同性恋、双性恋、变性人、双性人、酷儿/质疑、无性恋和许多其他术语（如非二元性和泛性恋）"。在加拿大，这个群体有时被定义为LGBTQ2（女同性恋、男同性恋、双性恋、变性人、酷儿）。

（三）亲属权归属：代理母亲优先，还是意向父母优先？

美国各州在代孕立法上，倾向于监管而非禁止。落脚到代孕子女亲属权归属的问题上，确立了意向父母优先的亲子关系的认定原则。

1993年，美国新泽西州法院在审理约翰逊诉卡尔弗特（Johnson v. Calvert）妊娠代孕亲属权案中，确立了意向父母原则，即与代孕子女有基因关联性，有意愿让其出生，并打算将其视为自己子女抚养的委托人，具备了"意向父母"资格并且是代孕子女的合法父母。根据此判例，在实施代孕程序前委托方和代孕方签署合同，在首月的妊娠期间，法院将作出给予准父母胎儿亲属权的判决。2013年《加州家庭法典》明确允许意向父母在代孕子女出生前提出确认亲子关系的请求。一般情况下，意向父母在代孕母亲怀孕前五个月内提出申请，以确保意向父母被登记在代孕子女的出生证明上。

简言之，在美国的代孕相关法规中，代理母亲对胎儿没有亲属权。代理母亲和意向父母被要求在代孕前签订代孕合同，以避免代理母亲事后决定自己扶养代孕子女的情形；同时也有利于法院将其作为代理母亲缔约的证明，从而增加意向父母胜诉的可能性。

值得注意的是，为了保护代理母亲的基本权益不会因为上述法律而受损，同时避免意向父母事后毁约和弃养行为可能对代理母亲造成的伤害，法律还规定在胚胎移植入代理母亲子宫之后准父母是不能放弃婴儿亲属权的，以及意向父母优先，且兼顾代孕子女最佳利益的认定原则。在法律规制上的这些制衡设计，有效地平衡了意向父母和代理母亲双方的基本权益。

与美国法律规制不同，大多数英联邦国家和欧洲国家在代孕子女的亲属权归属问题上持代理母亲优先的原则。其隐含的价值倾向是代理母亲承担了怀孕的负担和分娩的风险，且在子女出生前与其有最紧密的身心联系,在生育中的贡献远大于意向父母。换句话说,这些国家并不承认代孕是意向父母与其代孕子女建立亲子关系的过程。

在英国,代孕需要通过代孕协议来进行,但是出于保护代理母亲和代孕子女的考虑,该协议不能被法律强制执行。根据英国法律的规定,即便胚胎来自委托人,代理母亲是孩子的法定监护人,代理母亲的配偶或伴侣也是孩子的法定监护人。以欧洲为例,瑞典、丹麦、挪威和芬兰等国的法律只承认代理母亲是代孕子女的母亲,如果代理母亲是已婚女性的话,她的丈夫就会被默认是孩子的父亲。代理母亲优先的原则不考虑代理母亲与代孕子女没有血缘关系,也不考虑代孕子女出生证上注明的父母。

然而,人们日益发现,代理母亲优先的法律规定繁琐且复杂,无论是在代孕前还是在孩子出生后,委托方和代理母亲都需要花费大量的时间和精力在文书工作和法律流程上,这对所有相关方来说都是极大的负担。人们正在尝试针对弊端作出改善。

以新西兰为例,虽然利他代孕是合法的,但是代孕前的审核制度严苛,在孩子出生后的收养手续复杂。2022年5月《改善代孕安排法案》在新西兰国内得到了广泛的支持。这部法案设计的改善建议包括:① 向代理母亲支付合理的费用;② 优化辅助生殖伦理委员会的审批流程;③ 通过建立代孕出生登记册,保护代孕子女的身份权,以及获取有关其遗传和妊娠的来源的权利;④ 提供单独的法院途径,来承认意向父母为代孕子女的合法父母。

综上所述,传宗接代的生育目的应得到伦理的支持,但在实现传宗接代的途径中应兼顾代孕母亲和代孕子女的权益,其中利他型代孕是一种为大多数国家所支持的合法的家庭建设形式,而在亲属权的争议中无论是代理母亲优先,还是意向父母优先,法律制度都需要特定的平衡机制来促进和保护代孕子女、代理母亲和意向父母的权益。

冻卵权利：单身女性，自然法与儒之德

张琨，丛亚丽[①]

一、问题的提出

"冻卵"(egg freezing)这一术语主要用以描述未受精卵细胞的提取和冷冻保存，它经历了从"实验性"到"非实验性"地位，再从"医学性"到"社会性"目的的阶段转向[②]。"冻卵"分为"医学性冻卵"(medical egg freezing，MEF)和"社会性冻卵"(social egg freezing，SEF)。前者主要是针对癌症患者、不孕不育患者等的一种医学治疗手段，而后者是为提升健康女性的社会福祉的一项生殖技术手段，它可以为那些欲保存生育能力的女性提供对抗"生育年龄威胁"的机会[③]。目前，中国(注：主

① 张琨、丛亚丽，北京大学医学人文学院。基金项目：教育部哲学社会科学研究重大课题攻关项目"人类辅助生殖技术的法律规制研究"(21JZD032)。

② Practice Committees of the American Society for Reproductive Medicine and the Society for Assisted Reproductive Technology. "Mature oocyte cryopreservation：a guideline." *Fertility and sterility*，2013，99(1)：37－43.

③ ESHRE Task Force on Ethics and Law, Dondorp W, de Wert G, et al. "Oocyte cryopreservation for age-related fertility loss." *Human reproduction*，2012，27(5)：1231－1237.

要指中国内地）允许单身女性出于医学目的的冻卵，但仍不认可单身女性出于非医学目的的①的社会性冻卵请求。单身女性徐枣枣2018年向首都医科大学附属北京妇产医院寻求冻卵服务②，以期将自己现阶段最适合生育时期的卵子取出并冷冻保存，实现延迟生育的目的，遭到医院以请求不符合《人类辅助生殖技术管理办法》和《人类辅助生殖技术规范》规定为由拒绝。

儒家生命伦理学者曾撰文，中华文化是一个有"心"的文化。我们应从中华文明的初心出发，研究现代问题，推荐适宜政策，追求一个"老者安之、朋友信之、少者怀之"的理想的和谐社会③。理论上，我们似乎可以形成这样一个论证逻辑，每一位单身女性，她都是作为普遍女性的个体，二者是包含与被包含的关系，由此认为，如果通过儒家传统文化的资源，只要论证出具有普遍性的女性个体在请求社会性冻卵上具有合理性，那么，单身女性社会性冻卵请求也就可以获得支持。

但是，这个论证不够严谨，它忽视了中国语境下我们对于女性身份和关系具有不同认识的特殊性，那么，儒家生命伦理是否能专门为支持单身女性的社会性冻卵请求提供支撑？如果要回答这个问题，就需要首先审视儒家传统文化在支持社会性冻卵上的相关理论资源，寻找它的"有为"（能提供论证资源）方面，审思深受儒家影响的中国传统文化下它是否"无力"（不能提供论证资源）。

首先，儒家传统文化主张"天地之大德曰生"（《易·系辞上》），天意

---

① 上海市卫生局：《关于做好本市人类辅助生殖技术服务项目质量控制的通知（沪卫计妇幼〔2013〕004号）》，2013年9月10日，http://wsjkw.sh.gov.cn/fybj2/20180815/0012-57778.html。
② 新浪网，《首例"单身女性冻卵案"一审败诉　当事人称已邮寄上诉状》，2022年8月5日，https://news.sina.com.cn/s/2022-08-05/doc-imizirav6902659.shtml。
③ 范瑞平：《不忘初心：建构中国生命伦理学》，载《中国医学伦理学》2018年第4期，第442—446页。

在"生"，天之道即天创化生命，让生命生生不息之道①。实际上，正如徐枣枣在她的上诉状中指出的，法院对《医疗机构管理条例》中"保护人民健康"使用错误，提供冻卵服务即属于为未婚女性提供必要的生殖健康服务，保护未婚女性的生殖健康理应属于"保护人民健康"，男女平等的宪法原则和新型人口政策为支持请求提供权利基础。目前，中国养老机构医疗护理服务缺口达 1 000 万人，中国也正在实施积极的生育政策。如果忽略了类似的国内背景以及对老人作为"生命"个体脆弱性和生育个体"生命"延续自然性的思考，对个体社会性冻卵的审视就会缺乏血肉。

其次，儒家传统文化关注人的"情感"，看到了个人的脆弱性和个体生命维持的有限性而对辅助生育手段的需求。如果从技术价值活动和技术价值形态看，技术价值合理性是合价值性与合工具性的统一，技术价值合理性是价值合主体需要与合客体效应的统一②。它已然超越了对于技术本身的价值讨论维度，它转向个体与技术之间的基于个体"需要"的关联和互动。因此，冻卵要求从价值主体需要出发，经价值意识、价值理念、价值创造，到价值物生成与价值实现③。应更加重视人类欲望与越发丰盈的外界技术条件的契合，以更好地满足个体日益增长的对美好生活的需求④。

但是，受儒家影响较大的中国传统文化在为单身女性社会性冻卵

---

① 张舜清：《儒家生命伦理的原则及其实践方式——以"生"为视角》，载《哲学动态》2011 年第 10 期，第 75—80 页。

② 王树松：《简论技术价值合理性》，载《自然辩证法研究》2004 年第 12 期，第 27—29 页，第 51 页。

③ 刘同舫：《技术的理性与非理性——关于技术合理性的思考》，载《社会科学》2007 年第 7 期，第 54—60 页。

④ 北京朝阳区人民法院的一审判决按照冰冷的法律规定将单身女性徐枣枣的诉讼请求驳回，缺乏对人"情感"的关注。它选择简单地运用侵权法的一般侵权行为理论和契约法的"要约承诺"理论，讨论被告拒绝为原告提供非医学化冻卵服务的违法性问题，通过对"法定义务"和"约定义务"，"作为"和"不作为"等核心概念的机械论证，否定单身女性社会性冻卵的请求。

请求进行论证时还缺乏直接或足够的支撑，需要进一步挖掘。西方原子式个人的形式自主认为，只要不受外部干扰，经由自我反思和特定程序，个体就可以自主选择。而儒家的个体是关系性的自我，是一种基于关系的实质自主，即便日后单身女性社会性冻卵请求被允许，在受儒家文化影响深远的中国，也不意味着单身女性的社会性冻卵不受限制，而是会受到一定限制。在生殖技术的新进展下，这也有助于在"应当做"的指引下，对主体生殖技术活动中"能够做"进行反思、约束和规范①，以促进生殖技术实践在价值和目的上的合理性。

　　本文将首先展示儒家传统文化对支持个体（女性）社会性冻卵的"有为"的两个方面，即从"生生"和个体作为人的普遍性来论证女性个体请求医学性和社会性冻卵均指向生育，二者区分无意义，以及讨论女性因个人的脆弱性和个体生命维持的有限性而对社会性冻卵的需求；其次，从以上论证的"有为"，反思中国传统文化对该问题的"无力"，重点突出它缺少关注婚姻关系外的单身女性和强调将女性定位于家庭关系之中两点不足，为儒家生命伦理提出期许；最后，聚焦于儒家关系伦理，分析即便允许单身女性社会性冻卵，也不是不受限制，对单身女性社会性冻卵的自主性进行调适，并探索可能的出路。

二、儒家传统文化支持女性社会性冻卵的"有为"："生生"和个体作为人的普遍性

　　在儒家看来，"生"是一切的前提，无"生"宇宙荒芜②。正是因为生

---

① 王树松：《技术合理性探究》，载《科学管理研究》2006年第1期，第44—47页、第59页。
② 李承贵：《从"生"到"生生"——儒家"生生"之学的雏形》，载《周易研究》2020年第3期，第101—105页。

命的存在，宇宙才万紫千红而蓬勃生机，所谓"观天地生物气象""万物之生意最可观"①。宋儒从周敦颐开始，皆追寻、体认以"生生"为特征和纽带的天地万物一体境界②。如果说我们生存于其中的宇宙世界有个形成过程，那么这个形成过程就是"生生"的过程③。同时，"生生"还有"创生与续生""贵生与护生"和"成生与圆生"的内涵，"生生"在《尚书·盘庚》中总共出现四次；《诗经·大雅》中也有"天生烝民，有物有则"；《论语·述而》中孔子也说"天生德于予"。可以说，儒家向来重视生育，主张生育数量上的多生，通过大力鼓励生育以发展人口，继而国富民强。女性寻求社会性冻卵以保存自我的生育能力，既是一项个体生育自主决定的权利，属于个体所享有的生育自主，也符合儒家强调的生育目标，是现实版本的"生生"现象。

（一）从"生生"看女性请求医学性和社会性冻卵均指向生育

1."创生与养生"和生育本能

个体请求社会性冻卵符合生物天然地具有繁衍并抚养后代的客观需要。一方面，"创生与养生"是儒家"生生"理念的第一要义，"创生"即创造生命，"变无为有"；"养生"即将现有生命养育好，天然地与"生育"（生殖哺育）相连，为女性赋予了纯然的自主生育的权利。正如《诗经》所云："父兮生我，母兮鞠我。抚我畜我，长我育我，顾我复我，出入腹我。欲报之德。昊天罔极！"（《诗经·蓼莪》）父母对我呵护周全，生而育我，抚养我成人，恩如天而大无穷，无以报答。

---

① ［宋］程颢、程颐：《二程集》，中华书局 1981 年版。
② 陶新宏：《"生生"：儒家对生命的诠释》，载《广西社会科学》2017 年第 5 期，第 53—57 页。
③ 李承贵：《生生：儒家思想的内在维度》，载《学术研究》2012 年第 5 期，第 1—9 页。

冻卵是目前生育力保持的有效方式之一。该类技术能帮助那些因不得已的原因，例如，助孕过程中的特殊情形和需进行肿瘤化疗等情形而提供冻卵或卵巢，然而，一个人对自己需要冻卵的原因也存在差异，既可能是出于医学原因，也可能是出于非医学原因。在社会的多元化背景下，更多的非医学原因已显示出冻卵对于女性和其未来的生活至关重要。冻卵的目标指向是生育，不是治疗疾病本身。医疗科技发展的目标不仅仅局限于治疗疾病，还在于增加人类的幸福指数与社会福祉，使其能够在一定程度上不受自然生理的限制而拓宽自身选择的自由。①

女性是繁衍后代的自然载体，而家庭作为社会的自然单元需求，是社会发展的根基，它离不开女性的承担。将孩子生在完整的家庭中，使其得到双亲的教养，从而塑造和谐的家庭关系以及亲密的母子关系，这自然为传统和现代社会所推崇。女性被赋予了一种对孩子的天然情感，即使冻卵存在风险，她们也甘愿冒险，以满足自身对于怀孕的需求，这是她们基于两性身体差异而完善自然赋予的目的性的体现。无论男性和女性对于后代的需求如何，可能基于社会变迁、职业发展、生活质量的追求等而导致生育延迟，也有可能基于部分家庭希望延迟生育的主观原因，这都不重要。女性生育本身既是权利也是社会义务，而技术的目的就是为了让人类生活得更美好。基于女性身体构造的生理原因，卵子作为承担生育功能的起点，是女性个体实现这一自然需求必须依靠的手段。

2."贵生与护生"和保存自我的构造

个体请求社会性冻卵满足人与万物一样天然保存自我而避免毁灭

---

① 石佳友、曾佳：《单身女性使用人类辅助生殖技术的证成与实现路径》，载《法律适用》2022 年第 9 期，第 3—12 页。

的本能。《周易·系辞传》的"日新之谓盛德"表征儒家对生命的尊重,将持续永远的日日增新叫作盛美德行,体现了一种强烈的生命意识和贵生情感。儒家"贵生"强调以肉体生命为贵,珍惜个体生命的存在;而"护生",就是保护现有生命,使其健康存活而避免受损。社会性冻卵的目的在于生殖力保存,这种保存指向保存个体所认为的更为健康的未来生命,是对所谓非己生命的尊重,尽管"生生"更为强调"贵生和护生",即儒家主张的是以"仁民爱物"和"以诚心待物"这种尊重和爱护生命发展的态度。但是,对"仁道"的理解不能仅停留在"为他"而缺乏对自身的积极关怀,否则"仁者爱人"的"爱人"就会出于个体的刻意造作和外在强制约束而显得苍白、僵硬,从而造成植根内生生命本源的内驱力缺失。

故而,一方面,社会性冻卵的过程是一个保存自我而避免毁灭的过程,是个体自身特定阶段卵子的保存行为,涉及现实和未来的根本利益,这符合作为"仁者自爱"的核心逻辑。同时,这种自然构造目的的建构方式往往是被动的,它是被给予的,并且是已被规定了的,而这些目的对于所有女性个体而言也都是一样的。但是,也正是因为作为个体的人被自然地赋予了规定她自身的目的,她可以调整自己,以便使自己与由自然加诸给她的那些目的相协调。在社会性冻卵下,女性个体与男性个体一样具有选择以冻卵方式保存生命的自我决定权,这与一切物质依其本性所共有的本质一致。借由保存自我而避免毁灭以实现自我构造,也是一种"为己"之学,即通过对生命价值与意义的沉思,促使个体自身道德修养的完满与人格精神的提升,从而保留对生命的终极关切。女性不仅具有基于实现保存自我而避免毁灭这一自我构造目的的本性,将纯粹的保存生命升华为生育以繁衍生命,也是她们提升修养和人格,从而实现个体生命价值的方式之一。例如,女性的生育能力会随着年龄的增长而下降，甚至丧失，而必须借助于冻卵这一特别的方式进行干预。特别是随着社会性因素的介入而发生重大变化，对于女性而言，社会性因素的介入使得她们的生育观念在发生转变的同时，也导致了个体自我构造改变的发生。由于实现个体的自我构造不仅限于男性，因此，只要不是出于特别理由，剥夺女性的社会性冻卵权利，就等同于破坏了她活动所必须依据的秩序和倾向，使其活动自身与个体的必然目的不相符合。

3. "成生"和身体延续

个体请求社会性冻卵顺应个体渴望借延续身体以成就和追忆生命的诉求。所谓"成生"，即成就生命，使其更加灿烂和精彩，成就人所想所愿，实现人生价值。在儒家人学图式中，"身"被视为生命的本质，即"我是身体"，身体既是一团血肉，又是能行动的主体[1]。孔子等认为"气"的能量是原初的"身"，也就是人的同义语[2]。儒家重视身体的存在，并认为任何情况下都不应伤害自我与他人的身体。例如，《孝经·开宗明义》中就提到，"身体发肤，受之父母，不敢毁伤，孝之始也"。这是一种普遍的道德律令，它具有康德所说的普遍性这一严格限定，不存在任何寻找借口的可能性。荀子也认为对于身体的遗忘是灾难起源，"怠慢忘身，祸灾乃作"。（《荀子·劝学》）儒家的重"身"哲学不仅是守护生理学存在，还是以"仁"理念积极参与宇宙的生命进程，从而发展出有利于文明共同体进行交往的法则[3]。整体而言，"身"在儒家的语境下具有三层含义，即生理学存在，各种行动的直接承担者以及自我。个

---

① 张再林：《"我有一个身体"与"我是身体"——中西身体观之比较》，载《哲学研究》2015年第6期，第120—126页。
② 吴震：《泰州学派研究》，中国人民大学出版社2009年版。
③ 王晓华：《儒家的身体哲学与化解文明冲突的可能路径》，载《孔子研究》2021年第2期，第37—46页。

体社会性冻卵实质上在某种意义上调节了"身"的三重内涵。

首先，从生理学存在来看，作为生理学的重要存在方式，与个体的肢体、器官、组织一样，卵细胞被天然地纳入其中，共同构成个体的完整身体，这丰富了对个体身体的生理性认知，个体身体的最大特点在于其肢体、器官、组织、卵细胞等的有机统一，没有身体就没有生命，个体的生命、健康以及享有的各种权利也无从谈起，个体有保持自己身体完整性而不受他人侵犯的权利①，可以说，卵子与身体的分离并不会直接减损其繁衍后代的发展功能，人体的体内环境和体外的冷冻环境同样发挥着身体的延续功能，彰显了人格价值，卵细胞无疑归属于身体范畴。

其次，从各种行动的直接承担者来看，身体的目的在于承担各种行动，这区别于身体的完整性，意指对身体的控制和支配以发挥身体的功能。同时，身体的完整性作为一种规范理想，也只有将身体的"我能"与身体被客观化的外部条件结合起来才能实现，它不是简单排除任何医学干预，也不是将身体作为可以任意处置的"财产"，否则都忽视了身体的"我能"②。只要不涉及违反公共政策和贬损他人利益，个体就有对其肢体、器官、组织等的自由支配权，不受他人干涉，甚至在必要情况下，还应为其提供保护和便利措施，这才能实现身体所承担的各种行动功能。个体寻求社会性冻卵的过程亦为以身体延续服务生命延续的过程，它体现为身体的后代繁衍。如果说作为卵细胞的卵子是构成身体的重要部分，那么冻卵就是发挥身体可延续的手段之一，这区别于传统的两性交配的自然繁殖。它的目的是保持卵子的活性，以备将

---

① 孔德猛、常春、左金磊：《从子宫工具化的视角对国外代孕生育的研究》，载《自然辩证法通讯》2018 年第 7 期，第 84—91 页。
② 朱彦明、杨帆：《新生殖技术的去身体化、身体自决与身体完整性》，载《自然辩证法研究》2022 年第 11 期，第 44—50 页。

来继续繁育后代"身体"所用，它是个体的主观选择，具有较大的不确定性，因此，个体也必须对其选择自担风险。这个阶段的"成生"逻辑在于，冻卵有助于过早绝经和卵巢功能衰退的女性保存生育能力，减少基因和染色体异常的风险，高质量的卵子有助于成就更高质量的生命，即身体的有效延续依赖于高质量的身体，从而在开始阶段就成就生命。

最后，从身体即自我来看，由于自我就是身体的内涵，那么保存身体就是保存自我的一种方式，这也符合"贵生与护生"讨论下的保存自我构造。实际上，抛开单身的婚姻状况，卵细胞是维持身体完整性的重要部分，保存自我的最直接方式就是免受身体的损害，也即保持其完整性、可控性和可支配性。

（二）女性因个人的脆弱性和个体生命维持的有限性而对辅助生育手段的需求

"养老"与"生育"之间存在微妙的关系。虽然现代社会并不鼓励和强调此方面，但在传统文化资源中，这是一个背景因素。实际上，在儒家看来，"养儿防老"是一种天然的观念，孟子就认为，"事孰为大？事亲为大"（《孟子·离娄上》）。故而，欲追问女性社会性冻卵的合理性，还需要重新考量个体有限的生命周期及其生命维持的能力，这也在某种意义上指向了儒家语境下对"老"和"养老"的思考。正是这种个体的脆弱性，形塑了社会对他人的脆弱性产生的共通感，朴素地审视个体本体、本真的自然性、能力的有限性和本质的差异性，以复归自然性和脆弱性的视角来讨论个体请求社会性冻卵问题。

1. 个体本真的自然性

鉴于个体本真的自然性，个体无法挣脱"老"和命限规律的束缚，在生命维持上具有限时性①。这是一种本体的脆弱性,它源自人类的动物性存在属性,个体的存在表现为自然的肉体维度,暴露于疾病、伤害、衰老、残疾和死亡中,它是个体与生俱来、普遍必然而不可避免的一种状态,源于人类的本体存在状态,即人类是作为动物性的、社会性的和有限的理性存在②。儒家高度重视个体的脆弱性,这在孔子答宰我问"三年之丧"中得到体现,这个故事出自《论语·阳货》,它意为：个体不仅儿时高度脆弱,出生三年后才能脱离父母怀抱,而且此种脆弱性也与个体终生相伴,这是由于个体始终会面临老病死等问题。就限时性而言,个体终有一死,生命的长度无法永恒,一方面,医学性冻卵和社会性冻卵都可以被视为个体生命以另一形式获得持续的表现,前者表现为个体采取的迫不得已手段,后者更为强调个体对生命高质量地持续存在的客观需要。脱开生育与养老之间的关联,生育作为自然权利,也是基于人的自然性。据统计,女性在 28—29 岁时受孕的概率开始降低,并在 35 岁时急剧下降,与年龄有关的卵子数量减少往往伴随着卵子质量的下降,从而导致流产和其他并发症发生的概率上升,使用年轻女性捐献的卵细胞可获得非常满意的妊娠率,这是因为,决定流产率的是卵子年龄,而不是子宫年龄③。

　　另一方面,社会性冻卵能重新对"老"作出物理调适。冷冻生物学已成为当代生命科学的核心技术,越来越多的组织和细胞材料可以被冷冻和解冻而不失去活力,这种停止和启动生物学的能力,停止和暂停

---

① Huang Y, Cong Y. "Persons with pre-dementia have no Kantian duty to die." *Bioethics*, 2021, 35(5)：438 - 445.
② 王福玲：《人的尊严与脆弱性》,载《道德与文明》2022 年第 4 期,第 121—128 页。
③ Van Noord-Zaadstra BM, Looman CW, Alsbach H, Habbema JD, te Velde ER, Karbaat J. "Delaying childbearing：effect of age on fecundity and outcome of pregnancy." *BMJ*, 1991, 302(6789)：1361 - 1365.

细胞活动，并在未来的某个日期恢复其活力，涉及对生命的重新阐述及其既定的时间路径。正如汉娜·兰德克(Hannah Landecker)所言，"冻结、停止或暂停生命，并重获新生的能力，是当代生物技术的一个基础要素。简而言之，生物、生命、细胞，也意味着(目前)可暂停、可中断、可储存、可冻结的部分"①，生物技术不仅改变了人类的意义，它还改变了生物的意义。这意味着，冻结和解冻组织的能力所带来的问题不仅是实用性，而且是对生命轨迹的重新排序，它要求我们以不同的方式思考生物学和时间之间的关系，并促进了不可思议的逆转和不同步。例如，在生育力保存领域，低温生物学允许配子的寿命超过其捐赠者，因此，孩子可以用死者的精液受孕②，而冻卵可以突破年老和只能在更年期来临之前进行生育的生理限制，将生命状态定格在特定的生命阶段，通过定格年轻时的卵子以备日后使用时降低染色体异常的发生率，这是尊重个体选择的具体体现。

2. 个体能力的有限性

个体本体的脆弱性决定了个体之间的相互依赖，这不仅是日常生活中的互相陪伴和关爱，也包括个体在生老病死阶段都需要他人的帮助与照顾。这也进一步在脆弱性下塑造了"老"的身份和关系，祖先、父母、家族内亲族和社会上的老人是"老"的延伸，"鳏寡孤独"被用以泛指那些丧失劳动能力又没有亲属供养、老弱无依的人。《孟子·梁惠王下》对"鳏寡孤独"作出了明确解释，"老而无妻曰鳏；老而无夫曰寡；老而无子曰独；幼而无父曰孤。此四者，天下之穷民而

① Landecker H. "Living Differently in Time: Plasticity, Temporality and Cellular Biotechnologies." *Culture Machine*, 2004, 9(07): 211-235.
② Kroløkke C. H., S. W. Adrian. "Sperm on Ice." *Australian Feminist Studies*, 2013, 28(77): 263-278.

无告者"。

在获得物质帮助方面,个体的生命维持需要依赖他者,他者主要体现为个体的后代,如果由于衰老的进程致使她们排卵异常、卵子质量下降,会导致她们余生无法受孕,没有子女,这意味着她们年老后无法获得物质上的照顾。正因个体先天衰老的缺陷,个体生命的后代延续是保证其在衰老时获得照顾以维持个体生命的重要方面。有研究表明,女性选择社会性冻卵的一个重要原因就是缺乏一个适合建立家庭的伴侣,现实的无所依不得不将希望放到老有所依①,对于暂时没有伴侣的或对发育中的胚胎的地位有道德顾虑的妇女来说,冷冻卵子可能是比冷冻胚胎更可取的选择。所以,女性社会性冻卵可以被视为个体依靠外界力量以维持余生生命的选择。

在被给予情感支持方面,儒家伦理的德性强调情感德性,具有德性和德行的双重面向,它的核心基点是情感。在儒家的"养老"看来,作为物质方面供养的"能养",只是养老的最低层次,以礼和有情养老才是更高的层次②。需要凸显儒家的重情特征,"修义之柄、礼之序,以治人情"(《礼记·礼运》),以礼出发,培养并践行"尊让""絜""敬"的情感德性。社会性冻卵可以缓解女性面临不平等的就业压力和无子女女性的污名化的焦虑,也会降低她们面对自己未来变"老"的恐惧感,让她们的内心更具确定性,从而实现她们预期的情感需要。社会性冻卵可以保证她们有机会在未来有一个亲生孩子,减少焦虑和压力等不确

---

① Alteri A, Pisaturo V, Nogueira D, D'Angelo A. "Elective egg freezing without medical indications." *Acta obstetricia et gynecologica Scandinavica*, 2019, 98 (05): 647 - 652.
② 李超:《有情养老:先秦儒家养老思想的情感逻辑》,载《齐鲁学刊》2020年第6期,第39—47页。

定的负面情绪，并为妇女提供选择，增加自由感，为她们提供即使暂时没有一个可靠的、值得信赖的伴侣建立稳定家庭，也可以满足未来需求的心理暗示①。实际上，孔子认为其内在的根据是人的情感，这与"礼源于人的自然情感，作为外在的制度与规范"②相符合，只有这样才能实现"成教而后国可安"（《礼记·乡饮酒义》）、"安上治民"（《孝经·广要道章》）的伦理价值目标。

3. 个体情境的差异性

源自性别、年龄、健康状态等一系列状况，都会影响和加剧情境的脆弱性。这是由于脆弱性在存在程度上的区别，尽管所有个体都是脆弱的，但是，内在的生理机制和外部社会状况构成了女性更加脆弱的重要因素。

个体的差异性导致其实践能力不断变化，周围环境的变化也改变着她们情境意义上脆弱性的程度。个体的阶段性生命选择虽然只需要依赖于暂时的个体实践能力满足，然而，个体生命维持需要持续稳定和发展的实践能力的支撑。"玻璃化"（vitrification）冻卵技术的发展改变着这种"实践能力"，使从年轻女性子宫中取出的卵子获得冷冻，又不会伤害到卵子，通过控制脆弱性的情境，利用个体本质的差异性，维持了生命延续的可能性。

无论是疾病因素还是社会因素，都构成了个体的有限性和脆弱性，冻卵作为一种生育力保持的手段符合生育和生命本身延续的道德意义，医学性冻卵和社会性冻卵的区分反倒并不具有道德意义。由于情

---

① Waldby C. "'Banking time'; egg freezing and the negotiation of future fertility." *Culture, health & sexuality*, 2015, 17(04): 470-482.
② 朱喆、萧平、操奇：《儒道情感哲学及其现代价值》，社会科学文献出版社 2018 年版。

境的脆弱性，不可避免地存在着一些即将接受治疗的癌症或自身免疫性疾病患者，这些他者的境遇可能比个体更加糟糕，或者在个体获得有效目的实现时他者依然饱受苦难而愈加脆弱，此时，如果允许个体请求社会性冻卵，就可以在满足个体自身的基础上，将剩余的冷冻卵子提供给比个体更加脆弱的他者。因为每个人都具有脆弱性，每个人都会对他者的脆弱性感同身受，因此，也更愿意为他者承担道德责任，在关心关爱中结群①。正如《孟子·梁惠王章句上》中的齐宣王，尽管他为一国之君，但他同样无法避免"寡人有疾"的脆弱性，故而，他推己及人，对他者脆弱性感同身受，"见其生，不忍见其死"。

三、从女性到单身女性的"无力"：儒家传统文化的困境与对儒家生命伦理的期许

通过论证，我们发现，儒家传统文化对于论证支持个体（女性）的社会性冻卵请求是"有为"的。但是，囿于中国传统文化受儒家影响较大，它缺少对婚姻关系外的单身女性的关注以及过分强调将女性定位于家庭关系之中，导致在儒家传统文化下论证支持单身女性社会性冻卵显得"无力"，它也一定程度上挑战了传统的男性在婚姻和生育中必不可少的权威。这提示我们，进一步挖掘儒家生命伦理的资源，探寻走出困境的可能。

（一）对婚姻关系外的单身女性缺少关注

在儒家传统文化思想中，婚姻具有神圣性。儒家传统文化中婚姻

---

① 吴先伍：《儒家伦理中的脆弱性问题——以孔子答宰我问"三年之丧"为例》，载《华东师范大学学报（哲学社会科学版）》2022年第3期，第10—20页、第184页。

的神圣性是指婚姻与"天"相关联而具有了神圣的意义①。神圣性来源于"天人合一"的本体论思想。"天命之谓性"（《中庸》），人性与天性相通，人性来自"天"。正如《周易·序卦》所言："有天地，然后有万物；有万物，然后有男女；有男女，然后有夫妇；有夫妇，然后有父子；有父子，然后有君臣；有君臣，然后有上下；有上下，然后礼义有所错。"在传统观念中，男女、夫妇、父子、君臣等关系与天地一样具有神圣性。因此，婚姻的神圣性决定了婚姻必然具有命定性、道德性、严肃性、稳定性和持久性等特征。同时，儒家传统文化不仅反对阴盛阳衰，也反对阳盛阴衰，反对阴阳的决然对立与斗争。它强调"阴阳合德，而刚柔有体，以体天地之撰以通神明之德"（《周易·系辞》），强调男女和谐互补及相互生成的意义。男人和女人不同，就如同天和地不同，阳与阴不同一样。然而，在那种有机的整体化的宇宙里，男人和女人无法摆脱地连在一起，他们分别给予庄严的受尊重的角色，并期待彼此在合作与和谐的基础上相互作用和影响②。

其次，儒家传统文化非常重视女性贞洁。一个妇女的名誉往往与性纯洁相联系，是确定其名誉是否完好的关键标准，而中国传统伦理和法律对女性的关注从未脱离女性贞洁。历史上，女性贞洁是女性的单方义务，女性自身也在父权制下经历了性从属化和客体化的演变，对失范女性的处置严苛，导致儒家传统文化对单身女性生育的态度也相应严苛。

儒家传统文化将生育建立在婚姻关系之上，婚姻关系在儒家传统

① 孙长虹：《神圣与世俗之间的平衡——儒家婚姻观研究》，载《华中科技大学学报（社会科学版）》2017年第5期，第14—19页。
② 彭华、杜帮云：《儒家女性角色伦理的三个理论视角》，载《哲学动态》2013年第10期，第49—53页。

文化看来也是人口再生产的主要途径，是家庭关系乃至社会关系的基础。在儒家传统文化视域下，女性被视为繁衍后代的工具，成为男性的一项财产和附属物，她们是为男性传宗接代和生儿育女的机器。中国社会非常重视传宗接代和婚姻的价值。家庭承担着"种的延续"的功能，女性重要的社会角色是"妻子"和"母亲"，因此，在儒家传统文化看来，单身女性明显是违背了社会期望①。这也直接导致了儒家传统文化对于单身女性的关注较少，以至于它在女性请求社会性冻卵的论证上是有文化资源和支撑的，而对单身女性的论证上却显得有些无力。

（二）女性被定位于家庭关系之中

儒家传统文化"男主外，女主内"的性别分工模式将女性限定于家庭中，家庭几乎是女性一生唯一活动的场所与舞台，也是她们价值实现的地方。女儿、妻子、儿媳、母亲、婆婆等这些女性社会角色的特殊性就在于它们都是家庭和婚姻体系派给她们的。在儒家传统文化看来，女人之所以成为人，是通过与"父"、与"夫"、与"子"等的伦理关系的发生体现出来的。"父""夫""子"是"我"存在的体现，如果没有"父""夫""子"的伦理关系，女人就不成其为人，如果不履行与"父""夫""子"的伦理关系，女人便会因此失去人的存在依据。② 这也导致了对单身女性冻卵的讨论和思考，往往涉及婚姻状况、家庭关系、胎儿未来福祉、国家利益，其中对孩子生活在单亲家庭中这点便存在很大的争议。

儒家传统文化中的个体存在往往以家庭关系为基础，这是其得以

---

① 龚婉祺、郭沁、蒋莉：《中国单身女性的困境：多元交叉的社会压力和歧视》，载《浙江大学学报（人文社会科学版）》2018 年第 2 期，第 117—128 页。
② 彭华：《儒家女性角色伦理视角转换的路径探析》，载《伦理学研究》2014 年第 2 期，第 98—103 页。

生存的重要条件。因此,保证家人之生命健康和生命选择是"齐家"的首要条件。这一定程度上影响了个体请求社会性冻卵的选择过程,作为家庭成员之一的个体,如果得不到充分照顾,或者个体选择的主观偏离而致损,便意味着"家不齐",家不齐即不能"治国"以至于"平天下",从而认为其修身之功夫不到家,内在道德是有缺憾的①。因此,作为具有本体论意义和价值的道德实体的家庭是个体的延伸,在社会性冻卵的选择中,医生也应当充分尊重家属的意愿而非仅患者自身的意愿,体现出家庭的整体智慧和关怀。故而,社会性冻卵不是病人作为个体的分离而独立的判断,而是全家作为整体所作的决定。

儒家传统文化强调家庭决策,自然地对涉及生育议题的单身身份就更容易忽视。因此,这些儒家传统文化所推崇的家庭决定观念,难以为单身女性的社会性冻卵提供支撑,反而构成了限制因素。例如,反对单身女性冻卵请求的观点会认为:一方面,单身女性应该从孩子身心角度考虑,在适龄阶段通过自然孕育组建家庭,这样才可以让孩子在父母的关爱中成长,同时,单身女性冻卵违反了自然秩序,"破坏了创造的秩序"②。此外,考虑到社会性冻卵并不能防止高龄妇女怀孕与宫外孕和其他并发症(如子痫前期、妊娠期糖尿病、早产和低出生体重)这一医学事实③。如果放任其自主选择而不衡量风险发生后果,这对家庭不负责。

---

① 李大平、左伟:《医疗决策的儒家家庭主义》,载《学术论坛》2016 年第 8 期,第 18—22 页、第 57 页。

② Bühler, N. "Imagining the Future of Motherhood: The Medically Assisted Extension of Fertility and the Production of Genealogical Continuity." *Sociologus*, 2015, 65(01): 79 - 100.

③ Liu K, Case A: Reproductive Endocrinology and Infertility Committee. "Advanced reproductive age and fertility." *Journal of obstetrics and gynaecology Canada*, 2011, 33(11): 1165 - 1175.

（三）儒家生命伦理有再挖掘的空间

单身女性社会性冻卵，既命中了女性应被锁定在家庭中，也命定晚育的可能。对于以家庭伦理为本位和重视女性婚姻身份的中国传统文化来说，虽然冻卵可以保持生育力，但直觉上不会得到支持。

跳出冻卵议题，回到人类辅助生殖技术本身，女权主义人类学家表达了对此类问题的关注。马西娅·英霍恩（Marcia Inhorn）尤为重视发展中国家体外受精（In Vitro Fertilization，IVF）使用量的快速增长及其后果问题，她历时 12 年在埃及展开追踪研究，结论是：IVF 并未如人们想象和宣传的那样，给使用者尤其是女性带来福音，而是看到辅助生殖技术受到社会、政治、经济、文化和技术的制约，基于 IVF"创造"出的婴儿甚至被污名化，它们被视为"罪恶之子"①。与此相反，苏珊·卡恩（Susan Kahn）在以色列开展的民族志研究叙述了这类 IVF 技术可能遭遇的完全不一样的结果，即由于犹太复兴民族计划和国家工程的大力支持，一些犹太保守宗教分子也改变了原先落后的观点，开始庆祝试管犹太婴儿的诞生②。不难发现，这些女权主义人类学家以生动的民族志写作表明了"科技是文化的模板"这一理念③。如果不对自身文化进行反思，便会对此技术引发的问题的思考失去很多有意义的提示。

中国"从父姓"传统的姓氏继承形式要求"子随父姓"，这看似排除了女性在传递家族姓氏和家族传承方面的作用。然而，长期存在的"入赘婚"制度则被视为父系社会为缺乏男性后嗣家庭提供制度性补偿的

---

① Inhorn M. *Local Babies*，*Global Science: Gender*，*Religion and in Virtro Fertilization in Egypt*. Routledge，2003.

② Becker G. *The Elusive Embryos: How Men and Women Approach New Reproductive Technology*. University of California Press，2000.

③ 朱剑峰：《赛博女权主义理论和生殖技术的民族志研究》，载《北方民族大学学报（哲学社会科学版）》2016 年第 3 期，第 68—71 页。

一种手段。实际上，尽管"子随父姓"是最为传统的姓氏继承形式，但儒家价值观并未排斥"子从母姓"的情况。这反映的是儒家德性背后一个最为关键的考量，重视家族延续是儒家传统的一个重要特征，即生育和家族传承是我们文化所追求的目标，手段可以根据具体的情况进行调整。男性和女性都拥有家族传承的意愿和权利，这意味着女性同样在以有后代作为尽孝道的实践中扮演着极为重要的角色①。此研究也提示我们，如果直接援引某些传统资源而不进行分析，并不能为我们提供可行和合理的出路。

进一步，针对人类辅助生殖技术的适用主体，有必要对同样受儒家传统文化影响的中国香港、澳门和台湾进行考察。香港的《人类生殖科技条例》第561章的第15(5)条规定，任何人不得向并非属婚姻双方的人士提供生殖科技程序，除非满足特定生殖科技程序②。台湾的卫生福利部国民健康署妇幼健康组发布的《不可不知的人工生殖法——报你知》同样强调，人工生殖的施行限于不孕夫妻，未婚者、单亲、同性恋者等都无法要求做人工生殖。中国澳门于2022年12月通过了《医学辅助生殖技术》法案，规定被诊断为不育的夫妻或具有事实婚姻关系的双方、为治疗夫妻或具有事实婚姻关系的双方子女的严重疾病、夫妻或具有事实婚姻关系的双方具遗传风险的严重疾病或其他疾病的情况，可使用法规规定的医学辅助生殖技术，并订定了相关技术的使用原则及规范。通过查阅具体的规定内容，可以看出，受到儒家传统文化影响的

① 白劼、范瑞平：《孝道、生育伦理与子从母姓》，载《中国医学伦理学》2019年第1期，第10—17页。
② 《人类生殖科技条例》第561章的第15(5)条将程序规定为：（a）依据代母安排而为代母提供的程序；（b）在一段婚姻结束之前，已依据向该段婚姻的双方提供的生殖科技程序将配子或胚胎放置于一名女性的体内，而该程序在该段婚姻结束后继续进行；或（c）取得配子（即精子或卵子）的程序。

中国香港、台湾和澳门，虽然均将人类辅助生殖技术的适用主体限制在医学性冻卵和特定的婚姻关系之下，但是，香港和台湾地区充分意识到了冻卵与人类辅助生殖技术之手段与目的和不同阶段的关系，均对单身女性冻卵政策有所松动，向前走了一步，即有条件地允许单身女性冻卵，但在实施生育时应依据当时的生育规定。

当我们从传统和现代的角度进一步挖掘儒家生命伦理对单身女性社会性冻卵问题的态度时，可以看出，儒家生命伦理资源中蕴含有对社会学冻卵的支持；虽然对单身女性主张社会冻卵的支持并不充分，但儒家"有心"的价值理念和对生育的目的和人类繁衍的支持，可以一以贯之地延续到现代儒家生命伦理。因此，现代儒家生命伦理对单身女性身份这一问题，缺乏直接有力的支撑，但可以进一步挖掘。

四、儒家关系伦理下单身女性社会性冻卵的自主性调适和可能的出路探索

我们除了反思儒家传统文化，探讨儒家生命伦理对支持单身女性社会性冻卵的"有为"和"无力"，还需要考虑当中国允许单身女性社会性冻卵以后，它是不是不受任何限制的问题。无论是人的欲望，还是人对现实的改变，都不再是他自己的了，因为他们现在被人所处的那个社会组织起来了①。所以，个人权利的实现具有边界，个人权利和社会公共利益以及其他各种关系之间需要保持一定平衡，个人权利的实现若是以损害社会公共利益和其他关系的利益为代价，个人权利就丧失了

---

① ［美］赫伯特·马尔库塞：《爱欲与文明》，黄勇、薛民译，上海译文出版社 2012年版。

其正当性与合理性基础，便构成个人权利的滥用。个体的需求也不能与社会和其他关系期望和限制相分离，否则社会问题的技术解决方案可能会导致更大程度的压制而不是解放[1]。例如，有观点认为，社会性冻卵对单身女性在努力实现其职业抱负和做母亲时已经面临的压力产生影响[2]。如果过分地满足单身女性因为职业需要而推迟或放弃做母亲的诉求，单身女性成为母亲的机会就会减少，而不孕不育行业则会蓬勃发展[3]。但这种担忧并不是普遍的。根据欧洲人类生殖和胚胎学协会（ESHRE）的规定[4]，只要成年人（包括男性和女性），在强制性跨学科咨询后签署知情同意书，他们就可以出于医疗原因或"生活计划的考虑"自由保留其生育能力。同样，美国生殖医学协会（ASRM）和辅助生殖技术协会（SART）指出，考虑使用该技术的妇女必须充分了解所涉及的过程和可以合理预期的临床结果，以便她们能够作出真正知情的决定并给予有效的同意[5]。这种建立在形式自主上的知情同意，是激进自主观下的逻辑产物，并未对社会性冻卵行为施加任何内容方面的限制，会导致个体自主性的异化。他们也未曾看到人口生育率低水平

---

① Sawicki J. "Disciplining mothers: feminism and the new reproductive technologies." In *Disciplining Foucault: Feminism, Power and the Body*. Routledge, 1991.

② Hewlett SA. *Creating a Life: Professional Women and the Quest for Children*. Miramax Books, 2002.

③ Gerson K. *Hard Choices: How Women Decide About Work, Career, and Motherhood*. University of California Press, 1985.

④ ESHRE Task Force on Ethics and Law. "Taskforce 7: Ethical considerations for the cryopreservation of gametes and reproductive tissues for self use." *Human reproduction*, 2004, 19(02): 460-462.

⑤ Practice Committee of Society for Assisted Reproductive Technology; Practice Committee of American Society for Reproductive Medicine. "Essential elements of informed consent for elective oocyte cryopreservation: a Practice Committee opinion." *Fertility and sterility*, 2008, 90 (5 Suppl): S134-S135.

现象与育龄妇女延迟生育的紧密社会关系①。

这些提示我们，即使允许单身女性社会性冻卵，也需要提高单身女性请求社会性冻卵的准入门槛，强制要求对冻卵的单身女性进行适当的咨询，了解高龄怀孕的潜在风险，借助数字传播手段，向社会公众普及社会性冻卵的风险收益，评价单身女性欲望的真实性和独立性时加入内容上的非中立要素，即单身女性所在的社会状态和行动的欲望特征，以应对单身女性自主的盲目性。例如，单身女性个体自主选择社会性冻卵还可能是为了兼顾事业和家庭，仅仅是她们为承诺奉献工作而被迫和绝望地作出的无奈抉择，这也不是真正的个体自主。同时，卵子冷冻后的解冻或生育实现，也需要根据国内的价值理念和相关规定，进行附加条件性的限制。值得一提的是，允许单身女性冻卵可增加需要卵子的群体得到卵子的机会；更多需要从制度上考虑和对接的是，一旦发生死亡、严重精神障碍等意外情况时，对剩余冷冻卵子的归属问题，或者是单身女性由于某些主观原因有将个人的冷冻卵子用于商业目的时，或可能滑向商业性代孕时，如何有效规范等，这些情形都要求立法有所考虑。

五、余论

儒家文化认为，美好社会是一个以家庭为取向、以美德为指导的社会。这种观念不同于现代西方社会所支持的美好社会观念。现代西方所宣扬的美好社会是以个人为取向、以权利为指导的社会②。因为现

---

① 郭志刚：《中国低生育进程的主要特征——2015 年 1‰人口抽样调查结果的启示》，载《中国人口科学》2017 年第 4 期，第 2—14 页、第 126 页。
② 范瑞平：《儒家视野中的美好社会》，载《文化纵横》2011 年第 6 期，第 70—73 页。

代生活和工作等社会因素导致一定数量的女性在婚姻和生育方面的延迟，是社会都需要正视的问题，不能由女性和单身女性单独承担。走出低生育率的困境，合理使用人类辅助生殖技术手段，关注因性别和卵子生命周期而导致的弱势，以儒家的"不忍人之心"来关爱她们，着眼于人类社会的繁衍和繁荣，以此为终极目标，跨越对某些技术的历史阶段性管理规范。尽管儒家生命伦理对论证支持单身女性这点还存在"无力"的情形，但儒家生命伦理已经在支持生育方面为我们提供了诸多的资源，已经明确分析和论证对社会性冻卵的请求予以支持，同时也能论证如此情形并没有否定家庭，只是社会性原因而延迟组建家庭或者是出于多元家庭的需求；也没有否定后代，相反更是出于对拥有后代和社会的兴旺的支持。即，支持单身女性社会冻卵的主张并不会与家庭的德性、完整、延续、繁荣发生冲突，相反，还有望进一步基于儒家的视角，挖掘出对单身女性社会冻卵的请求持有更加宽容的态度。

A卵B怀：新型生育模式

马永慧[①]

一、背景介绍

近年来，世界范围内承认同性婚姻的国家越来越多，不少国家还赋予了同性伴侣生育和成为父母的权利。英国分别于 2004 年及 2014 年承认同性伴侣的民事伴侣权及婚姻权，2008 年对《人类受精和胚胎学法案》进行了修订，取消了先前对"孩子需要父亲"的要求，并允许女性同性伴侣成为合法父母[②]。美国生殖医学会在 2013 年称生殖技术的获取不应受到性取向及婚姻状况的限制[③]，美国最高法院于 2015 年宣布同性恋婚姻在全美合法化。澳大利亚和新西兰 2010 年实施的《辅助

---

① 马永慧，厦门大学医学院生命伦理中心副教授。
② BODRI D, NAIR S, GILL A, et al. "Shared motherhood IVF: high delivery rates in a large study of treatments for lesbian couples using partner-donated eggs." *Reprod Biomed Online*, 2018, 36(2): 130-136.
③ BRZYSJI R, BRAVERMAN A, STEIN A, et al. "Access to fertility treatment by gays, lesbians, and unmarried persons." *Fertil Steril*, 2009, 92(4): 1190-1193.

生殖治疗法案》允许女性同性恋夫妇接受生育治疗[①]。西班牙则早在2005年便给予同性伴侣与异性伴侣相同的权利[②]。以上的政策体现出这样一种趋势：借助辅助生殖技术成为父母已不再是异性伴侣的专利，而是逐渐面向全社会所有人群，包括以同性恋为代表的性少数群体。

基于上述背景，加之辅助生殖技术的蓬勃发展及广泛应用，同性伴侣的生育愿望逐渐得以实现。在女性同性伴侣中，出于共享母亲身份、共同与孩子建立生物学联系、互惠平衡及双方参与生育程度最大化等目的，一种被称为"ROPA（Reception of Oocytes from Partner）模式"[③]（女性同性伴侣中 A 卵 B 怀）的生育安排成为越来越多女性同性伴侣的理想选择。近年在中国厦门即发生女性同性伴侣通过 ROPA 模式生女后争夺抚养权一案，将这种新型生育模式引入大众视野。生育传统总是受到特定的社会生产方式和交往实践的制约，且与婚姻——家庭制度、社会文化传统、医疗科技或公共卫生的进步以及人口生态等因素交织。儒家文化对当代中国社会仍然有着深远的影响，儒家有着何种生育观？如何看待同性恋？又如何回应同性恋的生育需求？ROPA 模式与儒家伦理是否兼容？这些问题在 A 卵 B 怀的案例中复杂交织和相互影响。

本文结构如下：首先介绍 ROPA 模式，辨析其与常规辅助生殖治疗的不同之处。然后从生命伦理四原则出发讨论 ROPA 模式的道德

---

① FISKE E, WESTON G. "Utilisation of ART in single women and lesbian couples since the 2010 change in Victorian legislation." *Aust N Z J Obstet Gynaecol*, 2015, 54(5): 497-499.

② MARINA S, MARINA D, MARINA F, et al. "Sharing motherhood: biological lesbian co-mothers, a new IVF indication." *Hum Reprod*, 2010(4): 938-941.

③ 同上。

合理性。接下来基于儒家生育观，从儒家伦理思想中的"孝道""血亲价值""自然性"以及"家庭伦理"之观念对 A 卵 B 怀案例的相关问题进行分析，加强儒家生育伦理与科技时代新型生育方式的对话和互通，对于儒家传统生育观的现代转型，也为促进和谐包容的社会环境和有效提升辅助生殖技术的规范和监管提供新的思路。

二、ROPA 模式：一种特殊的生育安排

（一）何为 ROPA 模式

ROPA 模式作为一种发生于女性同性伴侣间的、特殊的生育安排，首次被正式报道是在 2010 年 *Human Reproduction* 杂志[1]，具体是指女性同性伴侣中一方（A）提供卵子，与捐精人的精子在体外结合形成受精卵，植入另一方伴侣（B）的子宫并完成生育过程，俗称为女性同性伴侣中"A 卵 B 怀"。通过 ROPA 模式，同性伴侣双方均参与到生育过程中，供卵方（A）与孩子建立了遗传学（基因）联系，而另一方（B）通过孕育、分娩与孩子建立非基因的生物学联系。

近年，中国发生的某对女性同性伴侣通过 ROPA 模式生女后争夺抚养权一案，将此种特殊的生育安排带入中国大众视野。案例简要介绍如下[2]：车某（女）与李某（女）于 2018 年相识并恋爱，双方恋爱初期车某就提出希望李某能助其生育子女，李某同意。后二人求助于国内某地下辅助生殖服务机构，使用车某的卵子及地下精子库案外人的精子，培育成受精卵后移入李某的子宫，由李某孕育分娩。2019 年 12

---

① MARINA S，MARINA D，MARINA F，et al. "Sharing motherhood：biological lesbian co-mothers，a new IVF indication." *Hum Reprod*，2010(4)：938 - 941.
② 福建省厦门市湖里区人民法院：民事判决书(2020)闽 0206 民初 2057 号。

月，李某于某南方城市某医院顺利生育一女，其出生医学证明上载明母亲为李某，未记载父亲信息。孩子出生后不久，二人感情破裂，李某向车某索取25万"助孕费"，车某认为费用太高，不予支付。后李某未经车某同意将孩子抱走，并不再让车某接触孩子，车某遂将李某告上法庭，请求争夺孩子抚养权。法院一审判决车某败诉，车某不服又发起上诉，最终案件二审维持原判。

此案件涉及同性恋、同性恋生育权、辅助生殖技术监管、儿童利益和家庭结构等诸多伦理、法律和社会问题，此种生育安排自出现起注定极具争议。深入了解ROPA模式的独特之处有助于我们进一步探讨相关问题。

（二）ROPA模式的特殊之处

第一，该种生育模式的技术核心实则依旧是体外授精—胚胎移植技术（In Vitro Fertilization and Embryo Transfer，IVF-ET，又称试管婴儿技术）。但传统的体外授精—胚胎移植技术应用于不孕不育夫妻间，ROPA模式应用于女性同性伴侣，她们通常拥有正常的生育功能，按照中国相关医疗技术规范，并无实施体外授精—胚胎移植技术的医疗指征；当然也不排除伴侣中一方或双方存在生育障碍，但这往往不是其选择ROPA模式的主要原因。

第二，ROPA模式与常规辅助生育治疗——人工授精（Artificial Insemination，AI）相比也存在特殊性。ROPA模式中女性同性伴侣双方通过其中一方提供卵子、另一方孕育分娩的方式均参与至生育过程，而在人工授精治疗中，供卵者与分娩者为同一人，相比此种安排，ROPA模式使得伴侣双方均与孩子建立了生物学联系，并最大限度地参与到生育过程中来。

第三，与通过代孕生育子女的方式相比，ROPA 模式发生于希望共同生活、共同养育子女的女性同性伴侣中，她们之间不是单纯地委托与被委托的法律关系。ROPA 模式中无论是供卵者、还是分娩者，都渴望成为孩子的母亲。而代孕中的分娩者与供卵者之间并非伴侣关系，只是出于利他或者金钱等目的帮助他人孕育子女，并没有将来与对方共同养育子女的意愿。

相比于传统的体外授精—胚胎移植、人工授精、代孕等生育模式，ROPA 模式的特殊之处总结为：① ROPA 模式中的助孕主体通常没有实施体外授精—胚胎移植技术的医疗指征；② ROPA 模式中伴侣双方均与孩子建立了生物学联系；③ ROPA 模式中伴侣双方均渴望成为孩子的母亲。迄今为止，仍只有少数国家（西班牙、美国、英国、爱尔兰等）允许辅助生殖机构为女性同性伴侣提供该种生育服务。这种生育安排究竟是否具有道德合理性？从中国传统儒家伦理出发，是否可以被接受？这是接下来需要重点讨论的内容。

三、从生命伦理学原则出发，ROPA 模式具备一定道德合理性

在同性恋合法化前提下，ROPA 模式因符合生命伦理学主要原则而具有一定的合理性。问题在于，同性恋合法化这一前提本身就值得探究。

（一）ROPA 模式符合生命伦理学原则

为女性同性伴侣提供 ROPA 模式符合尊重、公正、有利、不伤害等生命伦理学原则。

首先，为女同性伴侣提供 ROPA 模式符合尊重、公正的伦理学原则。女同性伴侣寻求辅助生殖技术的帮助体现出其对自身生育权、自主权等权利的追求。理论上说，生育权、自主权均应是人生而就有的人格权利，不应以其身份状态（婚姻状态、性取向等）为依据区别对待。同性恋者作为可以为自身行为负责的理性行为人，与异性恋者一样，意图生育与自己有生物学联系的后代并无道德过错。因此，单从这一角度来说，赋予女性同性伴侣生育后代的权利，甚至是自主选择生育方式，包括通过 ROPA 模式生育后代的权利，是对公民人格权利完全尊重、对社会公正积极追求的表现。

另外，为女性同性伴侣提供 ROPA 模式满足有利、不伤害的伦理原则。一方面，ROPA 模式的实施对于女性同性伴侣是有利的。该模式为她们提供了伴侣双方最大化参与生育过程的可能，拓宽了生育方式的选择范围，其生育权、自主权得以有效实现的可能性增大。此外，相比传统辅助生殖方式，该种模式并没有额外增加相关风险。ROPA 模式中，提供卵子一方面临的风险是卵巢被过度刺激、取卵期间及之后患并发症的可能；接受胚胎一方面临的风险则与怀孕、分娩有关，这与一般情况下体外授精—胚胎移植技术中助孕主体所要面临的风险是一致的。一项回顾性研究（n＝121，研究对象是借助 ROPA 模式生育子女的英国女性同性伴侣）证实，ROPA 模式是一种安全、有效的生育方式，拥有较好的生育结局。而且相较于异性伴侣来说，由于女性同性伴侣中可以有两个孕母/供卵母选择，有更高的生育潜力[①]。所以，对于那些渴望双方均参与至生育过程、生育与双方均有生物学联系后代的

① BODRI D, NAIR S, GILL A, et al. "Shared motherhood IVF: high delivery rates in a large study of treatments for lesbian couples using partner-donated eggs." *Reprod Biomed Online*, 2018, 36(2): 130 - 136.

女性同性伴侣来说，ROPA模式所带来的较为完美和人性化的生育结局与其可能引发的风险相比是相称的，也就是说，其风险收益比是可以接受的。因此，没有理由不为女性同性伴侣提供ROPA模式。

（二）ROPA模式符合医学技术目标

自医学产生之日起，人们就将医学目标确定为"救死扶伤""减少疾病""延长寿命"等，减少人类疾病发生、提高人类生命质量。然而，随着科技进步和社会发展，我们越来越多地重视生命质量的提高，不仅包括身体健康，更包括人的心理健康、社交关系和适应等方面的质量。不孕不育是一类特殊的"疾病"，没有人会因其导致身体疼痛或残缺，但它给人带来极大的精神痛苦和心理创伤。辅助生殖技术的逐渐成熟无疑为不孕不育症患者带来福音，其目标本来就不是治疗"疾病"，而是用技术的手段帮助妊娠以提升患者整体生命质量。

中国目前只允许辅助生殖机构为有助孕指征的合法夫妻提供体外授精—胚胎移植技术。其临床指征包括妻子一方由于排卵障碍（如多囊卵巢综合征）、配子运输障碍（如输卵管堵塞）、子宫内膜异位症等一种或多种因素导致的不孕，丈夫一方由于少、弱、畸形精子症或其他各种原因导致的不育等。只有夫妻一方或双方被确诊为不孕/不育后，才可以借助该技术实现生育目的。

国内有学者基于"医学指征"的标准来反对ROPA模式，认为通常选择该种生育方式的女性同性伴侣生育功能是正常的，或至少有一方是正常的，她们不存在上述接受体外授精—胚胎移植技术的医疗指征，为她们提供ROPA模式没有医学理由。但在ROPA模式合法化的国家（例如西班牙和美国），助孕主体是否有生育障碍并不是决定是否为其提供该服务的依据。其背后逻辑为：生育权是一项基本人格权，与人的性取向和婚姻状态无关。辅助生殖技术作为帮助人实现生育权的技术工具，不应局限于只针对某个人群（如异性夫妻），而应对所有人群开放，或至少是那些由于各种原因无法生育子女的人群解决生殖问题，包括医学原因和社会原因。女性同性伴侣无法通过自然方式生育后代，因此，她们应当属于辅助生殖技术帮助的对象。生育功能正常不能成为不为其提供 ROPA 模式的理由。这种观点无疑有着强烈的西方自由主义和个人权利的色彩。

总之，在西方生命伦理语境下，因其符合尊重、公正、有利、不伤害等生命伦理学原则，符合一些国家体外授精—胚胎移植技术目标，为女性同性伴侣提供 ROPA 模式具备一定合理性。当然 ROPA 模式也会引发伦理、法律和社会问题，带来家庭结构、母亲认定、后代福利等方面的诸多挑战，作者已经在另一篇文章中深入讨论了这些问题[1]。本文主要从儒家伦理，特别是儒家生育观的视角探讨 ROPA 模式对其带来的价值挑战和冲击。

四、ROPA 模式对儒家伦理的价值挑战

（一）儒家生育观

儒家生育观受小农经济与宗法制度的影响，是儒家文化的重要组成部分，对当前中国生育文化也有着深远的影响。尽管没有系统的理论著作，但从孔子、孟子等先秦儒家代表人物的著作中可见一斑。基于儒家经史子集，其生育观大致体现在以下四个方面：

第一，子嗣绵延和多子多福。千百年来传宗接代、无子不孝的观念

---

[1] 梁晶晶、李友筑、马永慧：《ROPA 生育模式的伦理问题及其对策探究》，载《医学与哲学》2021 年第 15 期，第 29—33 页。

已经成为人们生育观念的思维定式，不再是社会规范，而早已成为人们的自觉意识。民间送子娘娘、观音菩萨、土地老爷等"求嗣神灵"的兴盛，以及抱泥孩、讨红蛋等民俗活动，都形成了独特的求子信仰。最早在《诗经·大雅·假乐》中出现"千禄百福，子孙千亿"的颂词。在《礼记·杂记下》中孔子言"地有余而民不足，君子耻之"。孔子的治国纲领"庶、富、教"三字中"庶"即人口众多是放在第一位的。管仲说："地大国富，人众兵强，此霸业之本也。"孟子说"广土众民，君子欲之"（《孟子·尽心上》）。大力发展人口，意味着富国强兵，赋税自广，也是历代统治者的政治意识。"儒家这种鼓励生育的传统，在中国传统文化形态中既是一种功利主义的政治意识之诉求，又是一种自然主义的经济意志之体现，更是一种关系主义的文化教化之必然。"①

第二，生命的自然必然性和家庭的自然合理性。儒家从"天道"角度赋予生命以神圣性，并通过人的主体性活动使人具有了高于"物"的尊严和价值。儒家认为，人经由父母的行为而起源、出生、成长的生理机制本身体现了上天的旨意，即"天命"或"天道"②。也就是说，儒家认为父母合德的、正当的生育行为业已充分体现了一个人出生的"天道"，并不需要神的额外介入如"注入灵魂"之类③。儒家始终对男女两性关系持严肃和谨慎的态度："男女居室，人之大伦也"（《孟子·万章上》），男女结为夫妻才自然合理，才是延续生命的唯一合理途径。

第三，男尊女卑和父权制。儒家生育伦理的传统受到儒家关系主义的文化预定影响。这种文化预定形成了儒家三纲五常、重男轻女、男

---

① 田海平：《论生育伦理的中国难题与道德前景》，载《马克思主义与现实》2012 年第 3 期。
② 郭卫华：《人类辅助生殖技术与儒家生命伦理观的价值冲突与和解》，载《哲学动态》2016 年第 7 期。
③ 范瑞平：《当代儒家生命伦理学》，北京大学出版社 2011 年版。

尊女卑以及父权至上的生育伦理观。孔子说"唯女子与小人为难养也，近之则不逊，远之则怨"(《论语·阳货》)。儒家还力主"妇女，从人者也，幼从父兄，嫁从夫，夫死从子"(《礼记·郊特牲》)。儒家认为"女子无才便是德"，整个社会逐渐形成重男轻女的风气。父权制在儒家有两方面的含义，一方面是与经济有关的，即从父确定血亲、家系、家产和继承权。另一方面是与祭祀和家族延续有关的，包括履行孝道、继承姓氏、祭祀祖先等。

第四，家庭和血缘关系。儒家将家庭血缘关系置于根本地位："'血缘'是家的抽象，它是由家及国的起点、基石和范型，是'人'的确立方式、'人化'的原理以及'人'的价值取向和价值理想"[1]。由男女个体结合而延续人类自身的生产，是"合二姓之好，以继先圣之后"，其"夫妇之际"，实为"人道之大伦"。由此，儒家以血缘为基础的价值导向决定了其独特的家庭观，即只有在婚姻关系基础上的男女两性结合的生育才具有伦理的正当性。

有学者总结儒家构建了三位一体的生育观，即异性恋、婚姻与生育三者的不可分离或缺一不可[2]。叠加儒家社会的父权父系性质，儒家认可的婚育模式需要三个要素：首先，唯有异性恋夫妻婚姻内才有权生育。其次，异性恋婚姻必须生育，生育必须发生在异性恋婚姻之内。最后，孩子的合法性由父亲赋予。不难看出，发生在同性恋之间、没有合法婚姻、父亲身份缺失的 ROPA 模式完完全全违背了儒家婚育模式的所有要求。接下来本文从儒家如何看待同性恋、儒家孝道与同性生子、儒家生命观与辅助生殖技术以及血亲联系的价值等四个方面进一

① 樊浩：《中国伦理精神的历史建构》，江苏人民出版社 1992 年版，第 11 页。
② 王向贤：《两孩政策、非婚生育和生育观的变革》，载《山西师大学报》2017 年第 44 卷第 1 期。

步分析 ROPA 模式对传统儒家生育观带来的价值挑战。

（二）儒家如何看待同性恋及其婚姻合法化问题

中国在 2001 年的《中国精神障碍分类与诊断标准》(第三版)中重新定义同性恋,表明同性恋不属于疾病范畴,人们对同性恋群体的态度慢慢变得宽容。一项近 15 年的实证研究显示:"虽然公众对同性恋的外显态度在个别方面依然存在偏见,但是总体上还是比较宽容的,而且从时间上看,公众对同性恋的外显态度大体上呈现越来越宽容的趋势。"[1]截至 2017 年,全球范围内同性婚姻合法化的国家达 29 个,而中国目前还没有一部婚姻法律来保护同性恋者的权利,使得许多同性恋者迫于社会和家庭压力,不得不选择异性结婚生子,这直接导致了婚姻生活的不幸[2]。

在儒家文献中没有直接对同性恋的批评,也没有因同性恋行为而惩罚的记录,同性恋现象在各个历史时期,特别是比较繁荣安逸的时期,都以和平的方式存在。张在舟有记载:"明清时期因是朱熹故乡而理学发达,有'海滨邹鲁'之称的福建,该地男风竟一直甚盛……中国古代同性恋的境况特色是社会对同性恋持比较稳定的倾向于中立的反对态度。"[3]而有学者持更为宽容的态度,如张祥龙认为:"儒家对同性恋持一种有保留的宽容态度,对于同性恋个人的评价更是以其道德行为为依据。"[4]他认为儒家将同性恋人群的产生归为阴阳发生过程的可能

---

[1] 唐日新、王思安、张璟:《近 15 年国内同性恋态度的实证研究》,载《湖州师范学院学报》2015 年第 12 期,第 60—65 页。

[2] 徐丽丽、包玉颖:《传统儒家思想对当代中国社会同性恋态度的影响探究》,载《中国医学伦理学》2019 年第 32 卷第 6 期。

[3] 张在舟:《暧昧的历程:中国古代同性恋史》,中州古籍出版社 2001 年版。

[4] 张祥龙:《儒家会如何看待同性婚姻的合法化?》,载《中国人民大学学报》2016 年第 1 期。

产物，是某种"偏离"，有自然的原因，不是一种罪恶，所以同性恋者应受到公正的对待。比如，朱熹就说："造化之运如磨，上面常转而不止。万物之生，似磨中撒出，有粗有细，自是不齐。"由此可见，儒家对同性恋持宽容甚至同情的态度，认为其只是某种"偏离"应得到公平对待。

　　然而，儒家的阴阳化生和"天道"的生命伦理观，似乎并不承认同性恋的正当合法地位。《周易·序卦》中有这一段："有天地，然后有万物。有万物，然后有男女。有男女，然后有夫妇。有夫妇，然后有父子。有父子，然后有君臣。"可见，儒家视男女与夫妇、亲子之间有内在关联，他们都是"构成世界的原生结构的体现，不是偶然的或只由社会或文化建构出来的"。而经过儒家仪礼认可后的夫妇作为五伦起点，即儒家社会的本体，亲疏远近、空间分布、劳动分工等各种构建均基于夫妇，从而排除了非婚同居、同性恋等异性恋婚姻以外的其他亲密伴侣关系的合法性。张祥龙也认为，儒家不可能赞许同性婚姻的合法化，"因为同性恋者的结合毕竟不是阴阳化生的原真形态，将它与异性婚姻在法律地位上等同看待会导致一些对于人群长久延续产生不利的后果"①。

（三）儒家孝道与同性生子

　　那么，从儒家孝道出发，能否从一种后果主义的视角论证同性生子具有合法性呢？首先，什么是"孝"？许慎《说文解字》注："孝，从老从子，善事父母者。"无子，焉能事父？所以孔子曰："父母生之，续莫大焉。"孟子也道："不孝有三，无后为大。""孝"本质上就是嗣，就是传宗接代，不绝祖祀。儒家伦理框架下的生育文化还表现出强烈的"男性偏好"。生育就是通过夫妻合作实现上事宗庙和下继后世的生命宗旨，并

---

① 张祥龙：《儒家会如何看待同性婚姻的合法化？》，载《中国人民大学学报》2016年第1期。

由此实现五伦的推延。传统上，对中国人来说，传宗接代的生育观已上升为必须遵循的道德规范。否则就背上"大不孝"之罪名。

实际上，不能繁衍后代一直都是同性恋群体不被主流社会接受的理由之一。繁衍后代在儒家被认为是家族延续和家族价值的体现，而同性恋者无法自然繁衍后代，这就与"天道"相违背。然而，随着社会和文化观念的不断变化，越来越多的人开始接受同性恋的存在和他们的权利。从儒家孝道的角度来看，同性恋夫妻生子实际上也可以被视为履行孝道的一种方式。虽然这不是传统意义上的"延续家族血脉"，但这并不意味着它不是孝道的一种表达。同性夫妻可以通过技术手段生育孩子来表达他们对家庭、祖先和家族的尊重和传承的意愿。

然而，即便从孝道视角可为同性生子作辩护，仍然会遇到来自家庭伦理如下挑战：

第一，儒家伦理中父母角色分工是很重要的。儒家"三纲五常"的伦理体系中，三纲指君为臣纲、父为子纲、夫为妻纲，即各种关系存在着主从和差序之分。父为子纲是指父亲在家庭中的地位和作用，也是父母角色分工的核心。父母都在的情况下，父亲才是家庭中真正的一家之长。儒家经典《孝经》中更加明确了母亲的从属地位，认为"资于事父以事母，而爱同。天无二日，土无二王，国无二君，一家无二尊"。可见，在肯定母亲家庭地位的同时，也强调母亲作为女性只是从属于父亲的。父亲是家庭经济的主要承担者，而母亲是操持家计和教养儿女的主要负责人，也是儿女的第一任道德教师。由此，同性恋者可能不符合这种传统的性别角色分工，比如，男同性恋者可能表现出女性的特质和行为方式，女同性恋者可能表现出男性的特质和行为方式。尽管在同性家庭内部也有小阴阳或准夫妇之分异，但因可能背离大阴阳的生物学属性，仍然会产生角色和身份的混乱。

第二，儒家家庭伦理强调父母对子女的道德教育和文化教育，包括如何为人行事。一些人认为同性恋家庭对于孩子的教育、性别角色的塑造、父母角色分工等方面与传统儒家家庭模式不同，这对孩子的成长和发展产生一定影响，比如孩子可能会面临歧视和孤独等问题，缺乏亲生父母的爱和关爱，从而不适合孩子成长。然而，这种观点已经被越来越多的实证研究结论所反驳。研究表明，同性恋家庭中的孩子与异性恋家庭中的孩子在智力、社交、情感和性别认同等方面没有显著差异。事实上，相比于传统异性恋家庭，同性恋家庭中的父母通常更加开明、宽容，更愿意尊重和支持孩子的自我表达和发展，这对孩子的成长和发展可能产生积极影响。对于那些担心同性恋家庭会对孩子的性别认同和性取向产生负面影响的人来说，有研究表明，孩子的性别认同和性取向往往是先天的，并不会受到父母性取向的影响，因为性取向的形成是非常复杂和多因素的。

（四）儒家自然观与 ROPA 中辅助生殖技术应用

儒家有着尊重生命、倡导仁医仁术的价值理念，医学作为一种去除疾患、济世利人的手段，与儒家的仁义观是完全一致的，所以自宋代起就有着"不为良相、便为良医"的人生观和价值观。儒家认为包括技术在内的一切"物"的存在都应当为人服务，医学技术不仅是对"实然"的探索，更是对"应然"的价值呈现。由此可推断儒家对于可以保存生命、实现种族延续的医疗技术原则上是推崇的，但是，这并不意味着儒家对辅助生殖技术会持积极态度，也不意味着儒家允许把辅助生殖技术提供给同性恋人群。

ROPA 模式发生在女同性恋伴侣之间，其想要生育有自己遗传关系的后代必然需要寻求辅助生殖技术帮助。实际上，前文所述案例中

的伴侣即是在中国北方某城市的地下生殖中心取卵、获得供精并通过
IVF技术成功受孕并分娩出婴儿。对儒家而言，可以说是对生命之"自
然"和家庭之"自然"都带来了严重的挑战。前者，儒家认为生命具有自
然性和不可改变性，后者，儒家认为夫妻二人是家庭和婚姻关系的起
点。而ROPA模式中的IVF技术利用捐赠的精子、卵子、体外的胚胎
等方式生育后代。无论是人还是家庭的"自然"，对既有的道德与伦理
来说，都具有绝对的价值和意义。"家庭一旦彻底解体，现有意义上的
伦理便'丧失'，因为无论是人最初的实体性，还是神圣性、义务感的渊
源由此丧失。"①当然，儒家重视子嗣，重视家庭完整和家族延续，对婚
姻关系之外的已经出生的"私生子女"并不是绝对排斥，主张仍然要爱
护、照顾而且重视对孩子的教育。

（五）ROPA与血亲联系的价值

包含试管婴儿技术的ROPA（IVF-with-ROPA）为同性伴侣分享
生物关系的可能性打开了大门。实际上，通过ROPA模式生育子女
的女性同性伴侣完全可以通过人工授精生育后代，那她们为什么从一
开始就绕过人工授精，而要选择过程更繁杂、风险更大、成本收益比
更低的ROPA模式？荷兰某临床医生发表的一篇报道②中曾记载一
对女同性恋夫妇在不同的生殖治疗中心申请ROPA模式均遭到拒
绝。理由是这对夫妇可以通过人工授精生育后代，因此，没有合理的
医学理由使她们暴露于试管婴儿治疗的风险之中，即使她们自己要求
这么做。

---

① 樊浩：《基因技术的道德哲学革命》，载《中国社会科学》2006年第1期。
② DONDORP W J, DE WERT G M. "Shared lesbian motherhood：a challenge of
established concepts and frameworks." *Hum Reprod*，2010，25(4)：812 - 814.

现实考虑来看，相较于人工授精，ROPA 模式可能更加符合女性同性伴侣的最佳利益。此种生育安排使得伴侣双方可以最大限度地参与至生育过程中，均与孩子建立生物学关系，共享生物学母亲身份，而人工授精中供卵、受孕与分娩都由一人承担，无法达到上述目的。

实际上，从儒家生育观来看，生育自己的"亲生骨肉"仍然是很多中国人内心深处秉持的、无须反思的"元价值"，由此形成基于血缘的亲子连接，并将成为今后分配资源、寻求庇护的主要渠道。与此相对应的是社会性亲职，即通过收养、寄养等非血缘方式形成的父母与子女的关系。而这显然不是中国人的首选方式。选择 ROPA 模式是唯一可以让伴侣双方都和孩子建立生物性血亲关系的方式，这样才可以形成生物性亲职。

那么，ROPA 模式具有的独特重新分配生物关系属性，其本身是否增加了某种价值呢？是否会得到重视血亲的儒家青睐呢？西方有学者认为生物联系有价值，因为本身具有内在意义，与它"赋予家族历史在个人身份认同中的角色有关"，而家庭历史对于一个人的身份认同和自我认识很重要[1]。也有学者批评这一观点，认为生物联系本身没有意义，或者"至少不应该对有意成为父母的人有意义"[2]，因为家庭历史或许对一个人身份认同很重要，但其重要性与这个家庭是不是自己的生物家庭无关。并进一步论述，"第一，父母与子女之间的生物关系没有内在价值，第二，成为父母计划内的角色分配应该不受生物考虑"。但是作者也提出一些担忧：如担心一些国家（如瑞典）允许传统的 IVF，但不允许 IVF-with-ROPA，这样可能对同性恋情侣产生了不一致和歧

---

[1] Velleman JD. "Family history." *Philosophical Papers*, 2005, 34: 357-378.
[2] Di Nucci E. IVF, same-sex couples and the value of biological ties. *J Med Ethics*, 2016, 42: 784-787.doi: 10.1136/medethics-2015-103257.

视。之所以构成歧视,是因为他们排除了一些同性恋情侣实现与他们的孩子之间有生物联结的合法愿望,而这种愿望对于异性恋夫妇来说是可以轻松实现的。生物关系不应在父母之间的责任和权利分配中扮演任何角色。IVF-with-ROPA 固然提供了实现非常人性化的愿望的新可能性,但我们应该小心,不要因此进一步巩固关于生物学重要性的父权主义偏见①。

在重视血亲和父权的儒家看来,ROPA 模式固然有其内在价值,但是需要注意的是,儒家社会以父权父系为根本经纬,要求生育必须在根据父权父系来构建家族谱系的异性恋婚姻之内,这无形中否定了父亲身份不明的生育的合法性。而通过 ROPA 模式出生的孩子,其生物学父亲的信息未知,也不会参与到孩子养育的过程中,缺乏父亲角色的家庭在儒家看来也是不和谐、不幸福的,因此,ROPA 生育模式可被认为是违背儒家家庭伦理规范的生育行为。

五、总结和展望

从西方自由主义和生命伦理原则出发,ROPA 模式具有道德合理性,也为性少数群体提供了实现非常人性化的愿望的新可能性。然而,尽管儒家对同性恋持宽容甚至同情的态度,但是对于其合法性以及生育权的正当性仍是否定的。发生在同性恋之间、没有合法婚姻、父亲缺失的 ROPA 模式完完全全违背了儒家伦理认定的婚育模式的所有要

---

① 实际上,在前述的现实案例中,提供卵子的一方正是"父权"的代表,其在该同性关系中扮演"男性"的角色,如提供 IVF 的所有花费,拥有体面工作并提供经济支持让怀孕的一方可以安心分娩并"坐月子"和抚养孩子。然而,在两人关系破裂,争夺孩子抚养权而闹上法庭的时候,她又提出对方只不过是其花钱找来的"代孕母亲",自己和孩子有遗传学联系,是真正的母亲。

求。同性生育，包括其他情况的非婚生育在中国直接面对的就是儒家三位一体的生育观与计划生育管理体制、辅助生殖技术管理制度联手形成的生育理念和生育权利分配的不利环境。可以见得，同性生育权以及其他主体的生育权（单身女性生育等）在中国实际是"奢侈的权利"①，因其要求的一系列前提还无法实现，包括亲密关系和性倾向可自由选择，婚姻不是异性恋的专利，生育不应该与婚姻捆绑，生育可通过异性性交实现，也可通过人工授精、代孕、ROPA 等方式实现，试管婴儿技术的适用不应局限于异性合法夫妻等。

面对越来越多地区同性恋婚姻合法化、生育权利运动、自由和平等理念的发展、新兴医疗技术的进展对儒家伦理带来的价值冲突，如何促进多方的积极互动，无论对自由与权利意识的本土化、医疗技术的合理和人性化规制，还是对儒家传统伦理的现代转型，都具有重要的理论和现实意义。发掘儒家伦理中的宝贵思想资源并合理利用就显得尤为重要。就 ROPA 模式这一新生事物来说，或许儒家"中庸之道"的思想可以为儒家伦理与同性生子提供一种和解的可能。《中庸》曰："中也者，天下之大本也；和也者，天下之达道也。致中和，天地位焉，万物育焉。"强调"和而不同，中庸平衡"思想对事物发展的必要性，使对立因素平衡协调，以此求得社会和谐，天下大同。中庸思想对于同性恋人群的接纳和尊重提供了本土理论支撑。同性生子的问题，既涉及个体的权利和自由，也涉及整个社会的和谐和稳定。在中庸之道的框架下，可以探讨包括 ROPA 在内的新型方案，帮助同性恋者实现生育后代的愿望，并保证孩子得到良好的抚养和教育，而且要制定相应的法律和道德规范来规范这种行为，保证合理合法，同时防止不良社会影响。

---

① 樊浩：《中国伦理精神的历史建构》，江苏人民出版社 1992 年版，第 11 页。

人造子宫：女性的未来

方旭东[①]

前言

所谓人造子宫，顾名思义，就是一种人造的繁衍装置，它通过模拟哺乳动物子宫和卵生动物卵的条件，使受精卵在人造环境下发育，从而摆脱对母体的需求。

在距今差不多一个世纪的 1924 年，英国遗传学家霍尔丹(J. B. S. Haldane, 1892—1964)曾作出预言：到 2074 年，将有七成婴儿通过体外孕育诞生。这在当时被认为是天方夜谭，然而，现在人造子宫技术的进展，让霍尔丹的预言显得不再那么遥远。

2021 年 3 月，《自然》(Nature)杂志发表了以色列魏茨曼科学研究所(Weizmann Institute of Science)的研究成果"宫外小鼠胚胎形成：从原肠胚形成前到晚期器官发生"(Ex utero mouse embryogenesis from pre-gastrulation to late organogenesis)，该成果利用人造子宫已成功培

育出数百只小鼠，且小鼠所有器官发育指标都正常。

针对人类的人造子宫技术也在不断推进。欧盟斥巨资支持人造子宫的研究，这个名为"地平线 2020 计划"的项目已于 2019 年 10 月开始实施。

针对人类的人造子宫技术一旦取得决定性的突破，女性怀胎十月一朝分娩的时代就会终结，男性独自就可以完成生育工程。这对人类来说，显然是一个翻天覆地的巨变。那么，人造子宫施用于人类，究竟是福还是祸？是利大于弊还是弊大于利？尤其是，对于这项技术直接涉及的人群——女性，它是值得欢呼的巨大解放还是细思极恐的末日号角？这些问题暂时都没有现成的答案，本文尝试从儒家角度对这个问题作一回应。正文分三部分，第一部分讨论人造子宫技术对女性的影响，第二部分叙述人造子宫技术对儒家可能造成的冲击，第三部分论证儒家能够保证人造子宫时代女性的地位。

一、人造子宫技术对女性的影响：解放还是出局？

不难想象，只要女性愿意，从此就可以借助人造子宫技术从怀孕生产的种种苦楚当中解放出来。这对女性来说无异于一个福音①。尤其是当代，随着女性自我意识越来越强，怀孕生产给女性生理心理带来伤害这个话题也正式浮出水面，很多做妈妈的女性控诉，怀孕以及生产使自己的身材走形、胸部下垂、妊娠纹难以消退、小便失禁、产后抑郁，等

---

① 关于人造子宫技术的意义，有人从短、中、长三个方面作了总结，短期可以提升早产婴儿的生存机会和生存质量，中期可以解决不孕不育患者的生育难题，长期则在一定程度上解放女性，推动更广泛意义的社会性别平等。参见：《人造子宫最新进展，未来解决早产和不孕难题》，https://www.vbdata.cn/48568。

等，简直是血泪斑斑。

而且，相比代孕①，人造子宫规避了各种风险，同时，也不会产生亲子权方面的伦理纠纷。众所周知，代孕很容易带来社会伦理关系的混乱以及相关的法律诉讼，这类案件，新闻时有报道。

人造子宫与代孕具有一种本质上的区别：代孕依然没有摆脱对女性子宫的依赖，只不过，是将怀孕与生产之苦从一位女性转移到另一位女性那里，让某些女性可以"坐享其成"地拥有婴儿；而人造子宫则是将怀孕生产从人类（女性）这里转移到机器那里，彻底摆脱了对人类子宫的依赖。

可以想象，等到将来技术成熟，人造子宫可能就像一个"孵化器"，买来放在家里，然后就等着胎儿一天天长大。它的功能跟一般的家电没什么不同：如果说洗衣机让人不用亲手洗衣，面包机让人摆脱了和面、烘焙等一系列工序，那么，人造子宫（也许可以形象地称为"代孕机"）则让人免除怀胎分娩的辛劳。

然而，让女性免除怀孕生产的苦辛与损伤，可能只是人造子宫技术对女性有利的一面。当一位女性为告别怀胎分娩之苦而欢欣鼓舞之时，也许她没有想过：这是否也意味着女性从此失去了自己生理上的优势？

在两性当中，男性与女性相比，有一个先天"不足"，那就是不能生孩子。但是，现在人造子宫技术被开发出来，世界就不一样了：在做妈妈这件事上，女性不再是独一无二的角色，而是可以被机器替代的。真到了那一天，它也许会带来一个女性不愿看到的结果，那就是它可能引

———

① "代孕"，就是租别人的子宫来生孩子。无论是中国，还是外国，对于代孕都有很大需求。但代孕在中国是违法的，因而转入地下，催生了一个黑色产业，乱象丛生。

发女性人口的减少。事实上，一些女权主义者就担心，人造子宫的到来，意味着男人可以将女人赶出这个星球，而人类的繁衍不会受到影响。

这并非危言耸听，基于"适者生存""用进废退"的原理，人造子宫技术出现之后，女性人口减少，这一点是可以得到解释的。纵观人类历史，出于各种原因，在不同地区都存在杀婴的现象。比如，在某些重男轻女的地区，就发生很多女婴生下来后被溺死的情况。当然，有时候，事情也可能正好颠倒过来，比如，像《长恨歌》上写的那样，杨贵妃受宠给她全家都带来荣华富贵，使得当时的社会风尚一变而为重女而轻男："遂令天下父母心，不重生男重生女。"又如战争年代，因为男丁免不了都要上战场，往往一去无回，女孩反倒让父母可以依靠，这就是杜甫《兵车行》上写的，"信知生男恶，反是生女好"。

虽然听起来很残酷，但事实就是如此：人造子宫技术使得女性的"价值"打了一个折扣。因此，人造子宫技术一旦成熟并大规模应用，很难保证不会出现女性人口因此被人为减少的结果。

这样看来，旨在造福女性的人造子宫技术也可能会给女性带来一个始料未及的厄运。那么，对于人造子宫技术，即使是女权主义者，恐怕也会分裂成两派，一派支持，另一派反对。

二、人造子宫技术对儒家可能产生的冲击

面对人造子宫技术，人们的第一反应可能会认为，它对儒学将带来巨大冲击。因为，传统儒学对世界的认识是建立在阴阳（男女）的基础之上，《易传》所谓"一阴一阳之谓道"，周敦颐《太极图说》所谓"阳变阴合，而生水火木金土"，张载《西铭》所谓"乾称父，坤称母"，这些古典文

本无不指向一种二元性别结构。而儒家对人伦的理解，夫妇是最根本的一伦，有夫妇然后有父子、兄弟，再有君臣、朋友，《中庸》说："君子之道，造端乎夫妇，及其至也，察乎天地。"出自无名作者的《诗经·蓼莪》则喊出了所有人感恩父母的心声："父兮生我，母兮鞠我。抚我畜我，长我育我，顾我复我，出入腹我。欲报之德，昊天罔极！"

现在，人造子宫使得孕育过程可以摆脱女性身体，这对儒家的性别认知以及基于这种认知而建立的婚姻家庭秩序无异于一次地震。人造子宫技术普及之日，可能就是儒家五伦当中的内三伦（夫妇、父子、兄弟）崩塌之时。因为，借助人造子宫技术孕育的婴儿，它不需要以一对夫妇的存在为前提，一个男子，或者一个女子，就可以独自完成繁殖后代的工作，以繁殖后代为目的的婚姻因此就失去了意义，一个人无需成为夫或妇，就可以成为父或母。可以设想，如果一个人打算借助人造子宫技术要一个孩子，他或她甚至无需用到自己的精子或卵子。他或她跟卵子或精子提供者不必有婚姻关系，从而，这个人造子宫婴儿也不会有一位法律上的母亲或父亲。甚至，这个人造子宫婴儿跟领养（订购）他的人之间完全可以不必有任何血缘关系。与传统意义上的父母相比，这个订购（领养）人造子宫婴儿的人，最接近的情况是：订购者提供了精子以及卵子；最疏远的情况是：订购者跟人造子宫婴儿之间没有任何血缘关系。即便是最接近的情况，由于卵子提供者并没有亲身承担怀孕以及生产，也与传统意义那个"十月怀胎"的母亲相去甚远。更不用说，在最疏远的情况下，可能就只剩下一个毫无血缘关系的"父亲"或"母亲"，准确地说，是养父或养母。儒家所理解的有夫妇然后有父子、有兄弟的常规路线，完全被打破。就人造子宫婴儿的精子或卵子来自陌生提供者的情况来说，这里当然不存在夫妇的关系。就人造子宫婴儿与订购或领养者无血缘关系的情况来说，也不存在父子（母子）的关系。至于兄弟，更无从谈起。

关于人造子宫技术对儒家的影响，还有一种看法，是基于儒家的特点而作出的一种预测。因为强调"无后为大"，即重视婚姻与传宗接代的关联，儒家曾被一些人认为是将女性作为生儿育女的工具看待。一些人担心，人造子宫技术出现之后，把女性作为生儿育女工具看待的儒家，可能因此就将女性视为"无用之物"而加以歧视乃至削减其存在。前面说的"女性人口减少"现象，也许正是儒家这种观念的产物。

如果说人造子宫技术对儒家五伦的影响是儒家有可能反对人造子宫技术的一个理由，那么，这种认为儒家会利用人造子宫技术而歧视乃至排斥女性的观点，是假定儒家欢迎人造子宫技术，并且要对人造子宫技术之后女性可能出现的悲惨命运负责。

以上两种认识似乎都有一定道理。儒家对人造子宫技术究竟应该作何反应？是欢迎还是拒斥？如果女性在人造子宫技术出现之后面临走向弱势乃至濒临绝境的危险，儒家是否难辞其咎？归根结底，人造子宫技术之后，对于女性，儒家扮演的角色究竟是正面还是负面？是"助纣为虐"还是"施以援手"？对于这些问题的思考，显然是一种建构规范的工作。以下笔者所述，只是略陈管见，既有为儒家谋划的部分，也有为儒家辩护的部分。

三、儒学能保证人造子宫之后女性的地位

以笔者之见，人造子宫技术的出现，对儒学来说未尝不是一个契机，使它可以洗刷以往加诸其上的某些污名，以此之故，儒家对于这项技术应当欢迎而非拒斥。

在人造子宫技术出现之前，尽管儒家不承认女性在其性别认知中

处于这样一种工具地位,但由于儒家孝道的前提是子嗣的存在,无论是主观还是客观原因造成,"无后"这件事都被视为"不孝",甚至是最严重的"不孝",所谓"不孝有三,无后为大"(《孟子·离娄上》)。而两性之中,只有女性才拥有子宫,这就意味着,抱着传宗接代目的的两性结合,女性在其中充当的就是一个子宫携带者的角色。在中国古代,"无子"作为离婚的依据,被堂而皇之地列在所谓"七出"或"七去"之中①。

现在,有了人造子宫,儒家所讲的夫妇之道就可以摆脱娶妻是为生儿育女的嫌疑。

可能有人会说,如此一来,强调传宗接代的儒家是否就无意娶妻?既然人造子宫可以解决孕育的问题,儒家为男子娶妻准备的理由还剩下什么?

这个假设对儒家可能并不构成压力,因为,在古代,纳妾制度的存在,早已使得不能生子的正妻成为一个合法存在。换言之,儒家完全容许妻子不能生育。我们甚至可以设想,一对认同儒家信念的夫妻,非常恩爱,但女方由于生理原因不能生育,但两人又非常渴望有自己的孩

---

① 唐人贾公彦在为《仪礼·丧服》"疏衰裳齐,牡麻绖,冠布缨,削杖,布带,疏屦,期者,父在为母,妻,出妻之子为母"这段话当中的"出妻"一词作疏时,提到所谓"七出":"七出者:无子,一也;淫佚,二也;不事舅姑,三也;口舌,四也;盗窃,五也;妒忌,六也;恶疾,七也。"而《大戴礼记·本命篇》则有"七去"之说,与"七出"大同小异:"妇有七去:不顺父母去,无子去,淫去,妒去,有恶疾去,多言去,窃盗去。不顺父母,为其逆德也;无子,为其绝世也;淫,为其乱族也;妒,为其乱家也;有恶疾,为其不可与共粢盛也;口多言,为其离亲也;盗窃,为其反义也"。古代虽有"七出""七去""七弃",但同时又有"三不去"的规定:"妇有三不去:有所取无所归(无娘家可归的),不去;与更三年丧(曾为公婆守孝三年的),不去;前贫贱后富贵,不去。"(《大戴礼记·本命篇》)"七出三不去"还被写进法律。《唐律疏议·户婚》:"有三不去而出之者,杖一百,追还合。若犯恶疾及奸者不用此律。"明、清法律也有类似规定。明人刘基对无子而休妻极表反对:"恶疾之与无子,岂人之所欲哉? 非所欲而得之,其不幸也大矣,而出之,忍矣哉! 夫妇,人伦之一也。妇以夫为天,不矜其不幸而遂弃之,岂天理哉? 而以是为典训,是教不仁以贼人道也。"(《郁离子》卷九"七出")

子。他们渴望孩子，不仅仅是出于对孩子的喜爱，而且，有理由相信，这也是他们的儒家信念使然，儒家关于"无后"与"不孝"的教导让他们觉得有责任生育后代。现在，有了人造子宫技术，这个难题就迎刃而解。也就是说，人造子宫技术并没有让他们的婚姻解体，因为，他们婚姻的意义本来就不是单纯为了传宗接代，虽然传宗接代是他们理解的婚姻的重要内容。不妨说，人造子宫为儒家解决妻子不育难题提供了一个纳妾之外的选项，尤其是一夫一妻制的当代。

儒家可以借此机会为自身正名，这对儒家来说当然是一件好事。另一方面，人造子宫之后女性的地位，可以借由儒家得到保证。何以如此呢？这是儒家关于阴阳互补和谐的信念决定的。

无论是批评者还是赞成者都承认，儒家的一个基本特征是重视家庭。这当然不是说西方人就不要家庭，而是说只有儒家才把家庭的地位看得那么重要，重要到"国"乃至"天下"都一定要建立在"家"的基础之上，这就是《大学》所说的"所谓治国必先齐其家者，其家不可教，而能教人者，无之。故君子不出家，而成教于国"，"一家仁，一国兴仁；一家让，一国兴让；一人贪戾，一国作乱，其机如此"。正是在这样的观念之下，中国古代才会出现"以孝治天下"的说法。反观西方，是绝不会有这样的主张的。

而家庭的基础则在于夫妇，可以说，"妇"在一个家庭是不可或缺的成员，她一身联结了夫、公婆、子女三代。她的角色是：贤妻（相夫）、良母（教子）、孝媳（侍奉公婆）。有人可能会说，在讲个性解放、女性独立的当代，这样理解"妇"，是否太过陈腐？其实不然。现代女性的追求是性别平等，但平等并不意味着与男性分离。真正到了男性可以不需要女性而存在的那一天，对女性来说绝对不是什么好事。正如人造子宫技术出来之后，女性失去了生理上的一个优势，伴随而来的，是女性在某些人眼里价值的下跌。性爱机器人出来之后，男性的生理需求不再像之前那样专系于女性，从而女性对男性的吸引力有所下降。可以说，随着技术的发展，女性在生理功能方面，会越来越失去其以往优势，在这些情况下，反而是强调"妇"在家庭中"一身三任"的儒家，会一如既往地肯定"妇"的价值，给女性一个稳定的地位，因为这些任务都不系于女性的生理功能（性、生育），而更多是伦理的、情感的互动，这些方面，目前最好的智能机器人也还做不到完全替代。

四、有关 AI 的远虑

为了捍卫女性的地位，有些论者提出，人造子宫不如天然子宫。他们担心说，人造子宫培育出来的胎儿，跟传统的从娘胎里出来的胎儿相比，会不会存在某种先天的不足？既然母乳优于配方奶粉，就让人有理由相信，经过母亲十月怀胎生出来的宝宝要胜过在人造子宫装置中培养起来的宝宝。就算刚生下来各项指标都没有明显的不同，也很难保证，人造子宫培育的宝宝长大后不会有问题。等到将来发现有问题，对这些孩子来说就太晚了，这种实验是不是代价太大了？甚至根本上就是不道德的？

这一类担心，其理论依据是自然优越论。它还包含了对风险不可控的考虑。应当承认，这些担心并非杞人忧天。

在另一边，人造子宫技术的支持者是信任科技的乐观主义者。他们可能会认为，反对者对人造子宫的恐惧是因为不了解才产生的。他们会举例说，现代农业已经作出了榜样。借助生物工程（也就是 NBIC 当中 B 所代表的生物技术），人类已经成功地制造出比自然当中的谷物、蔬菜、瓜果更优质的品种。

的确，今天人类食用的这些谷物、蔬菜、瓜果，可以说，90％以上都经过了人类的改良。以苹果为例，野生的或者说原生的苹果，又小又酸又涩，根本不能吃。野生的东西，大部分不合人类口味，有些还含有一定的毒性。人类利用生物工程改造自然，在食品行业由来已久。如果没有转基因技术，地球可能根本养不活现在这么多人。

因此，支持人造子宫技术的人会说，"人造不如天然"只是一种前科学的守旧心理。他们可能还会说，人造子宫甚至可以创造比人类子宫更理想的环境，各方面指标都达到最优。现实当中的孕妇，很少能达到各项指标都完美的。这就是为什么孕妇要定期去医院检查的原因，检查其实就是监测各项指标，一旦发现某个指标异常，或胎儿在里面发育不正常，医生就要及时进行干预。也就是说，天然的子宫并不代表它就能提供最好的孕育环境，母体体质的差异以及孕后生活条件的各异，无法保证胎儿在娘胎就一定能得到最好的补给。反而，科学家在实验室能够按照理想标准对人造子宫的各项指标调准到最佳。

比如，现在孕妇有一个常规检查，叫唐氏婴儿筛查。唐氏患儿（先天性愚型）具有严重的智力障碍，生活不能自理，并伴有复杂的心血管疾病，需要家人长期照顾，会给家庭造成极大的精神及经济负担。按出生率，中国平均每 20 分钟就有 1 例唐氏儿，大约每 750 名新生儿中就会有 1 个唐氏儿。

用医学专业术语来解释，唐氏儿是因为新生儿细胞中多了一条染色体所致。正常人的细胞内有 46 条（23 对）染色体，其中 22 对常染色体决定了每个人身体的各种性状，另一对性染色体决定了人的性别。如果由于某些原因，胎儿染色体数目异常，就有可能影响发育，导致畸形。

然而，唐氏筛查只能查出有可能染色体异常的胎儿，并不能从根本上解决染色体异常的问题。相比之下，染色体编辑技术可以说是从根上解决问题。虽然染色体编辑技术、人类基因编辑技术现在还不成熟，存在很大风险，但从原理上讲，它可以用来造福人类，是毋庸置疑的。

如果说基因改编是新鲜事物，那么，在此之前，转基因技术早已为人耳熟能详。转基因技术是将高产、抗逆、抗病虫、提高营养品质等已知功能性状的基因，通过现代科技手段转入到目标生物体中，使受体生物在原有遗传特性基础上增加新的功能特性，获得新的品种，生产新的产品。世界许多国家把转基因生物技术作为支撑发展、引领未来的战略选择，转基因已成为各国抢占科技制高点和增强农业国际竞争力的战略重点。中国"十三五"国家科技创新规划明确表示，"十三五"期间，将推进以经济作物和原料作物为主的新型转基因抗虫棉、抗虫玉米等产品的产业化进程。

社会上对转基因食品争议较大，对杂交水稻则坦然接受。专家指出，传统杂交技术与转基因技术在本质上是相同的，都是通过人为促成物种之间的基因转移和重新组合产生新的物种。两者的区别仅仅在于，传统杂交技术转移的是很多基因，而转基因则是很准确地转移某个基因，这就像装米，杂交是把一袋米装到另外一个袋子里，而转基因就像是从米袋里挑出一粒米，然后装到另外的袋子里，是一种更准确细微的转移。中国杂交水稻之父袁隆平曾表示，虽然中国杂交水稻技术目前在国际上领先，但如果不加强分子育种技术研究，短则五年、长则十年，要落后于国际水平，转基因技术是分子技术中的一类，必须加强转基因技术的研究和应用。

科学家在人类的基因改编方面，不断地在作努力。据报道，2021年香港科技大学研发出一种新型的全脑基因编辑技术。他们是在小白鼠当中作实验。但这个实验还是有重要意义，因为它显示了，可以通过基因改编来改善阿尔茨海默病。

阿尔茨海默(简称 AD)，是一种神经退行性疾病，临床上以记忆障碍、失语、失用、失认、视空间技能损害、执行功能障碍以及人格和行为改变等全面性痴呆表现为特征。65 岁以前发病者，称早老性痴呆；65 岁以后发病者称老年性痴呆。目前全世界至少有 5 000 万痴呆患者，到 2050 年预计将达到 1.52 亿，其中约 60%—70% 为阿尔茨海默病患者。这个病对人类威胁很大，因为人类现在越来越长寿，而过了 75 岁，阿尔茨海默的发病率会显著增高。如果香港科技大学的这项崭新的基因编辑技术，将来可以应用于人类，它是一个福音，可以治疗困扰人类的阿尔茨海默病。

从逻辑上讲，如果科学家可以通过修改某个基因，而使胎儿出生后可以对阿尔茨海默这些疾病产生抵抗力，那么，我们完全可以设想，将来科学家可以通过修改基因，使得胎儿出生后，对很多疾病产生抵抗力。还可以设想，它可以用于人类增强，不是用来治病，纯粹就是为了让人类变得更好、更强。

很多人对基因改编抱着一种不信任，这种不信任，从积极的方面说，是对目前技术本身不够完善而持的一种必要的审慎；从消极的方面说，则是出于对技术可能会被不当使用的担忧，无异于因噎废食。其实，基因改编技术的初衷跟人类任何科技发明一样，都是为了造福人类，既然人类从未停止新技术的发明，那么，又有什么理由阻止人类在基因改编技术上的前进呢？

在未来，我们可以想象一个巨大的胎儿制造工厂，它隶属于某个超级生物医学集团，科学家负责研发，医护人员负责日常维护与"生产"，市场部负责销售。而顾客甚至不仅仅是人类。如果结合基因改编技术，最后生产出来的胎儿越来越趋向完美。但是，这些"完美"胎儿长大之后将会从事什么工作？

也许，到那时，碳基人反而不如硅基人更符合市场需要。毕竟，培育一个碳基人耗时漫长，而这种脆弱的血肉之躯，容易为情感左右的生物，在很多事务上没有机器人（人工智能）出色。比如，与其千辛万苦地培养一个儿子来照料其年迈的父母，不如制造一个高级的护理机器人，也许更高效同时也更低成本。人造子宫的目的是为了培养人类胎儿，可是人类胎儿是碳基人。相比于硅基人（又称数字人），培养一个碳基人，无论成本还是时间，都比硅基人要高很多。更不用说，碳基人是血肉之躯，容易生病，而且很容易受情感左右。就像人学习驾驶拿到驾照开车上路，很多人还是会发生车祸，因为人很容易出错。现在出现无人驾驶，其实就是智能驾驶，相比人类驾驶员反而安全可靠得多。

这不是异想天开，具有高级智能的护理机器人已经站在人类门口，ChatGPT 已经小试锋芒。

总之，考虑到性价比，未来人类可能更愿意发展制造硅基人的智能机器人技术（这是 NBIC 当中 I 与 C 两种技术的结合），而不是旨在培养自然人（碳基人）的人造子宫技术。

结语

人造子宫技术，是人类改造自然、主宰自然的一个例子而已，在这个例子当中，人类开始改造有关自身的自然。当然，人类不是第一次这样做，当代所谓人体增加技术，基本上就是围绕这个目标进行。人造子宫技术直接关联到女性在社会中的地位，在欢呼它解放女性的同时，也必须意识到它对女性可能造成的冲击，那就是女性一个重要生理优势的失去。女性因此走向弱势乃至濒临绝境，按照经济原则，并非不可想象。在这样的危急时刻，看重阴阳互补、给予女性在家庭中不可或缺地位的儒家，不仅不会成为新技术的"助纣为虐"者，反而是能够给女性施以援手者。当然，这样理解的儒家，是一种基于笔者分析儒学视域下的儒家，而并非反对所有新技术而以保守著称的那种儒家。

人造子宫：女性乌托邦

王　芬^①

　　人类历史上，新科技的出现往往给世界整体图景带来深刻的转变，甚至重塑社会生活模式。自 20 世纪 80 年代初开始，人们对人造子宫技术(Artificial Uterus Technology)给予了广泛的社会关注和思考，迄今，通过该技术体外培育胎儿已经在全球多个国家取得重大技术性突破，连续的进展重新引发各界对这一主题的伦理讨论。直到近期，与这一技术相关的设想再度引爆舆论——也门科普博主哈什姆·阿尔-盖利(Hashem Al-Ghaili)官方宣布了他的新科学计划：人造子宫工厂(Ectolife)，并称该项目不仅能通过孵化器培育婴儿，解决人类生育问题，还可提供"精英套餐"，即编辑基因组以改变胎儿的发色、肤色、体力、身高甚至智力水平，使"订制婴儿"的理想成为现实^②。

　　在科技逐渐走出科幻作品和实验室，与人的现实生活产生越来越

① 王芬，澳门大学哲学与宗教学系博士生。

② Moss, Rachel. "That Artificial Womb Video Isn't Real, But Scientists Say It Could Be." *HUFFPOST*, 13/12/2022. https://www.huffingtonpost.co.uk/entry/is-ectolife-artificial-womb-real_uk_639858a2e4b0c28146469016.

密切联系的今天，尚在概念阶段的人造子宫工厂一经问世便受到来自各方的担忧和质疑。那么，在不久的将来，这一技术果真如人们设想的全面介入人类自然生命的延续，体外合成、发育胚胎正式取代传统的母体孕育胎儿，是否标志着人类个体尤其是女性生育意识与生育权利的解放？通过人造子宫批量产育后代是否有违自然造化的原始规律，冲击人类社会千百年来传承的家庭伦理基础？本文试图分析人造子宫技术的应用优势和社会意义，并从中国传统儒家家庭伦理的生命情感观、个体身份认同，以及宗法伦理制度问题出发，探索我们与这一全新类型的生命培育方式相遇可能涉及的界限、潜力和挑战。

一、何谓人造子宫？

人造子宫技术是一种在母亲体外支持有机体生长的人工手段，指通过提供和补充适当的营养和氧气来模仿女性子宫内部环境，以支持胎儿体外发育的系统①。该技术模拟人体子宫的生理机制来维持最佳发育环境，能够帮助哺乳动物或人的极早产胎儿在脱离母体的情况下继续存活、生长和发育。

事实上，人造子宫的构想由来已久，1924 年，剑桥大学的 J. B. S. 霍尔丹教授创造了 ectogenesis②一词来描述他对未来人类生育图景的预测。该词源于希腊语 ecto，意为"外部"，genesis 则是指"开始"或

---

① 刘诗月、史源：《人造子宫在超早产儿救治中的研究进展》，载《中国实用儿科杂志》2021 年第 2 期，第 147 页。
② Haldane, J. B. S. Daedalus, or, "Science and the Future: A Paper Read to the Heretics." *Cambridge*, On February 4th, 1923. Kegan Paul, Trench, Trubner, 1924, 16.

"一代"，显然，由体外孕育出人类新生代的前景早在一百年前就已经被预见到了，而直到 20 世纪 50 年代末，可实现体外孕育这一蓝图的人造子宫技术才真正开始临床应用的开发，该领域近三十年取得的重要成果包括：1992 年，日本东京大学实验室创造的人造橡胶子宫在移植入120 天大的羊胚胎，并维持其 17 天生存后首次成功实现胎羊出生[①]；美国康奈尔大学华裔科学家刘宏清，于 2001 年通过提取人类子宫内膜细胞培育开发出人造子宫，且成功地在其中培育胚胎为期六天[②]，这一模型标志着迈向人造子宫的又一重要进步；2017 年，美国费城儿童医院用人造子宫装置，为与极早产婴儿发育相当的胎羊提供长达四周的生理支持[③]；同样，该技术在中国也取得了相应的进展：2020 年，郑州大学第一附属医院成功实施中国首次人造子宫胎羊体外培育实验，通过体外支持使早产羔羊在人造子宫中存活，填补了该技术在国内发展的空白[④]。

经过数十年的研究推进该技术渐趋成熟，那么，对于人造子宫技术不断发展、最终进入到人类繁衍生育进程，人们可以如何期待；该技术的全面完善并最终投入应用究竟会给未来的社会、家庭和个人带来什么样的影响或者冲击，这些始终都是值得深入关注和探讨的问题。

---

① Hadfield, P. "Japanese Pioneers Raise Kid in Rubber Womb." *New Scientist*, 1992, 134(1818): 5.

② 由于美国体外授精条例的限制，该试验不得不在胚胎植入人造子宫 6 天后终止。《人造子宫挑战人类繁殖理论》，中国科学院网，2002 年 2 月 27 日，https://www.cas.cn/xw/kjsm/gjdt/200202/t20020227_1004769.shtml。

③ Partridge, E. A., Davey, M. G., Hornick, M. A., et al. "An Extra-Uterine System to Physiologically Support the Extreme Premature Lamb." *Nature Communications 8*, 2017(15112): 1.

④ 《郑州大学第一附属医院成功实施国内首次人造子宫胎羊体外培育实验》，郑州大学官网，2020 年 12 月 30 日，www.zzu.edu.cn/info/1218/75721.htm。

二、人造子宫技术的应用优势与社会意义

目前，人造子宫技术的可能性应用主要分为两类：① "机器部分代替母体功能"（Partial ectogenesis），指的是将已部分发育的胚胎或胎儿从母体移置到外部，使之在人造子宫中度过妊娠期的剩余时间，比如在新生儿医学中已得到应用的通过孵化器来维持极早产儿生命，以及体外受精生殖医学等。② "机器完全代替母体"（Complete ectogenesis），意味着妊娠从受孕到出生完全发生在母体之外[①]，这一构想理论可行，但暂不具备实际应用性，本文第三部分，即伦理探讨部分将主要讨论未来可能出现的第二种"机器完全替代母体"的情境。

（一）医学应用领域，惠及极早产儿和母亲

在医学应用领域，人造子宫技术主要可用于挽救、培育极早产胎儿（出生时胎龄小于 28 周[②]）。尽管目前各国在新生儿重症监护取得了长足的进步，但早产仍然是一个全球性的临床挑战，也是胎儿死亡的主要原因。人造子宫作为一种创新技术出现，可以创造类似母体子宫的环境为极早产儿提供充足氧气、营养和温度，支持胎儿生理的持续发育成熟。此外，在母体妊娠期间，胎儿与母亲具有天然一体的联动效应，其中任何一方的体征变化必然影响到另一方，独立的体外孕育则能够规避宫内治疗孕妇手术并发症、子宫破裂等风险，直接、高效地实施胎

---

① Segers, Seppe. "The Path toward Ectogenesis: Looking Beyond the Technical Challenges." *BMC Med Ethics*, 2021, 22: 59, 2.

② Partridge, E. A., Davey, M. G., Flake A. W. "Development of the Artificial Womb." *Current Stem Cell Reports*, 2018. https://doi.org/10.1007/s40778 - 018 - 0120 - 1.

儿早发性疾病诊疗。因此，人造子宫技术的应用可提升必要的胎儿产前医疗，如手术、药物、基因或干细胞治疗的可行性和安全性①。

除了极早产儿，生理条件不适合怀孕或不适合继续怀孕的母亲也将成为该技术的主要获益群体。根据目前各国普遍的医疗条件，当病理性妊娠（如子宫脆弱、流产、分娩大出血、胎儿畸形等）威胁到母亲健康或生命安全时，她们面临的往往是高风险的困境，不但选择有限并且可能的结果令人沮丧和痛苦：或者只能无奈接受终止妊娠；或者仍然坚持怀孕，期望自己能活到产下一个健康的孩子，然而到最后，母亲和孩子往往可能都无法存活。但是人造子宫技术的临床应用则提供了一种更为低风险的替代方案，帮助子宫受损或病变的女性可靠地执行维持妊娠的功能，不仅能降低母亲潜在的怀孕、生育风险，更可将无法避免的"矛"与"盾"——结束妊娠与终止胎儿生命相分离，较好地解决二者间的冲突。

（二）非医学应用领域，提升性别平等

1. 为女性提供安全、无痛苦的替代性生育选择，改变社会现有男女性别权利不平等

舒拉米斯·费尔斯通（Shulamith Firestone）1970 年在她的女权主义著作《性别辩证法》（*The Dialectics of Sex*）中提出，男性和女性之间的生殖条件差异导致了二者的性别劳动分工，这也是造成女性的社会从属地位和男性统治地位的根源。在家庭基本生殖单位中，女性通常

① De Bie，F. R.，Kim，S.D.，Bose，S. K.，et al. "Ethics Considerations Regarding Artificial Womb Technology for the Fetonate." *The American Journal of Bioethics*，2023，23（5）：67 – 78. https://doi.org/10.1080/15265161.2022.2048738.

必须经历怀孕、生产、哺乳和照顾婴儿的过程，这不仅给她们带来一系列显著的生理、心理变化（如孕吐、分娩疼痛、情绪低落甚至抑郁症等），而且这一过程中母亲孕育后代的专属角色和职责也天然地限制了她们经济独立的能力，使她们往往不得不依靠男性来生存。

人造子宫技术的出现很可能改变这一现有局面，不仅给女性带来生殖自主的权利，包括决定是否要孩子、如何、何时、与谁等等，使她们从必须部分让渡个体自由自主权、孕育后代的社会身份束缚中解放出来；同时还能在社会关系层面提升男女之间的性别平等：体外妊娠一方面给予女性更多生育方式的选择，孕育过程中准妈妈也无需改变饮食、生活习惯，不必经历母体妊娠带来的各种生理不适和痛苦；另一方面还能帮助她们免除因怀孕导致的一系列职场问题，比如孕龄女性求职困境，因产检、母婴健康状况、分娩和生产请假造成工作效率降低，怀孕女性成为工作团队不得不特殊"照顾"甚至被歧视的成员；此外，部分女性为生育后代而被迫中断自己所珍视的个人事业，而这些问题的解决可能在一定程度改善长久以来的生殖不平等和基于此形成的社会不平等现状。

2. 促进同性、性少数群体父母的生育权利和自由，避免因代孕带来的伦理困境、法律纠纷

人造子宫技术另一项显著的社会效益是帮助受客观生理条件限制的同性、性少数群体家庭解决婴儿孕育问题，实现他们生育子嗣的强烈愿望，同时避免代孕可能造成的困扰。随着个体价值的多元发展、社会对不同性别群体关怀的整体提升，同性、性少数群体的合法地位和权益也更为广泛地受到承认和关注。对于同样有孕育后代意愿却受限于客观生理条件的此类家庭，代孕是目前仅有的可能性选择，然而，代孕首先在道德上令人担忧，由此引发的各种争议与讨论也从未间断：首先

是代孕渠道非常有限，从法律维度来看，该项目当前在多数国家仍旧是被禁止的非法行为；即使是通过合法渠道，也手续繁琐、价格高昂，而且实施过程中存在的诸多不可控风险，如胎儿发生意外、准父母或代孕主体改变安置、抚养孩子的意图等等，都可能造成各类经济、伦理、法律纠纷，如果是跨国代孕，情况则必然更为复杂。人造子宫技术全面应用且在未来合法化的可能性，则能够有效规避这类风险，更好地维护性少数群体的社会权益。

三、人造子宫技术的全面应用对儒家伦理观的挑战

现代科学技术的发展对于推动世界文明进程、提升人的主体权益和福祉无疑具有不可忽视的积极作用，同时，技术的不断演进也是具有其自身的"生命力"的，当技术日趋成熟、进入推广应用阶段并最终与商业结合，其生命力将尤为强大。因此，人造子宫技术这一人之智慧结晶在将人类生育理想变为现实的同时，又必然引发人们更深远的忧虑和思索。作为一项新兴的技术，人造子宫可能给传统儒家伦理以及个体的人造成怎样的冲击？笔者拟从个体、家庭/家族以及社会维度来逐一分析探讨。

（一）孕育过程中亲子天然的情感联系被削弱，"仁"之原初德性意识被遮蔽

传统儒家观念认为，人是天理运行的结果，明代王阳明提出"天地万物为一体"的良知学说，不仅区分了"大人"和"小人"，而且认为"大人之能以天地万物为一体也，非意之也，其心之仁本若是，其与天地万物而为一也"。（《大学·问》）圣人这种与天地一体的道德境界并非出于

人的主观意图，而在于人心之本体的"仁"，所以当人遭遇孩童掉入井中会自然生发恻隐之痛，听闻鸟兽悲鸣而生不忍之心，目睹草木被摧折便有怜悯之感，即使眼前无生命的瓦石被损毁也起顾惜之情，此一体之仁，即便"小人"亦必然有之。

事实上，类似的说法自先秦时代已有源头，孟子"四端"说提出，仁、义、礼、智分别来自恻隐、羞恶、辞让、是非四种情感，而"恻隐之心，仁之端也"，一个人具有同情同理之心，能够体会到他人的痛苦，乃仁之萌芽。"感通之道，存乎情者也。"这种与他者、天地万物的感通并非某种神秘不可知的心灵现象，而是从人之本心出发，是人之思想、行为合乎生命情感本身的条理，也是儒家伦理的前提，无论先秦儒家的"道"与"天理"，还是宋明新儒学的"心"或"诚"，道德本体的把握都需要情感体验的融入，其本质是人之生命情感的体现。

恻隐之心同样自然地融贯于"亲亲之爱"的天然家庭情感之中。家作为一个小型共同体，是以家庭成员之间强烈的情感纽带为基础的，上一辈与下一代之间即使尊卑有别、亲疏相异，也仍然是通过"亲亲"的语言、行为等情感的互动来培养和谐的家庭伦理关系、德性意识，如同《诗经》描述："父兮生我，母兮鞠我。抚我畜我，长我育我，顾我复我，出入腹我。欲报之德。昊天罔极！"（《诗经·蓼莪》）

可见，父辈的"慈"与子辈的"孝"是一体之两面，任何一方都不可或缺，更为重要的是，这种亲子的源头在儒家传统观念中非常贴近我们真实的生活世界，且富于个人的身体感，因为亲密关系使个体感受到对方的温暖和接纳，这种正面的身体感受能够带给人足够的安全和满足；而在疏离的关系中，人体验到的是冷漠和排斥，这是不安和孤独感的源头。可见，儒家的伦理思想中，亲疏关系、德性意识建立在仁爱之上，仁爱又是通过身体感受和情感来实现的，因此，儒家的"道德感动"具有某种亲身性，唯有身临其境才会有真正的情意感动，而且"感动一定有一种对应、响应、对话的形式，即呈现一种互动影响的关系状态"①它并非一种他者视角的理性思辨，而是强调个人在身临其境中启动道德自我、激发德性意识，进而发展出最为原初的人与人之间的伦理关系，这种亲缘的情感连接从母亲怀孕时便开始了。

怀孕是人期待新生命的阶段，母亲和父亲之间、母亲和孩子之间的关系随着腹中胎儿的一天天长大而呈现新的发展，这也是一种身体—心灵的重要转变过程，在这一过程中，女性不再像以前那样全身心地关注自我，而是更多地将"目光"移向那个因自己而来却尚未谋面的孩子身上。特别是到了胎动时期，当小生命具有身体的行为，在母亲腹中转一个身或者踢一脚，母亲也开始回应式地对胎儿说话、唱歌，本原一体的两个生命实体之间情感开始流动起来的时候，便生发出一种无比确定的自我存在感和身心间的感应，所有来自胎儿哪怕细微的声音、心跳、触碰均可能引发母亲的情感波动。更重要的是，此时母亲体会到一种被需要的感觉，即胎儿对母亲的完全依赖、离开母体便无法存活，这种"被需要"超越了从主体朝向对象单向输出的满足感，而是在全身心地给予这个新"他者"的同时，母亲自身的情感需求也能够被满足，因而开始对胎儿产生一种内在的心理依恋②。母亲越是从根本上被胎儿需要，"爱的'身体性'越能发挥，所形成的亲子之爱就越是本原"③。而从现代医学的视角来看，也有越来越多的研究证明，这种亲子之爱是随着怀孕的进程而不断增加的：首次怀孕的女性在怀孕第 20—24 周时对

---

① 王庆节：《道德感动与伦理意识的起点》，载《哲学研究》2010 年第 10 期，第 104 页。
② 从心理学的角度来说，心理依恋的产生是一个"需求—激发—满足需求—放松—再需求—再激发—满足需求—放松"的周而复始、双向循环的过程。
③ 张祥龙：《孔子的现象学阐释九讲》，商务印书馆 2019 年版，第 220 页。

胎儿的产前依恋有所增加；在察觉到胎儿运动后，母亲的依恋情感又有显著的增加[1]，此外，孕妇的催产素水平可能会显著促进母亲在分娩后对孩子的正性情感和积极行为的表达[2]。

受人造子宫技术应用影响首当其冲的便是母亲和胎儿，原本朝夕相处、片刻不离的天然情感纽带被人为地切断，势必造成二者之间生物、情感和物理的距离。首先，从功能上讲，自然妊娠过程中母胎最为本原的生物性依赖关系不复存在，胎儿不再需要母亲提供氧气、营养和温暖的环境，而是可以完全依赖现代医疗技术的数据化管理和医护人员的集体监护。人造子宫和孕育环境的独立性使得母胎的直接生物学联系变为非必要条件，导致母亲与胎儿间生理层面的需要与被需要，以及心理层面相互满足的感受在这一时期无法形成，独一无二的个体性也就变成了集体化管理的普遍性。

其次，母体子宫作为一个神圣的空间，原本能够使两个个体通过长达九个月的妊娠期建立起基本的信任，此间除了生化激素的相互交换，还有无障碍的情绪感应与互通，这种纽带将是持久的，甚至在母亲和孩子的生命中都还有余音。而在无菌的人造子宫中，身临其境之"亲身性"的断裂导致双亲与孩子情感联系在这一阶段被削弱，可能萌发的"慈"与"孝"，"仁"和"爱"之德性意识在生命源发处的生动展露也因此被遮蔽，孕育时期的亲子隔离对胎儿出生后母子关系所产生的影响也可能是长期的。

第三，体外孕育过程中母胎之间缺乏基础的物理性联系，也可能对

[1] Landau, Ruth. "Artificial Womb Versus Natural Birth: An Exploratory Study of Women's Views." *Journal of Reproductive and Infant Psychology*, 2007, 25(1): 5.

[2] Segers, Seppe. "The Path toward Ectogenesis: Looking Beyond the Technical Challenges." *BMC Med Ethics*, 2021, 22(59): 9.

母亲心理、情感和行为产生巨大影响。除了可能剥夺母亲发展产前依恋，尤其在儒家观念中，"母职"往往与一个女性的生命意义和自我实现紧密关联，怀孕本身的不可预测性有助于女性为自身成为"母亲"作好准备，也就是说，自然怀孕、分娩完成了胎儿出生、母亲心理转变的两个完整的过程，而人造子宫技术的应用则直接跳过了关键的生育环节，这种仅仅替代性地完成前者而可能缺少后者的程序，本质上成为一个由医生和工程师全方位控制、母亲身心情感参与缺位、完全科学化的机械流程，虽然它能够保证未来母亲在不受胎儿扰动的情况下安然度过"妊娠期"，但是母亲责任与义务"身体力行"的缺失使得她在胎儿出生后仍旧可能以自我需求为中心，而无法把足够的注意力转移到孩子身上，物理的距离可能造成日后亲子情感的隔阂。

（二）使父／母亲身份的理解、认同变得模糊，"礼"变得失效

在以儒家思想为主导的中国乃至东亚社会，"礼"依旧是社会基本秩序的重要构成。社会、家庭中的每一个体在互动的关系网络中都有属己的职责和本分，礼让每个人遵循自己的本分，如果人不安于本分，家庭、社会就会混乱；万物不安于本分，天地就会无序，而人与人之间如果能够做到克己复礼、安伦尽分，就能实现"仁"。不难发现，儒家伦理的实现首先以人伦身份、人伦关系的确定性为前提，如果身份不确定人就无法"尽分"，人伦关系也就无以为安。

具体而言，首先，儒家思想先驱孟子提出了涵盖"父子、君臣、夫妇、兄弟、朋友"五种道德关系的"五伦"思想："使契为司徒，教以人伦：父子有亲，君臣有义，夫妇有别，长幼有序，朋友有信。"（《孟子·滕文公上》）孟子认为，君臣之间有礼义之道，故应有忠；父子之间有尊卑之序，故应有孝；兄弟手足乃骨肉至亲，故应有悌；夫妻挚爱而又内外有别，故

应有忍；朋友之间有诚信之德，故应有善。五伦是处理人与人之间伦理关系的基本道理，其中，父子、兄弟、夫妇关系又是植根于家庭单位之中的，自出生一刻起，人便开启了以家庭为核心的漫长人生，从婴儿、孩童到成人，再到为人父母，逐渐体认了谁是父母、兄弟、夫妻、子女，并且从这些不同阶段的关系中形成对于自我的理解。如此之血亲关系（父子、兄弟）、婚姻关系（夫妻）是基于构成双方互动共生的伦理关系，它并非先天存在而是从家庭伦理关系中逐渐形成、提炼出来的。

其次，传统儒家"不孝有三，无后为大"的思想也对家庭中的"母亲"角色提出了明确的职能与责任——繁衍后代、养育子嗣。首先，在中国传统父系宗法社会中，子嗣的承续代表一个家族生命的延续，评判一个已婚女性是否履其职，首先看她能否生养家族的继承人，因此，"母亲"在人们认知中通常是容器、归属、家和生命创造的代名词。一方面，在没有完备医疗护理的古代中国社会，怀孕、生产可能是致命的，但由于女性为家族生儿育女是其理所当然的使命，生育的危险也就被视为其无法逃脱、"再自然不过"的命运。另一方面，成为母亲无疑是一个女性在家庭和社会关系中向自己和他人重新定义自我的标志：第一，这个身体化的时间过程赋予她以新的人生涌流，她的怀孕为夫妻、家庭乃至家族带来新的意义和变化，而这一意义和变化又区别于纯粹以目的为导向的生命结构，因为夫妻关系、家庭或家族中其他成员的生活形态都可能因为女性的孕育而发生改变，大家在共同面对这一扰动带来潜在生育风险的同时，也一同怀着对于新生命降临的新的希望。第二，怀孕使得女性从被照顾者的"女儿"角色转变为照料者的"母亲"角色：她外在的生理特征会发生改变（比如孕吐、行动不便），食性也会变化，同时还必然经历从受精卵分裂、胎儿成形、发育等一系列内在的过程，其中的每一步都可能出现问题或意外，这个序列是必然却同时具有非确定性的，作为一个孕育主体，女性会随着这一时期焦虑、恐惧、欢喜又期待的复杂情绪而出现身心状态的波动，此时的她不再仅仅以自己的眼光来看待自身，更会从丈夫、家中同辈甚至长辈的视角来观察自己的身份角色，以及这一角色所承担的家族义务和使命，这是一个在家庭/家族中形成新的自我身份认同的精神发展历程，与腹中胎儿建立情感联系的过程天然地交织为一体，女性也在这一心灵转变中自觉地培养起一种保护子嗣的家族责任感与"做母亲"的能力。

现代的人造子宫技术与体外受精、试管婴儿等技术全面结合，意味着"为人父母"这件原本庄重、对个人具有里程碑意义的人生重大事件更加具有任意性，父母获得持久身份认同、共同生育后代的责任和义务变得模糊：配子捐献和代孕的兴起已经开始将孩子与其生物起源分离开来，而体外培育的广泛应用只会加剧这一分离。孩子从前是通过婚姻家庭与父母联系在一起的，而人造子宫甚至可能允许两个没有任何亲缘关联的个体按照自己的喜好创造一个孩子，而无需依靠任何婚姻忠诚、家庭义务、对彼此或对孩子的长期承诺，这必然使得"家庭"结构越来越趋松散化，个人对于家庭成员身份和相互关系的认同愈来愈淡薄。传统观念中两个不同的生命因婚姻合流，继而创造、孕育下一代的过程一旦被约定为一纸商业合同，被简化为精密实验室中的人为控制的某个实验，或者机器孵化工厂中的一个标准工业流程，追求"实用""效益"的闸门将向更多人打开，"成为父母"的标准就会沦为一种武断的抽象概念而不具有任何传统伦理的限制。

此外，怀孕这一需要未来母亲付出巨大身心努力的过程被机器全程取代，固然能够降低孕产妇发病率和死亡率，更大限度地保证新生儿的健康，但与人造子宫相比，自然怀孕可能因种种不可测的风险而遭污名化、被贬值的"命运"，从而剥夺女性从生育获得个人意义的机会；不仅如此,自然怀孕的母亲还可能在身体遭遇诸如难产、流产等负性结果时受到指责,这些原本就处于生理、社会弱势地位的女性进而被视为"不合格的生育者"而陷入更为艰难的家庭、社会处境。更有甚者,男性在女性缺位的情况下也能够繁育后代,由此,人造子宫进一步成为一种胁迫性的工具,最终导致"女性生育权利的终结"。

(三) 生育行为完全人工化、商业化,改写人之自然历史属性

"天人合一"是儒家思想体系的基础,也是中国传统文化中最重要的思想之一,指示"天"和"人"的关系:"天"是宇宙和天地万物,是一种纯粹天然、自然而然的形态,因此,"天"与"人"的关系首先强调人的行为合乎宇宙自然的本性,进而有张载的"乾称父,坤称母。予兹藐焉,乃混然中处"。(《西铭》)意在指明"乾""坤"为"天""地",即天道创造的奥秘,万物生成的原则,是为万物之父母。人于天地之间,虽渺小却集天地之道于一身,人心与天地在形质上是自然相通的。"天人合一"在先秦本体宇宙论便有"气"为万物构成因素的观点,气是水火、草木、禽兽以及人共同的基本要素,因此,人与万物之间有相互感应的潜在结构。

荀子认为,自然原本是混沌、无序的,人的原始生命也因此而混沌失序,能带领人走出混沌的是人心,所以他强调大清明心对人身的认知、主宰、重新定位,而人的自然之身可转化成符合道德的一种模态①,由此,他提出人的身体同时也是社会化的身体,人身只有经礼义范畴才真正成为自身,人也只有经过社会规范才成其为人:

> 凡用血气、志意、知虑,由礼则治通,不由礼则勃乱提僈;食饮、

---

① 杨儒宾:《儒家身体观》,台湾"中央研究院"中国文哲研究所筹备处 1996 年版,第 75—76 页。

> 衣服、居处、动静，由礼则和节，不由礼则触陷生疾；容貌、态度、进退、趋行，由礼则雅，不由礼则夷固僻违，庸众而野。故人无礼则不生，事无礼则不成，国家无礼则不宁。(《荀子·修身》)

可见，荀子强调人应将"礼体于身"，礼义作为一种价值原则是内化于人的身体之中的，人的身体即是礼义的展现。荀子的人身观与汉代董仲舒的观点不谋而合："天地人，万物之本也。天生之，地养之，人成之。天生之以孝悌，地养之以衣食，人成之以礼乐。三者相为手足，合以成体，不可一无也。"(《春秋繁露·立元神》)礼义与人之身体是一种由外而内的关系，即前者最初作为一种权力从外在约束人之身与心，但随着时间的演变，约束变为一种与身体的相适应、相符合，也就成了人们通常所说的习惯。礼义一旦成为习惯，人之心身便可以安居其中，实现"身礼合一"。

儒家宗法伦理以宗族血缘关系为基础、家族亲属关系为纽带形成的尊卑长幼之礼制，其本身也是人之自然关系的一种体现，血缘的传承实际上就是生命的传承，首先是通过身体来实现的，因此，血亲关系始终是儒家社会家庭中最重要的实体关系。从社会道德维度来看，血缘关系之所以被视为宗族社会最基本的人际关系，构成儒家伦理的支点，是因为由血缘引发的情感联系最为直接、真实，也更为持久，对于血亲关系的体认易于萌发人的道德自觉，为社会道德规范的建立提供稳固的心理基础①。家族中"血脉"观念与"礼"的互融，同样生动地体现了中国古代社会伦理关系中亲亲的"身体感"。由此，人造子宫技术对于儒家宗族伦理的冲击集中在三个方面：

---

① 周天庆：《论儒家伦理中的情感因素》，载《求索》2007年第5期，第142页。

第一，生育的商业化使人远离自然，带来社会不公等问题。

生物技术全程控制胎儿形成、生长，以精密的实验室和完美的机器取代自然受孕，"人物受形于天地，故恒与之相通"的天然情境和传统观念被打破，自然界的混沌无序成了应该被摒弃于工具理性之外的偶然，人们相信可以通过不断迭代的科学与技术来达成在理想环境中争取理想下一代的目标，人的未来完全掌握在自己手中，因为对于购买人造子宫服务的人来说，这一昂贵的过程可通过选择更优质的精子和卵子来"设计胚胎"，实现"选择、制造孩子"的目的，这也势必进一步刺激卵子和精子买卖、扩大配子市场。市场化、产业化意味着人类的生育行为越来越脱离自然，生育和人身体之间的脱节也反过来促进"造婴"的商品化，原本自然而然的造化过程成为完全以人之主体意志为导向的商业项目。不仅如此，体外发育胎儿与基因编辑技术相结合，必然改变家族与疾病或非疾病相关的后代生命性状，同时涉及残疾歧视、个体自主权，实现公平和正义等社会重要议题。

第二，新生儿固有的家族历史传承被取消，以家庭血缘关系为根基的氏族谱系传统受到极大挑战。

在人造子宫技术的帮助下，部分父、母可以使用购买的精子和卵子来生育与他们的基因、血缘完全无关系的后代，而且胎儿又从头到尾都在人工容器中发育、出生，那么他到底是谁的孩子？他又属于谁？"天理"和"人礼"随着技术的全面入侵而变得失效，人们甚至不能恰当地称之为传统意义上的胎儿或婴儿，因为他的历史来源、他正在经历的时间与空间历程都是独特的。此外，一系列新的生殖技术还将创造出新的一代，他们是经过父母"优生学"的考虑、使用遗传学诊断筛查而孕育出生的，他们无法追溯自己的病史，对自己的家族谱系也感到困惑，新的人丧失了历史的源头和传承的认同，也就成了"无家可归"的人。

第三，当人造子宫技术被滥用，造成潜在的社会阶层分化与对立，使得社会文明退化。

当人们能够使用体外孕育技术选择最理想的胚胎时，出于对完美进化的追求，胚胎发育的优劣将成为出生筛选的标准，正在发育的生命一旦被证明异常或被宣布有"缺陷"，必将催生更多终止妊娠和堕胎的要求。同时，人造子宫的存在可能扩大公共护理资源分配的不平等，因为同所有形式的医疗护理一样，持续强化临床监测和医疗需要使得体外生育花费昂贵，高昂的成本必然使得人造子宫技术成为一种有限的资源，这将无形中加剧社会阶层之间的鸿沟，比如富人选择人工妊娠，穷人只能自然生育，造成社会的结构性不公。当承载文化价值体系的人的身体不再与世界、社会的秩序应和调谐，其意义存在的空间也进而消失。

结语

人造子宫技术的应用无疑是人类生育和繁衍历史上一项重大的技术进步，其在改善极早产儿重症监护，促进产前治疗，并且可能为代孕或子宫移植提供另一种可靠选择，为无法实现自然怀孕或自然怀孕有风险人士带来生殖自主权，纠正社会性的性别不平等等方面具有重要意义。但是，从传统人类生育过渡到人造子宫体外生殖也必然同时带来一系列重大挑战，特别是对于以儒家思想为根基的中国现代社会，促使我们必然要考虑更多伦理和社会现实的问题，反思亲子情感关系、家庭身份认同和人之历史自然属性在未来世界可能遭遇的冲击。

科学技术掌握在人的手中，如果人造子宫技术能够最大限度地降低死亡率并有效改善、解决人类生育问题，我们无疑应以开放的态度迎接它的持续升级迭代，并且将其真正应用到能够推动人类生命终极关怀的诸多领域。然而，亦如笔者所言，在科技高速发展的当今社会，技术本身是具有"生命力"的，且飞速前进的道路充满"迷雾"，我们无法一眼就清楚地看到我们是否正全力奔向一个看不见的悬崖。未来的时代，科学科技会将人类带向何方，人能够在多大程度上认识到它可能带来的问题并将其限定在可控范围，又有多少潜在的风险隐藏在我们当下看不到的隐秘角落，这需要人在技术真正成熟之前从茫茫前路中小心探求，制定审慎有效的规则和应对方案加以制约，因为和现今已有的其他成熟技术一样，确定人造子宫的使用标准对该技术的正当应用、公共资源的公平分配，以及社会阶层的分化趋势均可能产生重大影响，因此，我们也需要邀请相关领域专业人士，如生物技术科学家、新生儿科临床医生、社会立法人员共同参与到一系列重要议题的讨论中来。

一如自然界的生态环境，人类社会的伦理也是经过漫长的历史演进才达到今天的"生态"平衡，这有赖于人之思考、行事的"知度"与"知止"，懂得即使再有益、有利的事物一旦发展过头就会适得其反。技术发展、伦理道德与人类福祉本质上是一致的，因此，即使面临当代技术的强大挑战，儒家思想也不应被视为其理所当然的对立面，更非其禁锢，在体认"中""和"智慧、"仁""爱"之道的儒家伦理社会，儒学理念不断涌现的新活力应当在新时期发挥新的作用，因为技术的发展一直"在路上"，技术之思也一直"在路上"。

男性有怀孕权吗?

尹　洁①

一、当代生命伦理学中有关男性怀孕的争论

男性能怀孕吗? 这看上去既是一个离奇的问题也是一个含义不明的问题。之所以离奇,是因为首先,男性怀孕似乎不是人们通常会在意的问题,它不符合自然和科学事实。含义不明则缘于这个问题其实有实然和应然两个层面的区分。男性能否怀孕问的是个科学意义上的可能性还是规范意义上的可能性? 生物意义上的男性怀孕当然是明显可疑的,但科学意义上的可能性在当今也并不如想象中那般困难重重,生殖技术的进步很有可能实现男性怀孕或生育,男性或雄性作为造物本身并不被认为是自然事实,但宫外孕的事实似乎表明,具备丰富血供的组织理论上都可以为胚胎提供营养。类似地,如果人造子宫是可能的,男性怀孕也极有可能是技术上可实现的,至少给予希望能有怀胎十月体验或希望成为母亲而不是单纯作为生物学父亲的

---

① 尹洁,复旦大学哲学学院青年研究员。

男性一种选择①。

但倘若考虑当前的语境，反对的声音通常并不首先或单纯基于一种对于科学性的怀疑，而是从一种社会规范的意义上认为男性怀孕根本是一种毫无意义的实践，这使得很多人顺便将一种男性怀孕的可能性一起打发掉。反对者会倾向于认为男性怀孕是不必要的，毕竟对于男性而言，只有作为男性的不育才应该是最核心的关切，人们无法要求一种不具备怀孕自然属性的男性被赋予其本来不具有的生育自由权。顺性别的主流看法是，既然男性的生物性功能当中不包含这个功能，追寻科技背景下的伦理可能性就是一个十分人为且荒唐的尝试，更有甚者将这一追问导向某种身份政治窠臼下的论证套路，即认为任何一种规定都是一种限制，由此在取消传统身份设定的基础上将平等还原为无差别，进而认为基于这种逻辑基础的关于男性怀孕的讨论多半要么是哗众取宠，要么是借机打拳②。

二、斯派罗论男性怀孕权及其论证中的谬误

斯派罗（R. Sparrow）的问题意识则颇为独特，从当代生命伦理当中的"生殖自由"概念出发，男性怀孕本身不是一个冗余问题，也就是，

---

① 需要注意的是，男性希望成为母亲而不是父亲，也不是性少数群体的专属特征。母亲的体验和身份并不必然与社会意义上的女性（female gender）认同重合。

② 在文章中，斯派罗（Sparrow, 2008）写道："Despite all of this, to talk of a male right to pregnancy is to parody both the language of rights and the desires of infertile women to give birth."（p.286）（"尽管如此，谈论男性怀孕权，既是对权利语言的夸张演绎，也是对不孕女性生育欲望的夸张演绎"。）参见 Sparrow, R. "Is it 'every man's right to have babies if he wants them'? Male pregnancy and the limits of reproductive liberty." *Kennedy Institute of Ethics Journal*, 2008, 18 (3): 275 - 299.

即便仅仅追问男性怀孕的可能性，也已经是值得伦理考察的，但更为重要的则在于它提供了一个类思想实验（thought experiment）的契机，使得人们能在生命伦理视域中重新考虑生殖自由潜在的伦理意蕴。需要注意的是，生殖自由并不与怀孕权重合，一般而言，在谈论适用于所有人的生育权或生育自由时，男性的生育自由似乎不预设怀孕权，这确实出自对于自然事实的认可，但斯派罗敏锐地指出，这种认可减损了"生殖自由"主张的力度，他的逻辑是：既然要主张生殖自由，那么男性和女性的生殖自由理论上而言就应该没有本质差异，斯派罗敏锐地指出，一旦生殖自由被延伸到包含怀孕权在内，传统的生物事实则不再相关。这意味着未经审视的对于生殖自由的理解是否预设特定的性别视角是个悬而未决的问题①。考虑到技术极有可能促发的生育实践方法的变革，在男性怀孕这个可能性契机下再次考察生育权的伦理内涵被认为具备相当的意义，相关的思考能够以小见大地揭示出当代生命伦理在生殖伦理相关一系列问题上的理论依据和证成可能②。

　　斯派罗同样看到，所谓生殖自由也并不简单地是自由权利在一种特定场合的应用而已，对于生殖自由而言，最为关键的部分在于生殖的语境，或者说，在于生殖在人的生活筹划中的意义。然而，这一点在男性怀孕的这个案例当中一直并没有能被阐释清楚，为了能够辩护一种作为积极权利的男性怀孕权，伦理学家需要做的工作不是先简单诉之于自由概念及其各自理论背景，而是要看到在生殖这一实践当中相关诉求的合理性。一旦将生物学事实层面的男性本质论断悬置，男性怀

① 又或者我们需要澄清，一种"生殖自由权"当中的"生殖"到底指的是什么形式的生殖。

② 一旦基于是否具备怀孕能力来考虑辅助生殖的适用范围，在男性案例中拒绝给予辅助生殖如果听上去并非不合理，在绝经期妇女的案例中就不见得了，那么，这样一种不对等的结论是如何得到证成的？

孕并不像乍一看那么不可理喻，那些希望不仅作为父亲（无论是作为生物学意义上的还是社会意义上的）而且还能与孩子保有一种类似孕母与子女身体关联的男性，并不是在提出一种无意义的要求①。在这个选项真正能够向所有男性开放之前，当然有更多的医学可行性、安全性隐患和公平可及性等问题有待解决，以及需要考虑到一旦这个选项是可行的，会对男性自身造成什么样的社会影响，进而，整个社会的制度架构和文化环境又将如何被影响和如何形塑和保障这样一种全新的生育方式也是必备的考虑，无论实际上有多少比例的男性人群会认同并选择这个选项②。同样需要纳入考虑的还有这种特殊的生育方式对于孩子的影响，主要是指医学意义上的安全。女性特有的子宫和其中的羊水对于胎儿而言具备特殊的保护性，这一点在使得男性怀孕成为可能的同时也要将技术所能确保的胎儿安全保护纳入考量。但正是在这里，斯派罗敏锐地指出，恰恰是在这些层面与女性怀孕的对比，使得男性怀孕作为思想实验用于揭示生殖自由的意义显示了出来。换言之，男性怀孕是否能够在技术上实现是一回事（尽管目前的证据表明离实现这一步并不远），理论意义上考察男性怀孕则是另外一回事。

　　归根结底，斯派罗的目标是备受争议的生殖自由概念。生殖自由

---

① 笔者在小范围内作了一些调研，询问男性研究生（年龄在 23—26 岁）是否愿意考虑男性生育的可能性，前提是这种技术是可行的、安全的，他们有较为一致的肯定回答。这个样本当然有一定的偏倚性，考虑到学习伦理学的研究生多半对于非常识意见的接受程度更高，这个调研结果很可能不具备代表性，但至少显示了在习惯于道德推理人群当中，男性怀孕的选项是足够开放的。更不用说，调研本身不涉及性少数人群，而事实上，最初考虑男性怀孕的契机恰恰是一部分男性并非作为个体自身无法生育，而是作为婚姻伙伴无法共同孕育后代。

② 例如，在日剧《桧山健太郎的怀孕》当中，意外怀孕给了男主体验别样人生的机会和挑战。一个假想的故事可以如同思想实验般对于男性怀孕的社会影响作出一些有用的预判。

概念在当代生命伦理学语境中被大量使用，它常常被援引来支持个体应该具备生殖相关决策的权利。在美国生命伦理学史上著名的 Roe v. Wade 案当中，堕胎权转而被作为生殖自由权的一种必然延伸，同样地，20 世纪一系列骇人听闻的历史事件也使得所谓生殖自由权显得更为重要，更为接近一种本质意义的人权。作为管控行为的生殖促进或抑制都违反了基本的生殖自由权，但在当代科技背景下，生殖自由权的范围发生了进一步的变化，生命伦理的关涉重点逐渐从传统的生育政策可行性转移到了技术用于生育的可行性。尽管从理论气质来看，自由主义者和自由至上主义者不大倾向于论证一种相对强势的积极权利，但事实上，生殖自由权的落地在当前的科技语境下已经很难不呈现为一种积极的权利主张①。源自人口政策背景的生殖主张，也开始借助于科技进步带来的效率提升。在这种语境下，大部分生殖自由的主张都是被援引来应对那些反对使用（包括产前诊断在内的）辅助生殖技术的生育行为。

从试图争取这种意义上的生殖自由角度看，其实这种所谓的"积极自由"已经不再是一种个人层面的权利问题，即便在西方国家，生殖技术的服务可以完全由私营机构提供，一种立法意义上的准许和社会伦理层面的认可仍然是十分必要的。但凡我们要赋予这种生殖自由权利

---

① 感谢丛亚丽老师在 2023 年于香港浸会大学举办的"建构中国生命伦理学会议"期间就本章提出的意见，她指出，生殖自由并不必然蕴涵"生殖自由权"。当前这一自然段当中我作了相应的澄清，当然可以有一种仅仅将生殖自由理解为消极自由的看法，即认为生殖自由仅仅停留于争取不被干扰或阻碍，这显然是一种符合以赛亚·伯林主张的观点，即便是他总结出了积极自由与消极自由的区分，他也点明多数情况下诉之于消极的版本更为稳妥。但在当代科技发展的语境下，尤其是谈到男性怀孕这一必然需要技术涉入的可能实践，生殖自由已经很难单纯停留在消极自由层面，也就是很难仅仅停留于不受干预的诉求层面，它无法避免不成为一种积极自由的诉求。

以实质的内容和目的,就需要重新划定所谓"生殖自由权"的界限。为了能够更好地理解这一理论尝试的意义,笔者建议审视一个类似的概念——卫生保健权(或者健康权)①。卫生保健权是一个非常模糊且备受争议的概念,其在卫生保健政策讨论语境中的使用通常显得冗余,这是因为关于卫生保健权的界定并没有一个可靠的办法,与其援引一个相对空洞的概念来论证特定医疗保健资源的合理性,不如将直接阐释具体主张当中的内容,直接论证到底哪些个别的卫生保健资源是必须给予的,以及是必须在什么程度和范围上给予哪些人群的。在过去几十年的卫生保健政策争论当中,"卫生保健权"这一话语的出现有其特定的历史原因:由于大量未自行购买商业医保的人群处于极大的风险当中,美国政府出台了 medicaid 和 medicare,前者旨在使得低收入人群能够被公共医保计划覆盖,后者旨在为老年人群体提供免费的公共医疗,而在整个公共讨论当中,卫生保健权被反复地用作论证的主要概念,正如在辅助生殖相关的讨论中,生殖自由被作为论证核心一样。

笔者的意图既不在于反驳生殖自由权,也不在于反驳卫生保健权或者健康权,这一点与斯派罗的旨趣类似,可以说,虽然看似讨论男性怀孕,但塞翁之意不在马,斯派罗另有所图,他试图用男性怀孕作为对比来引导人们对生殖自由权进行更深层次的反思,虽然这一反思和相关论证并不直接导向男性怀孕的伦理不可能,但总体上而言,仍是一种保守主义倾向下的思维结论,并且这一结论,潜在地预设了在理解性别之时,其形而上学层面的一种本质主义(essentialism)立场。在文章中,

① 二者对应的英文是 right to health care 和 right to health。鉴于通常我们很难解释一种健康权是何以可能的,因为健康作为一种状态或结果,是很难保证的,受到很多先天和后天偶然因素的限制。

斯派罗未有明确点出这一系列前设（presuppositions），但作为伦理讨论，笔者认为有必要从对于前设的识别出发，进一步找到推进中西哲学对话和生殖自由相关应用伦理问题的可能性。然而，一种强行将中国哲学与当代应用伦理问题关联的做法是冒险的，笔者在本文当中并不试图凭借中国哲学观点来就男性怀孕问题的伦理可能性/可允许性与否作出确定的判断或者论证，仅仅试图论证一种本质主义形而上学框架下对于性别和相关生殖功能正常与否的界定，是造成斯派罗所指出的这种常出现于当代英美生命伦理学谬误的原因。

三、儒家思想会如何回应男性怀孕权的诉求？

为了澄清儒家思想在男性怀孕问题上的可能启示，笔者希望首先追问这样一个问题：性别差异是否具备规范性意蕴？尤其是涉及当前我们讨论的生殖自由语境，显然一般意义上而言，性别差异并不总是具备规范性意蕴，但究竟在哪些情境下有，则是一个相对比较难回答的问题。斯派罗的主要论点是，简言之，对于生殖自由权的来源的追溯会让我们看到，那些让我们从一开始认可这种权利存在的理由，恰恰会使得当代技术背景下主流的看法——应当让包括男性在内的所有人接受辅助生殖的规范性论点——站不住脚，而这归根结底是因为，生殖自由的规范性基础是生物学意义上的两性差异，这是一种全然生理学意义上的、先天的差异。笔者认为，正是在这种相当具有代表性的本质主义立场面前，儒家观点有了对话的空间。在呈现儒家思维的可能贡献之前，笔者认为还必须先澄清这样一个观点：性别差异的规范性蕴涵本质上而言是一个综合了社会、政治和文化要素的主张，这一主张：① 不必然或单纯地从中国哲学这里导出；② 即便单纯谈论性别差异而不是推进到性别差异的规范性蕴涵，以儒家为例，中国哲学的基本形而上学区分（如"阴阳"）也并不见得能导向任何一种性别差异观，虽然它有可能提供一种反本质主义的启示。

当然，为儒家的性别平等观辩护并不总是需要诉之于"阴阳"这一区分。儒家也并不总是基于差等来强调男女之间的区分，"唯小人与女子难养也"尽管不是在断言女性的次等，也至少是在说男女有别，但很难确定的是，这些儒家著述当中为数不多的关于女性的表述，究竟是在一种给定社会框架和习俗的情况下提供关于已有的性别秩序的阐释，还是一种主要意图在于规范性判断的表述。也许可以有这样一种解释：这里两种成分都有，这就意味着儒家不仅作出了事实判断，即描述女性如何在很多事务尤其是涉及社会、政治的事务表现上低于男性，更在一种规范性的意义上给出建议说，这是一个应然，或者，借助于其他的理论资源来指出这种应然的反面。事实判断本身不是哲学家的任务，但如何从事实判断导向规范性判断则是哲学家的核心任务。当代儒家学者如李晨阳（Li，2002）试图调和儒家和女性主义之间的矛盾，承认在过去的历史当中儒家思想很多被用于实质意义上的迫害女性，并且多数儒家学者对于儒家思想未能就女性相关问题作出任何合理解释这一点并没有太当回事。包括李晨阳等人[1]在内的当代儒家学者认为，借助于一种较为集中的伦理视角，儒家思想和女性主义的汇聚其实是显而易见的，二者在诸多的伦理价值观上一致，尤其是借助于当代关怀伦理的理论资源，此种一致性更容易得到论证。但笔者认为，借助于

---

[1] 参见 Li, CY. "Confucianism and feminist concerns: overcoming the Confucian 'gender complex'." *Journal of Chinese Philosophy*, 2000, 187 - 199. 也参见 Tao, J. "Two Perspectives of Care: Confucian Ren and Feminist Care." *Journal of Chinese Philosophy*, 2000, 27(2): 215 - 240。

关怀伦理作为中介的女性主义，在某种意义上与中国哲学传统中真正
能进行基于文化对话为目的的女性主义有较大的差异，这样做的代价
是将中国哲学中可能能够挖掘出来的女性主义同化成了舶来的女性主
义。虽然是否舶来这一点并不影响概念和命题的哲学性本身，更不影
响其是否为真，但倘若研究目的在于从中国哲学思想中挖掘理论资源，
就有必要避免将命题单纯以关怀伦理的方式呈现。换言之，当代希望
就应用伦理问题进行跨文化对话的中国哲学研究需要由内向外言说，
而不是反过来。

　　当代中国学者有试图就"阴阳"来阐释中国哲学当中的性别观念，
如张祥龙的个别文章[1]和 Robin Wang[2] 在西方学界有较大影响的专著
等。Shen and D'ambrosio[3] 认为张祥龙的观点更为符合一种历史性
的阐释，张先生认为"阴"在中国文化当中并不代表一种对于女性的
贬抑，但他同时认为中国思想从根本上而言是性别化的，这种对比在
他看来是一种哲学式的而不仅仅是文化层面的。笔者认为这当中存
在矛盾，阴阳如果在本体论意义上是没有地位差异的，何以应当在文
化思想当中具备一种规范性的差异蕴涵？[4] 换言之，作为哲学家，我
们究竟是如何理解历史、社会层面的性别差异观是一回事，而哲学层
面、本体论层面的性别无差异是另外一回事的？就算张先生所言的

---

① 参见张祥龙：《"性别"在中西哲学里的地位及其思想后果》，载《江苏社会科学》
　2002 年第 6 期，第 1—9 页。
② 参见 Wang, RR. *Yinyang: the way of heaven and earth in Chinese thought and
　culture*. Cambridge University Press，2012.
③ 参见 Shen, I.J. D'Ambrosio, P. *"Gender in Chinese Philosophy." Internet Encyclopedia
　of Philosophy*，https://iep.utm.edu/gender-in-chinese-philosophy/。
④ 陈家琪先生的批评则点出了社会性别议题和本体论、认识论层面的差异。参见
　陈家琪：《反驳张祥龙〈"性别"在中西哲学里的地位及其思想后果〉》，载《浙江学
　刊》2003 年第 4 期，第 127—130 页。

"中国古代的性别哲理思想并非注定了要鼓吹男尊女卑，反倒是注定了会反对一阳独大……这种思想在中国妇女和中华民族的当代和未来的追求之中，也未必不能成为一个极为重要的思想来源"[1]看似为男女平等提供了一种理论基础，这种"未必不能"的论证力道是值得商榷的。很显然，在男性怀孕这一问题上我们不能借由其思路而简单地认为，既然生物意义上的男女在本体论意义上仅仅具有合作促成所谓"生成"(becoming)的区分而无地位高下的区分，那么在社会层面也不应具有规范性区分，因此，凡是适用于女性的生殖自由权（包含怀孕权在内）也同样适用于男性。虽然这样的结论更能与平权运动下的西方政治正确更为相容，但在哲学论证上而言有非常多可疑之处。道家研究相应地给出了一些另辟蹊径的范例，例如，Lai（2000）[2]探讨了《道德经》当中潜在的女性气质(femininity)观念，并认为在文本中老子试图将女性气质与软弱、非坚定等特征关联。进而，Lai试图证明，道德的"道"与"德"的相互依存提供了一个有趣而有用的方案，根据这个方案，女性气质和男性气质概念可以被理解为相互依赖的，这将为打破一种常见的男女性别二分观点或刻板印象提供理论依据[3]。

　　诚然，上述讨论来自当代儒家的回应在今天具有一定的创新意义，如果说儒家因为历史性原因承载了过多来自女性主义视角的批评意见，那么，在一种纯粹哲学性的阐释下，儒家也许具备回应当代女

---

[1] 参见张祥龙：《中国古人的性别意识是哲学的、涉及男女之爱的和干预历史的吗?》，载《浙江学刊》2003年第4期，第131—134页。

[2] 参见 Lai, K. "Introduction: feminism and Chinese philosophy." *Journal of Chinese Philosophy*, 2000, 27(2): 127-130.

[3] 同样从道家观点出发来研究性别观念的还有 Bret Hinsch，参见 Hinsch, B. "Harmony (HE) and gender in early Chinese thought." *Journal of Chinese Philosophy*, 1995, 22: 109-128。

性主义的潜能。但倘若如张祥龙先生般仅仅认为西方哲学传统"无性"因而太过于关注所谓"意义的规范机制"，从而导向了对象性的、确定的、僵化的、脱离具体情境的规范，那么，这种对于西方哲学的理解恐怕不能被大多数专业读者接受。但他点出了西方哲学当中本质主义带来的负面效应，以及相应地，在什么程度上中国哲学能提供一种对抗这种过度倾向的文化视角。但是反过来，即便我们按照张先生的建议，尊重一种前现代的、中国哲学传统当中的关于性别的理解，将其看作是"相交生成意义上的雌雄区别"，这一概念究竟在什么意义上能与当代社会性别（gender）相关，又或者如何消解当代性别话语，则是一个非常难解的问题。作为当代读者，人们究竟如何在儒家观点的启示下剥除社会建构、政治和权力话语的背景来看待性别，这一论证的负担恐怕不得不转移给持有张先生类似看法的当代儒家。

但多数关于儒家性别观的理解和阐释似乎是在借助"阴阳"来言说其他，并非就"阴阳"自身作出阐释。也许回到《易经》，借由其文本证据和相应解读，这种与本质主义进路不同的视角能得以展现，《易经》所展现的阴阳、乾坤、刚柔展现了一种共生的、相互协调的生成关系，恰恰是这种共生的动力学关系使得生物学意义上的区分得以部分的消解。我们也许可以如此理解以《易经》为代表的中国哲学思维之于性别差异命题的启发，由于中国哲学当中从一开始就没有现象和本质之间的二元区分，中国哲学中的"象"也并不能单纯地被还原为现象，正如张汝伦所言，"象不是具体某个事物……所以作为象的天与作为物理对象的天本质上是不同的"[1]，象的思维在他看来也不只

---

[1] 参见张汝伦：《〈中庸〉研究（第一卷）·〈中庸〉前传》，上海人民出版社 2023 年版，第 421 页。

是用来象征客观世界意义的符号，而是中国哲学独有的方式，而这恰好可以作为西方概念式思维的一种必要补充。概念的确定性可以导向清晰和明确，但也导向不可变通，由此无法把握存在的不定，在这种意义上，《易经》所展现的以象为基本或主导的思维方式为当今诸多基于本质主义立场的生命伦理论争提供了一种独特的东方式洞见，有助于在全面自然主义倾向盛行的今天提供一种超越性的思路。

《易经》中呈现的"阴阳"，也使得我们当今用于定义"正常"的生殖功能所依据的理论框架发生根本变化，一般而言，除去社会建构的定义外，生殖功能的正常与否仍然是基于一种自然的频数分布，例如，"男性无法怀孕"或"绝经期妇女无法怀孕"就是一个基于频率统计的命题。但《易经》中的阴阳从本质上而言并不是物质实体，也不是在就物质实体的两面作出规定或限定，张汝伦就此写道："阴阳或气从一开始，就是一个最高级的形而上学概念。阴阳是道，是太极，是天，是天地之理"[1]。类似的论证逻辑在 Clark and Wang（2004）[2]的作品当中也得到了较为集中的体现。在中医典籍《黄帝内经》当中也有类似表述："阴阳者，天地之道也，万物之纲纪，变化之父母，生杀之本斯，神明之府也，治病必求于本"[3]。阴阳共生的力量主宰万物进程，同时也影响机体的健康和疾病的演变，如果这一思路是可行的，一种基于"阴阳"的观点影响的不仅仅是一种将社会性别与生物性别对立的性别观，同样会影响主流西方医学哲学乃至医学实践当中的健康概念，使得将疾病（包括生殖

---

[1] 参见张汝伦：《〈中庸〉研究（第一卷）·〈中庸〉前传》，上海人民出版社 2023 年版，第 439 页。

[2] 参见 Clark, KJ. Wang, RR. "A Confucian defense of gender equity." *Journal of the American Academy of Religion*, 2004, 72: 395-422。

[3] 参见龙伯坚、龙式昭编著：《黄帝内经集解·素问》，天津科学技术出版社 2004 年版，第 77 页。

障碍在内)简单看作是功能紊乱的主流看法得以修正①。

　　这一洞见可以给予像斯派罗这样默认了本质主义形而上学观的哲学家在推进论证时必要的不同视角,使得其论证不必落入最后得出生殖自由权是模糊不清的结论,也不至于使得其断然认为生物本质主义是导出性别差异命题之无可置疑的前提。但最后,但凡要使得这种援引传统思想资源的问题不是一种肤浅的强行关联,需要思考的问题仍然是,如果前述的观点是一种可理解的、形而上学意义上的性别平等观②,这种意义上的性别平等观究竟是如何能回应当下讨论的男性怀孕问题和其他一系列与生殖自由相关的伦理问题。换言之,就男性怀孕而言,一个儒家式的回答可以是什么样的? 笔者并不试图声称儒家思想能用来作为当代生命伦理问题的解决方案,即便单纯从哲学思辨的层面而言,这个任务也足够艰巨,但至少,我们可以学习斯派罗的智慧,将男性怀孕作为思想实验,借以发掘中国哲学思想当中能够与当代应用伦理对话的可能性。

结语：总结与反思

　　中国哲学繁盛时期包括诸子百家在内的流派,一般而言,将阴和阳

---

① 同样需要澄清的是,对于"正常"的界定和其在健康与疾病等相关概念中的作用,当代(西方)医学哲学和生命伦理学已经做出了非常多的努力,并且这些洞见恰恰是在反对一种本质主义的倾向,只不过,在提供一种反本质主义的立场时,这些尝试在笔者看来还未能提供一个强有力的替代方案,而中国哲学的"象"思维而非概念性的哲学思维,可能会是给予一个替代性的形而上学基底。对于当代生命伦理学和政治哲学中反本质主义讨论有兴趣的读者可参看 Clare Chambers, *Intact: a defense of unmodified body*. Allen Lane, 2002, 167。
② 有读者可能会反对将这样一种形而上学意义上的立场称为"性别平等观",理由是：一旦已经在形而上学意义上来谈论,就不再是一种性别平等观了,社会性别不是形而上学意义上的。笔者在此姑且保留这一看似矛盾的"形而上学意义上的性别平等观",希望借此强调形而上学意义上的阴阳作为协调与共生的力量,从而促成对于性别差异的一种非本质主义理解。

作为互补的一体而非对立的两端，但这似乎过于抽象，尤其是在理解性别差异上而言，一种自然哲学式的关于本原的理解是怎么跨越到社会性别上来的，这需要一个解释。如果简单认为儒家尊崇阳的统治性、男性气质，那么同样也可以简单地认为道家一反儒家传统，将阴作为主导性的、孕育的、创生性的力量，止步于此的二分法对于理解和挖掘中国传统思想当中与性别相关的观点是无益的。但是话说回来，所谓社会性别这一概念是否适用于中国传统思想，这一点也是有争议的。由于中国传统思想资源里没有对应于性别的术语，所有尝试将阴阳等自然哲学概念直接导出社会性别意蕴的尝试，在哲学的审视下都显得非常可疑。

笔者也可以想象，本文会面临较大的反对和批评意见。第一种可能的反驳是，文章处理了一个非常琐碎的、无意义的生命伦理问题——男性怀孕是不是伦理上可允许的，对于这一点的回应，笔者相信斯派罗给出了更为详细的、有力的解释，无论是关于科学可行性还是当代社会语境下的伦理必要性，都已有相应的理由支持开发和使用这种技术。第二种可能的反驳是，文章没有就儒家如何回应这一问题给出系统性的阐释，关于这一点，笔者的回应是，本文的目标仅仅是借助于男性怀孕这一思想实验的推进来探索究竟在什么意义上中国哲学思想资源可以用于当代应用伦理语境的国际对话，因此，倘若笔者能部分说服读者：第一，当代诸多应用伦理问题的解决思路中存在不少西方哲学习以为常的前设，以及，第二，通过厘清这些前设，当代学者应该能发现来自中国哲学的可能贡献究竟在什么意义上能对这些前设进行澄清、深化甚至反驳，那么笔者认为本文的目标也许可以勉强算作完成。第三种可能的反驳是，一种基于共生的、动力学关系的阴阳区分本身并不见得具备影响社会规范的可能性，正如 Robin Wang 所指出的，"一方面，阴阳似乎是中国古代思想中对性别平等进行平衡解释的有趣且有价值的概念资源；另一方面，没有人可以否认这样一个事实，即中国历史上对女性的非人道待遇常常以阴阳的名义被合理化"（Wang，2012：xi）这与大部分当代学者反思儒家局限性的观点较为一致，但笔者的目标不是直接由阴阳区分导出特定的社会、伦理蕴涵，事实上，笔者认为张祥龙先生所断言的那种在阴阳区分和性别差异之间的关联并没有他想象的那么直接，又或者可以说，从阴阳区分到伦理意蕴的过渡并不是通过先将前者解读为古代中国哲学的性别意识来完成的，笔者认为阴阳区分首要的是一种自然哲学的、本体论的区分，关于这一点的论证在张汝伦先生关于中国哲学的象思维以及关于"阴阳"和"气"等概念的阐释中体现得最为明确和集中①，与其说中国古代有一种源自"阴阳"的性别观，不如说中国哲学提供了一种思考世界、宇宙和人生的完全不同于概念化思维的方式，这一特定的思维方式可以推进的也不仅限于有关性别差异的理解甚至是性别议题的解决。进而，笔者需要澄清自身在本文中论证的意图是哲学性的，不是在作出特定的伦理主张。最后一种可能的质疑则是，究竟面对斯派罗的论证，本文到底能为其提供什么样的实质推进？笔者认为斯派罗提出了一个很好的问题，借由思想实验给出了一个很有启发意义的方法，但笔者的观点是，就实践应用的目的而言，斯派罗得出了较为琐碎的结论，而对于男性怀孕问题的那些真正实践、应用层面的伦理讨论，最终多半需要诉之于特定技术的伦理评估和社会语境的文化、政治环境要素，这似乎既不是斯派罗一文的重点，也不是本文在眼下这一阶段所能完成的任务。

---

① 参见张汝伦：《〈中庸〉研究（第一卷）·〈中庸〉前传》，上海人民出版社 2023 年版。尤其参看第五章和第六章。

第二部分

基因工程

基因工程："自然"和"顺"

邓小虎[①]

一、前言

    本文关注的是儒家思想，特别是作为儒家思想渊源和基础的早期儒家思想，对于现代基因工程的伦理学立场。基因工程指的是通过生物技术有意识地改变生物体的既有基因组，以达致各种目标和目的。本文关注的是对于人类自身的基因工程，而不涉及人类以外的动植物基因改造。针对人类自身的基因工程大致可以区分为产前（prenatal）和产后（postnatal）两大类。产后基因工程指的是婴儿诞生之后所进行的基因改造工程，其概括的时期从婴儿诞生始，至某位个体死亡为止。至于产前基因工程，则除了涉及胎儿，亦包括受胎前的精子、卵子的基因组改造。另一方面，学界亦往往根据基因工程的目标而将之区分为治疗型（therapy）基因工程和增强型（enhancement）基因工程。大体而言，治疗型基因工程针对的是各种因为基因缺陷或异变所引起的，有别于正常人类的能力缺失或者疫

---

① 邓小虎，香港大学中文学院副教授。

病表现；而增强型基因工程则是指针对正常或者正常范围内的人类基因组，进行改变以达致各项能力如智力、体能、抗病能力等的增强。

显然，"治疗"和"增强"之间的界限和区分并不是完全精确，甚至是可以有争议的，其中一个问题就在于我们对于"正常"并没有一个完全清晰的理解。譬如，某人或者某个胎儿因为家族遗传而有地中海贫血症（Thalassemia），如果进行基因工程能够修正基因组，使其不再患有地中海贫血，那么这大概是一个颇为清晰的治疗个案。可是，如果某人或者某个胎儿的基因组使其身体吸收铁质的能力偏低，但却仍然属于统计学上的正常范围之内；如果其人饮食正常，则不会造成贫血问题，但如果其人不小心偏食，较少进食富含铁质的食物，则其有很大的可能患上重度贫血；如果有安全的基因工程可以改善其身体吸收铁质的能力，使得其可以不用担心因为不自觉地偏食而患上贫血，那么这种基因工程应该被视为治疗还是增强？这个举例的用意在于说明，"治疗"和"增强"之间的界限并不清晰，而并非否认针对大部分个案，我们可以有效区分两者。本文亦并无意图否认"治疗"和"增强"这种区分有其理论意义。可是，正正因为两者之间的区分界限是模糊的，如果某种生物伦理学立场（甲）过于依赖两者的区分，则其可能无法就模糊地带之内的个案，作出有效的判断和建议。而同时，如果另一种生物伦理学立场（乙），在其他各方面的理论效力都类近于甲方，而又能有效处理模糊地带之内的个案，那我们就有理由相信，乙方是有更高理论效力的立场。相对于相信儒家伦理只会赞成治疗型基因工程，而会反对增强型基因工程的学者[1]，本文倾

---

[1] 譬如，刘涛：《人类基因编辑技术的伦理反思——以儒家为视域》，载《社会科学战线》2019 年第 12 期，第 32—39 页；以及杨军凤、张洪江：《人类基因编辑技术的伦理问题研究——基于儒家伦理文化视角》，载《锦州医学大学学报（社会科学版）》第 20 卷第 2 期（2022 年 4 月），第 19—22 页。

向于赞同范瑞平所说，儒家伦理并不会一味反对增强型基因工程①。

范瑞平亦曾提出，完善的伦理决定应该同时考虑一般性的原则（general principle）和具体的规范（specific rules）②。对此，本文表示赞同。不过，基于篇幅所限，本文针对的主要还是儒家思想对于基因工程的整体立场以及相应的一般性原则。那么，就基因工程自身而言，其涉及的最核心议题是什么呢？基因工程涉及的是对于个体既有的基因组的人工改造③；那么相应的最基本伦理问题就是：人类是否应该通过基因工程对于个体的既有基因组进行人工改造？这个基本伦理问题到底涵盖了多少具体的伦理考虑因素，不同的理论立场或许会有不同的理解。譬如，基因工程主要涉及的是人类以及个体幸福吗？或者也涉及人生自主（life autonomy）和自由选择的考虑？或者是社会正义和代际公平的问题？或者是人类未来和医疗安全？又或者是研究和施行基因工程时涉及的诚信问题？这些问题和考虑一方面基于我们对人类、个人、伦理价值等方面的理解，另一方面也依赖于我们具体面对的问题是什么，譬如，是政府制定关涉基因工程的政策和法律，还是医疗体系或者医疗机构希望有的指引，或者是家庭乃至个人的选择？从这些例子也可以看到，回答这些具体的伦理问题，除了一般性的原则外，也的确必须涉及具体的规范；因为如果没有这些具体规范，我们也就不清楚这些伦理问题到底是处于一个怎样的价值和实践背景，又是在什么意义下成为伦理问题的。但一如我之前指出，在有限篇幅内，本文不可能针

---

① Ruiping Fan. "A Confucian Reflection on Genetic Enhancement." *The American Journal of Bioethics*, 2010, 10(4): 62-70.
② Ruiping Fan. "A Confucian Reflection on Genetic Enhancement." *The American Journal of Bioethics*, 2010, 10(4): 65.
③ "个体"在这里是宽泛的概念，指的是拥有人类基因组的存在，包括精子、卵子、胎儿、个人等。

对相关的伦理考虑因素，作出圆满和完善的回答。本文希望处理的，主要就是儒家思想对于基因工程应该持怎样的一般性原则，而不是针对具体伦理问题或者困境作出回答。

二、早期儒学的天人关系

就儒家思想而言，这样的一般性原则，应该是怎样一种伦理考虑呢？换一个方式说，对于儒家思想来说，基因工程代表的到底是怎样一种问题？在早期儒家活跃的年代，当然是尚未有基因工程的，但是早期儒学已经面对人为和天性的关系。如果我们希望重构儒家思想对于基因工程可能有的理论立场，一个很顺当的出发点就会是天人关系。所以本文接下来将首先梳理早期儒家对于天人关系的文本论述，并尝试论证这些文本论述所代表的理论立场，最后则将根据所得的理论立场，尝试建构儒家思想对于基因工程的一般性原则。

钱穆先生去世前的一篇遗稿，指出"天人合一"是中国传统文化思想之归宿，并且是中国文化对于人类的最大贡献①。不过，钱穆先生所关心的，主要还是"人生"所代表的现实生活和价值，与"天命"所代表的超越基础之间的统一。余英时先生亦曾指出，现代学人已有共识，"天人合一"是中国文化思想的独有特色②。余先生亦探究中国古代思想对于天人关系的理解，并以"内在超越"作为春秋战国以来，中国文化思想对于天人关系的主要立场。可以看到，余先生的关注点，仍然相近于钱先生，都是探究人生价值和超越基础之间的关系。如果将钱先生和

---

① 钱穆：《中国文化对人类未来可有的贡献》，载《联合报·副刊》1990 年 9 月 26 日。
② 余英时：《论天人之际：中国古代思想起源试论》，联经出版社 2014 年版，第71 页。

余先生的关注称之为形而上的天人关系的话，则本文关注的更接近于规范意义的天人关系。前者关心的是价值的根本基础，后者关心的主要是价值的行使和应用。两者当然有关系，但亦有相当的分野，譬如，形而上的天人关系指称的是价值意义的"天命"之"天"，而规范意义的天人关系关涉的是自然意义的"天生"之"天"。虽然"天生"和"天命"有可能指涉同一个"天"，但毕竟是"天"的不同面向和展现。至于"天命"之"天"和"天生"之"天"到底是否指涉同一个"天"，则一方面由于非本文主要的关注点，另一方面由于牵涉甚广，本文不会直接处理。本文关注的，是和基因工程直接相关的，"天生"和"人为"之间的关系，以及相应的伦理学立场。

儒家思想是文化传统的承继者和发扬者，孔子即曾言："周监于二代，郁郁乎文哉！吾从周。"①孔子受困于匡地时，也曾透露其一生的使命就在于弘扬周文王："文王既没，文不在兹乎？天之将丧斯文也，后死者不得与于斯文也；天之未丧斯文也，匡人其如予何？"②纪录和承载文化传统的，是经典文献如《诗经》《尚书》《礼经》《易经》《春秋》等③。《庄子·天下》即曾指出，邹鲁之地的缙绅儒者，就是熟知经典文献的群体："其明而在数度者，旧法世传之史尚多有之。其在于《诗》《书》《礼》《乐》者，邹鲁之士、缙绅先生多能明之。《诗》以道志，《书》以道事，《礼》以道行，《乐》以道和，《易》以道阴阳，《春秋》以道名分。"荀子亦曾指出，儒学课程就是基于经典文献："学恶乎始？恶乎终？曰：其数则始乎诵经，终乎读礼。……礼之敬文也，乐之中和也，诗书之博也，春秋之微也，在

---

① 《论语·八佾》。
② 《论语·子罕》。
③ 早期的《礼经》不存，传世文本如《礼记》《周礼》《仪礼》，未必能完全反映早期《礼经》的面貌。

天地之间者毕矣。"①就此而言,经典文献中所呈现的天人关系,即可视为早期儒学天人关系思想的起源。

经典文献中的天人关系,大概可用"以德配天"来概括。"以德配天"一方面是以人为的德行来获取、彰显天命,另一方面也是在人的实际生命中,以伦理德行来实践天命、完善人生②。譬如《尚书》提到"皇天无亲,惟德是辅"③,亦曾提及"肆惟王其疾敬德。王其德之用,祈天永命。"④《左传》亦曾记录宫之奇对虢侯的劝谏:"臣闻之:鬼神非人实亲,惟德是依。故《周书》曰:'皇天无亲,惟德是辅。'又曰:'黍稷非馨,明德惟馨。'"⑤《诗经》中的篇章曾提到人们天生有良好的质地,并且有追求德行的倾向,但实际上却很少有人能够真正实践德行:"天生烝民,有物有则。民之秉彝,好是懿德。……人亦有言:德輶如毛,民鲜克举之。"⑥换言之,德行并非自然实现,而是需要人为努力、道德修养,才能成就有天生基础的伦理德行。《周易》亦曾提及人应该与天地"合德",即以"人德"匹配"天德":"夫大人者,与天地合其德,与日月合其明,与四时合其序,与鬼神合其吉凶,先天而天弗违,后天而奉天时。天且弗违,而况于人乎? 况于鬼神乎?"⑦"大人"能和天地、日月、四时、鬼神相匹配,其行为不违于这些条件,亦能得到这些条件的相配合。简言之,"大人"能够根据天地等条件,以伦理德行实现人生和世界的良好秩序。这种立场的另一种表述,大概就是《周易·系辞上》所说的"范围天地之化而不过,曲

---

① 《荀子·劝学》。
② 经典文献本身,特别是《尚书》《左传》,注重的主要是天命、德行在政治方面的表现;但这不妨碍我们以春秋战国以来的儒家思想来诠释其中蕴含的伦理学义理。
③ 《尚书·周书·蔡仲之命》。
④ 《尚书·周书·召诰》。
⑤ 《左传·僖公五年》。
⑥ 《诗经·大雅·烝民》。
⑦ 《易传·文言传·乾文言》。

成万物而不遗"。人通过伦理德行参与的,是天地万物的化育和成就功夫;这种化育成就的功夫,天与人各有其独特的贡献,缺一不可。

早期儒学在经典文献的基础上,对于相关立场作出了更清晰的表述。其中又以《中庸》和《荀子》的表述最为清晰,而《孟子》也有提及类似立场。《中庸》提到:"自诚明,谓之性;自明诚,谓之教。诚则明矣,明则诚矣。唯天下至诚,为能尽其性;能尽其性,则能尽人之性;能尽人之性,则能尽物之性;能尽物之性,则可以赞天地之化育;可以赞天地之化育,则可以与天地参矣。"①自诚而明,是天之道,其在人的体现是人之性;而由明善而诚,则是人之道,是人通过教育学习、德行修养而完成的伦理境界。人通过道德修养完成了天赋予人的本性,并能进而化育万物,也就是襄助并完成天地的化育功夫,并能与天地并列为参。孟子曾提及:"诚身有道,不明乎善,不诚其身矣。是故诚者,天之道也。思诚者,人之道也。"②孟子亦曾说:"尽其心者,知其性也。知其性,则知天矣。存其心,养其性,所以事天也。"③孟子的说法能够与《中庸》的文本相印证,帮助我们理解天与人各自的位置和角色:天道不思而诚,并能据此演化万物;但人并不能自然成就诚,而必须通过心的修养来了解如何尽心尽性,并以此事天配天。

《荀子》的立场和《中庸》及《孟子》并没有根本差异;只是,荀子更侧重于人的角色,并且更多地将道德秩序视之为人的成就。譬如,《荀子》提到的"故天地生之,圣人成之"④,以及"天有其时,地有其财,人有其治,夫是之谓能参"⑤,表达的也是人以治理来参赞天地,以成就天地生

---

① 《礼记·中庸》。
② 《孟子·离娄上》。
③ 《孟子·尽心上》。
④ 《荀子·大略》。
⑤ 《荀子·天论》。

化的人及万物。一如孟子区分了"求在我者"和"求在外者"①，荀子也认为人只应该求取能力范围之内的事情："若夫志意修，德行厚，知虑明，生于今而志乎古，则是其在我者也。故君子敬其在己者，而不慕其在天者。"②荀子并不是否定"天"，而是认为人不应该也不可能取代"天"；人只应该努力实践人力范围之内的事，特别是对于伦理德行的追求。人只有做好在治理、伦理德行方面的分位，才能参赞天地，化育万物。荀子甚至指出，没有人的恰当参与，世界是无法实现价值秩序的："故天地生君子，君子理天地；君子者，天地之参也，万物之摠也，民之父母也。无君子，则天地不理。"③

荀子大概会反对《庄子》提到的"天在内，人在外，德在乎天"④。荀子不会反对"天"与"人"有所区分，甚至会认可《庄子》文本对于"天""人"的区分："牛马四足，是谓天；落马首，穿牛鼻，是谓人。"⑤不过，荀子会强调，作为自然秩序的"天行"，本身是无法提供伦理价值的，伦理价值的彰显来自人对于自然秩序的响应："天行有常，不为尧存，不为桀亡。应之以治则吉，应之以乱则凶。"⑥荀子会强调，"德行厚"是人为努力的结果；单纯的自然秩序，本身不提供价值指引，价值指引来自人对于自然秩序的理解和响应⑦。荀子因此也会指出，仅仅依凭"自然"这

---

① "'求则得之，舍则失之'，是求有益于得也，求在我者也。'求之有道，得之有命'，是求无益于得也，求在外者也。"（《孟子·尽心上》）
② 《荀子·天论》。
③ 《荀子·王制》。
④ 《庄子·秋水》。
⑤ 《庄子·秋水》。
⑥ 《荀子·天论》。荀子这里所说的"天行有常"不需要与儒家伦理有其超越基础有冲突；只是荀子更倾向于将这种超越基础称之为"道"。
⑦ 《荀子·不苟》曾提到"变化代兴，谓之天德。"但这里的"天德"是指天的功能，而不是指天的伦理德行。另一方面，荀子乃至早期儒家伦理德行的根本基础何在，是一个非常复杂的形而上学议题，本文无法在这方面作详细解释。

种标准,其实不足以帮助我们作出生命伦理学的判断。譬如针对戴正德所说的,道家生命伦理学可以根据是否恢复身体的自然功能,来判断应否进行各种治疗方案①,荀子会响应说,"自然"或者"自然功能"这类标准,之所以貌似能提供伦理指引,只是因为其背后所默认的伦理价值框架——在一般情况下,我们对于"正常"身体以及相应的"正常"生理功能,已经有了特定的理解,并能够根据这种理解,判断什么是身体的"自然功能"。譬如,新冠患者中有不少垂危乃至致死个案,是因为患者的免疫系统针对新冠病毒作出了强大反应,导致"免疫风暴"(cytokine storm),危及正常器官。"免疫风暴"其实是人体免疫系统在特定条件下的自然反应,但我们会将之视为不正常甚至不自然,并因而需要医治,是因为这种自然反应会危害人类生命。换言之,我们必须先对于人类生命的理想或者可欲状态有一种理解,才能据此判断什么条件或情况会危及此可欲状态,并因而是坏的,而又有什么修件或者情况会有益于此可欲状态,并因而是好的。当我们对于人类生命的可欲状态有疑惑时,譬如人的性别取向,则诉诸"自然"并不能有效解决我们的争议。因为我们总是可以问:什么意义下的自然? 根据什么条件而言的自然?

三、价值秩序、基因工程和道德生物增强

早期儒家所主张的"参与天地""赞天地之化育",其实就是基于对天地万物的价值理解,以适切的伦理实践,成就天地万物并构建一个共同的价值秩序。儒家思想会认为,这样一种共同的价值秩序,并不是人

---

① Michael Cheng-Tak Tai. "Natural or Unnatural: An Application of the Taoist Thought to Bioethics." *Tzu Chi Medical Journal*, 2009, 21(3): 270-274.

类根据自己的主观甚至任意的意欲，强加于本来是价值中立的自然世界。毋宁说，作为一种价值存在，人类总是能在天地万物的运行中，发现一种价值指向，并理解到天地万物所能够构成的可欲状态；更不用说，在这种可欲的价值秩序中，人类的伦理德行总是占据了核心位置①。或者说，正是基于对人类自身的价值了解，我们才能理解到人类应该与天地万物如何相处，并成就怎样一种理想世界。

如果我们用这样一种观点来考察基因工程，则儒家思想会认为，基因工程的可欲与否，应该如何施行，将取决于我们对人类自身的价值理解，以及应该成就的理想状态。具体而言，儒家思想当然会赞成治疗型的基因工程，但最根本的原因，并不是因为这种基因工程能够恢复人类身体的自然功能，或者是因为治疗型的基因工程只是传统疫病治疗的延伸，而是因为治疗（无论是传统的医药治疗还是基因工程）能够使人们过有意义的生活，实现美好人生，特别是由人伦关系所构成的价值生活。如果治疗无助于人们实现人伦关系中的美好生活，譬如，既无助于个体的价值生命，亦无助于个体所涉及的各种人伦关系，则儒家思想并不认为相关治疗是有意义和价值的②。

同样，增强型的基因工程是否应该得到支持，也取决于其是否有益于个体及人类的伦理价值生活。假如某一种基因工程能够加强人们同情共感的能力，使得人们更愿意接纳、帮助、支持有需要的人士，并能够更好地参与人伦关系和群体生活，而且又没有相应的隐患和缺失，那儒家思想为什么会反对呢？又譬如某些基因工程能够加强人类的认识能

---

① 必须承认，这里的说法有相当多可争议之处；并且，"价值指向""发现""理解"等概念都需要更多的解释和厘清。不过限于篇幅，本文未能一一处理。
② 至于实际上如何判断某些治疗对个体及其人伦关系的影响，就需要结合实际情况以及社会的具体规范来判断。

力、判断能力,使得人们可以更好地理解事物,作出更明智的判断和决定,那儒家思想又为什么要说不呢? 当然,这里我们是假设这些基因工程并不会危及仁义、公平、自由等考虑。至于如何判断基因工程是否危及仁义、公平、自由等考虑,则并不专属于基因工程此一课题,而是更广泛地牵涉社会资源的使用和分配,个体和人伦关系中各成员的互动,如何实践仁爱及合宜的生活等问题。这些问题需要我们应用儒家思想,进行更深入细致的考察,不过这并非本文的主要关注范围。

另一方面,儒家思想对于增强型基因工程的支持,是否表示儒家思想完全赞成道德生物增强(moral bioenhancement)呢? 这个问题并不容易回答,其中一个困难在于学界对于道德生物增强并没有一个完全一致的理解①,因此,也就难以据此判断儒家思想的可能立场。如果我们将道德生物增强宽泛地理解为以生物技术手段来促进道德,那么本文所论述的立场,即儒家思想赞成基因工程(增强型或者治疗型),只要其有益于个体和人类的伦理价值生活,是否即能被理解为归属于广义道德生物增强的一种立场? 需要指出的是,本文立场和广义道德生物增强仍然有一个显著的差异:道德生物增强是以促进道德为目的,然后应用生物技术为手段;本文立场则以是否有益于伦理价值生活(可以理解为广义的道德生活)作为评价标准,来审视基因工程(乃至其他生物工程)是否应该得到允许和支持。本文主要关注的,是从儒家思想出发,提出关于基因工程的一般性原则,借此审视基因工程的可欲性和可欲程度。至于具体的基因工程种类和个案是否可欲并应予支持,则需要结合此一般性原则和具体规范,来进行判断。也就是说,本文论证的,主要是对于基因工程的第二序(second-order)反思,而并不是主张

① Karolina Kudlek. "Towards a Systematic Evaluation of Moral Bioenhancement." *Theoretical Medicine and Bioethics*,2022,43:95–110.

第一序（first-order）的具体基因工程，虽然这两者有所关联。

当然，我们同样可以应用此一般性原则，来审视道德生物增强。但关于道德生物增强的论争，正正聚焦于其是否真的有益于广义的道德生活。道德生物增强的论争双方，争议的恰恰就是何谓道德、人应该过怎样的道德生活、生物技术是否真的能促进人类道德生活等①。就此而言，本文所提出的一般性原则，并不能有效解决相关争议。限于篇幅和关注，本文并不能全面审视和判断道德生物增强的功过。不过，我们仍然可以根据儒家思想，针对道德生物增强提出若干观察。其一，儒家思想认为人最重要的目标是成就自己，此之谓"成人"②。以"成人"为目标的学习是"为己之学"，即通过学习来成就美好的自己③。学习和成就自己的实际内容，亦是美好生活的构成内容，就是各种恰适的人伦关系。因此，就儒家思想而言，道德和伦理生活就是通过人伦关系来展现，并且是与恰适的人伦关系互相构成的——通晓和成就人伦关系的就是圣人④。在儒家思想看来，道德和伦理并非能和其他生活领域相对立、相割离的独立领域，而恰恰是和每一个人的整体生活和整全生命密不可分的，并是通过人的生活和生命来展现及成就的。从这样一种伦理道德观来看，人类的所有能力和生活都可能和伦理道德相关。因此，在提升人类整体生活之外，并没有一种特定的道德生活或者道德能力，可以成为生物技术增强的目标。就此而言，我们固然可以有生物增

---

① 其中涉及的一些质疑和困难，可见 Birgit Beck. "Conceptual and Practical Problems of Moral Enhancement." *Bioethics*，2015，29（4）：233-240。
② 《论语·宪问》14.12，其中提及"成人"的基本条件是"见利思义"。《荀子·劝学》则更详细地论说，"成人"是指全面操持了德行，身心内外都接受了仁义伦理。
③ 《论语·宪问》14.24；《荀子·劝学》，荀子并特别指出"君子之学也，以美其身"。
④ 《孟子·离娄上》提到"规矩，方员之至也。圣人，人伦之至也"。《荀子·解蔽》也提到"曷谓至足？曰：圣王。圣也者，尽伦者也；王也者，尽制者也。两尽者，足以为天下极矣"。

强的道德考虑,但却很可能无法清楚划分某一种纯粹的道德生物增强。

其二,并且是相关联的,我们很可能无法通过生物技术达致某一种"道德"能力或"道德"行为的增强,或者某种"道德"生活的提升。这不表示我们不能够通过增强各种人类能力和行为,来大概率地促进人类道德生活。只是,任何能力和行为的增强,都有可能被误用或者导致不可欲的结果。传统的非生物技术的道德教导和学习,其实也只是大概率地提升道德能力和道德行为,而无法保证道德能力的增强和道德行为的实现。这一方面是因为道德行为和道德自主密切相关,"应然蕴含可以(ought implies can)"不仅仅表示道德评价只适用于能力范围内的行为,同时表示道德评价根植于自主选择。如果某一个行为并不源于我的自主选择或认可①,而仅仅是外力的强制作用,那么其是否还有道德价值就很成疑问②。另一方面,道德行为并非机械反应和动作,而是需要道德主体的感受、思虑、判断和据之行动(但不一定是完全自觉的);正因为其并非机械运作,所以我们无法预先保证,相关的感受、思虑、判断和行动过程就一定会取得相应及可欲的结果。相对而言,部分学者所提倡的间接(indirect)或第二序(second-order)道德能力的增强,即通过生物技术提升人类作为道德行动者的能力(moral agency),包括各种反省、判断和行动能力,的确能够避免一些可能的危险,譬如对道德自主和道德更新的危害③。不过,一如以上所说,是否可能有一种纯

---

① 道德行为是否必须预设行动自由是一个有争议的问题,本文无法就此探究。
② 该行为对于行动者而言是没有道德价值的,但对于世界,或者其他人是否可能有道德价值? 这也是一个有争议的问题,对此本文同样无法探究。
③ 譬如 G. Owen Schafer. "Direct vs. Indirect Moral Enhancement." *Kennedy Institute of Ethics Journal*, 2015, 25(3): 261-289 和 Brian D. Earp, Thomas Douglas, and Julian Savulescu. "Moral Neuroenhancement." In *Routledge Handbook of Neuroethics*, L. Syd M. Johnson and Karen S. Rommelfanger ed. Routledge, 2018, 166-184。

粹的道德行动力的提升，仍然是一个疑问。如果我们将道德行动力增强宽泛地理解为大概率有助于道德行为和道德生活的实现，一如我们将传统非生物技术的教导和学习称之为道德教育，那么，儒家思想应该会同意通过生物技术提升人类道德行动力。这个判断也符合本文的中心论旨，即如果生物技术，特别是基因工程，能够有助于个体及人类的伦理价值生活，则其应该得到支持。

整体而言，道德生物增强仍然充满了疑问和不确定性，儒家思想也未必能够提供精确和具体的判断。就目前来说，一种对于基因工程乃至生物技术的第二序道德判断，或许是一个更稳妥的进路。只要我们能够肯认，儒家思想对于基因工程的一般性原则，就是相关的基因工程是否有助于人类伦理生活的实践，是否有助于共同的价值世界的实现，则本文的基本目标即已达成[①]。

---

① 本文初稿曾提交并汇报于第 17 届"建构中国生命伦理学"研讨会，该次研讨会的主题是"生命医学技术的伦理反思"。会议举办于 2023 年 5 月 15—17 日，主办方是香港浸会大学应用伦理学研究中心。本人感谢与会学者，特别是范瑞平教授的意见。

基因编辑:《黄帝内经》的视域

李振良[①]

20 世纪中叶 DNA 结构的阐明,为人类探寻疾病的原因从而为尝试根除疾病的手段带来希望。之后的几十年研究和实践几乎将这种希望变为现实。1990 年,美国 NIH 的研究小组完成了第一个临床基因治疗研究。研究组从 2 个患有腺苷脱氨酶(ADA)基因缺陷的严重先天性联合免疫缺陷疾病(SCID)的儿童血液中分离出白细胞,通过逆转录病毒为这些白细胞转导了正常 ADA 基因,再将这些白细胞回输给患儿;数周后,在患儿白细胞中可以检测到正常的 ADA 基因,患儿的免疫功能明显改善,这是基因治疗发展史上的一个开创性案例[②]。虽然之后基因治疗时常遇到挫折,但其脚步并没有停歇。随着"一种全新的人工核酸内切酶 CRISPR-Cas9 出现,它主要是基于细菌的一种获得性免疫系统改造而成,其特点是制作简单、成本低、作用高效"[③],使得"从

---

① 李振良,河北北方学院高等教育研究所教授。
② 刘国庆、徐一童、冼勋德:《基因治疗:过去、现在和未来》,载《中国医药导刊》2023 年第 1 期,第 9—12 页。
③ 方锐、畅飞、孙照霖等:《CRISPR/Cas9 介导的基因组定点编辑技术》,载《生物化学与生物物理进展》2013 年第 8 期,第 691—702 页。

基因水平治疗疾病的念头和梦想"越发强烈，人们似乎坚信未来的某一天基因编辑技术会使得人类百万年来追求健康与长寿的梦想完全实现。

但涉及人的生命的研究与实践显然不仅仅是一个技术问题，也是一个历史、社会、伦理问题。《黄帝内经》既是传统医学的奠基之作，同时也确立了古代基本的生命伦理原则。它确立了中国传统医学的基本原则，也为医师和患者确定了基本的伦理规范，是建构中国生命伦理学的重要思想资源。这里我们从《黄帝内经》的文本出发，尝试推测一下古人可能对基因编辑技术持有的态度。

为了讨论方便，我们暂时预设基因编辑技术是成功的，它基于对人的基因结构与功能的"全知全能"，人们对技术操作可以准确无误，可以实现对基因的准确编辑与改造，从而实现人类预设的健康目的。

一、"治未病"：健康的总观念和基因编辑的出发点

基因治疗的魅力是无穷的，但基因编辑更大的魅力可能是来自"预防"。通过对致病基因的编辑，可以从根本上消除疾病的生理和遗传因素，从而保持一个健康的物质基础。这种预期显然是十分诱人的，似乎是与"治未病"基本理念相一致。

《素问·四气调神大论》指出："圣人不治已病治未病，不治已乱治未乱，此之谓也。夫病已成而后药之，乱已成而后治之，譬犹渴而穿井，斗而铸锥，不亦晚乎。"这是已知"治未病"最早的论证，也构成中医学疾病预防思想的发端和健康文化的精髓。"治未病"观念不仅仅包括"预防为主"。对于个体健康来讲，"'治未病'涵盖未病先防、既病防变、病

后防复三个层次"①，也就是它强调"倡导人们注重提高机体抗邪能力，在未生病之前预防疾病的发生，生病之后防止病情发展，疾病痊愈之后防止病情反复"②。"治未病"的思想充分体现了预防医学和个性化干预的健康观，是传统中医健康文化的核心理念。

　　然而，在现实中用基因编辑的手段预防某些特殊的疾病并不被人们所接受，甚至会引起人们的极大的担忧。我们不知道世界上到底进行了多少用基因编辑手段预防某些疾病的试验。如果说 2015 年对人类胚胎中导致 β 型地中海贫血症的基因修饰③为基因"治未病"提供了可能，那么 2018 年的"基因编辑婴儿案"则试图把这种可能变为现实。结局是前者得到了伦理学家的辩护，而后者把人们的担忧推向了顶峰，甚至引发了刑法的修订。足可见"治未病"从理念走向实际行动是一个遥远的过程。对后者的诘难围绕三个问题：技术可靠吗？真能够达到免疫目的吗？只有这一种可选方案吗？④ 当然，这三个诘难可以用在对任何一种预防或治疗手段的追问，如按摩醪药、新冠疫苗等等。

　　《黄帝内经》中对"针石"治外、"毒药"治内的批评也大致是出于这几个诘难。

　　人类基因组研究使得在致病基因组变异之前得到检测，我们利用新技术来纠正或替换这些变异，以预防它们可能引起的临床健康问题。基于基因编辑中的预防包括表型预防（phenotypic prevention）、基因型

---

① 吉良晨：《治未病——中国传统健康文化的核心理念》，载《环球中医药》2008 年第 2 期，第 7—8 页。
② 吴鸿、高水波：《浅析中医"治未病"理论及其现实意义》，载《中国中医基础医学杂志》2011 年第 11 期，第 1196—1197 页。
③ 曲彬、张映、周琪等：《人类胚胎基因编辑——科学与伦理》，载《科学与社会》2016 年第 3 期，第 22—31 页。
④ 陈晓平：《试论人类基因编辑的伦理界限——从道德、哲学和宗教的角度看"贺建奎事件"》，载《自然辩证法通讯》2019 年第 7 期，第 1—13 页。

预防（genotypic prevention）和预防性强化（preventive strengthening）几种基本形式①。但由于这几种预防对人的身心可能造成的后果程度不同，人们对它们的态度也是大相径庭。似乎人们对表型预防持温和态度，这和用针石、毒药等手段干预健康有相通之处。但基因型预防是与传统医学提倡的"由外而内"的预防方式是相左的，因而受到批评。预防性强化则是被古今中西伦理所共同排斥的。

二、实施编辑干预的可能性

基因编辑技术运用于人体，其目的显然是为了维持或保护健康，其结果可能是长寿。健康长寿正是千百万年来人们不断追求的。从历史上看，人们通过饮食调节、药物治疗、保健理疗、运动休闲等手段维护健康。但从根本上彻底解除疾病威胁则是人们不懈的追求，基因编辑技术是迄今为止最为接近这一目标的可能手段。

（一）"寿敝天地"，编辑有动力

健康与长寿是两个密切相关的概念，健康是长寿的条件，长寿是健康的结果。在古老东方的健康理念中，健康与长寿总是相伴相生的。《黄帝内经》把健康看作一个有层次和动态的概念，长寿是重要标准之一。对于长寿，《黄帝内经》中描述了不同的层次，最高层次是上古"真人"，他们能够"寿敝天地"；其次是中古时期的"至人"，他们具有高尚的德行和修养，能够全面掌握生老规律，是"盖益其寿命而强者"；再次是"圣人"，他们通过修身、炼心，使身体精神达到高度协调，寿命"亦可以

---

① Juengst ET. "'Prevention' and Human Gene Editing Governance." *AMA Journal of Ethics*, 2021, 23(1): 49 - 54.

百数";最后是"贤人",追随上古的真人,使生活符合养生之道,"亦可使益寿而有极时"(《素问·上古天真论》)。从《黄帝内经》的描述来看,这四种形态都属于健康的理想形态。它们不仅与人的身体有关,更与人的学识、修养、道德品质有关。一般来说,懂得区分天与人职分不同的人,就可以叫作"圣人"。"中国传统文化的终极理想,是使人人通过修养之道,具备诸德,成就理想人格,那么人类社会也达到大同太平,现实社会亦可以变为超越的理想社会,即所谓天国、理想宇宙。"①

根据《黄帝内经》的解释,真人只是存在于"上古",那么今人能不能达到呢? 好像是不能达到的。为什么呢?《黄帝内经》里没有讲客观的原因,而只是强调今人饮食无节、贪婪纵欲,所以过早地衰老而失去健康。又是什么机制使这些不好的生活习惯会造成健康的失去与寿命的下降呢? 一定是这些行为打乱了身体固有的节律,包括经脉运行的规律、气血运行的规律、形神相通的规律以及阴阳和谐的规律。因此,人要健康长寿,一定要回到古人的生活状态和环境,但这又是不现实的。那么,现代人有没有可能通过科技手段达到这一目标呢?

数千年医药以经验的形式发展,百余年来医学以理性为指引提升。这使我们达到了一个前所未有的健康水平,或许我们现代人的预期寿命已经达到了"至人"的标准。这也使我们对健康、长寿有了更高的期许。这些显然是不能仅仅靠通过吸取清纯之气,掌握和运用阴阳变化的规律,"去世离俗,积精全神"所能达到的。对于日渐"贪婪"的现代人来讲,如果能够一边享受"饮食无节、贪婪纵欲"的生活状态,一边享受健康带来的快乐和长寿,何乐而不为呢? 在对人类基因规律全面掌握,对基因操作技术全部安全的基础上,把人类基因组按照"真人""至人"

---

① 郭齐勇:《重释"人与天地万物为一体"的生命智慧》,载范瑞平、张颖:《建构中国生命伦理学:大疫当前》,香港城市大学出版社 2021 年版,第 35—48 页。

的标准进行优化。这样就有可能使人的气血的运行不受外部暑热燥湿的影响，阴阳调节按照理想的节律运行。把人体构建成一个"刀枪不入"的完美的"钢铁之躯"，就可以从根本上去除疾病的威胁，达到"寿敝天地"的目标了。或许正是这种愿望成为人们不懈地对基因奥秘追求的动力。

（二）"移精变气"，编辑有空间

根据《黄帝内经》的记载，古时人们治病只需要对病人移易精神和改变气的运行，即：移精变气（《素问·移精变气论》）。也就是说，"移精变气"是治疗疾病的一种过程或者一种手段。祝由是移精变气的重要手段。"祝由"疗法系"祝说发病的原由转移患者的精神以达到调整患者的气机，使精神内守以治病的方法故又称为'移精变气法'"①。"祝由"疗法实际上是以言语开导为主的心理疗法。其表面意思大概是通过祝由"移精"而达到"变气"的目的，从而治愈疾病。（似乎也可以解释为将"精"变为"气"）

反过来，"祝由"是移精变气的唯一途径吗？似乎《黄帝内经》不提倡但也没有排除其他办法。分析这个词组，移、变是动词，是两个使动结构，它们的对象是精和气。也就是说，精是可以移的，气可以变（为）的。问题是如何来移和变。《黄帝内经》里讲了两类方法，一类是古代人用祝由的方法，一类是治内的毒药和治外的针石。当然这两类方法效果并不一样。古代时的人由于"内无眷慕之累、外无伸宦之形"，从而不需要"毒药""治其内"，"针石""治其外"，只要祝由就可以做到了。但现代这个办法不灵了，因为现代人"失四时之从、逆寒暑之宜"，使得"祝

---

① 吕淑琴、赵丹：《从〈黄帝内经〉情志致病反思中医心理疗法》，载《吉林中医药》2009 年第 8 期，第 727—728 页。

由不能已也"。甚至毒药和针石也不怎么好使。那怎么样来做得到呢？

无论是采取哪种办法，移精变气都是疾病治愈的一个"机制"。其实，现代用针、石方法呢？似乎也不怎么灵。古代用针用石没有，没有说，可能用不着。这个问题也没办法考证。那么问题就来了，现代人用祝由不灵了，用针用石办法也不完全灵验了，那需要不需要一种新的方法呢？毕竟人是回不到古代去了。从这个角度讲，祝由也好，毒药和针石也好，基因编辑也好，无论哪种办法，只要是能够达到"移精变气"的效果，就有可能实现由疾病向健康的转归。

但可以肯定的是，基因编辑法不是移精变气的首选方法。可以这样理解：移精变气，祝由为上；毒药、针石次之；基因编辑再次之。

(三)"七损八益"，编辑有制约

《黄帝内经》非常注重人的健康的规律性，认为违背了自然规律是人得病、不得长寿的重要原因。因"人与天地相参"(《素问·咳论篇》)，这些规律有天的规律，如要"法于阴阳、和于术数""虚邪贼风、避之有时"，春夏秋冬四季都各自有养生的具体指导；有地的规律，东西南北中五个方位分别对应五脏、五色，各自又对应四时，对应五种不同类型的疾病；还有人的规律，最为典型的就是"七损八益"。《素问·上古天真论》中讲道："男不过尽八八，女不过尽七七，而天地之精气皆竭矣。"于是，"年四十，阴气自半；年五十，体重；年六十，阴痿。"(《素问·阴阳应象大论》)可见，健康是一个动态的过程，对于不同年龄的人的身体健康状况的外部表现是不同的，总的规律是不可抗拒的。

相对于人的一生基因的不变性，天地自然则是不断发展变化的，表现为古今、干支、四季、四时等流变。人类的畜牧、农业，特别是大规模的工业活动也制造了新的"人工自然"。同样，人的一生身体也是持续变化的，由出生、发育、成熟到衰老是人的一种自然状态。而对于基因编辑来说，由于理论上人的基因是自出生到死亡始终如一、不会变化的。在疾病预防过程中的基因编辑也会自编辑之日起一直到其死亡这一过程皆是有效的。于是，人体发展的生、老、病、死规律和节奏也就被打破。健康强壮自然美好，但该老的不老、该凋的不凋、该衰的不衰，会使人身体内的脏腑机能失去相互的协调与平衡，实质上是一种不健康的状态。

由于基因编辑是一种精准的"靶向"的操作行为，其后果可以持续人的一生甚至传递给后代。这种不变性能否适应人的"七损八益"的生长规律，能否随着人生的节律而自然调整都是不可能确定的。更不可能兼顾到天、地、人的协调一致，人体的自然规律为其提供了空间和舞台的同时也为其设立了边界和天花板。

三、基因编辑对个体健康的可能影响

社会健康是建立在个体健康基础之上的，健康又是一个复杂的概念。按照古老的传统智慧，人的健康在不同的年龄、季节、时间点，状态参数都会有很大变化，五脏六腑十二脉都会变动不居。如果照搬"身体上、精神上和社会适应上的完好状态"来量度，则就是一种疾病状态。在之前的文章中，本人将《黄帝内经》中的健康概念浓缩为"形与神俱，气脉常通""形体不敝，精神不散""阴平阳秘，精神乃至"三组概念[1]。经过进一步思考，又简化为"气脉常通""形与神俱""阴平阳秘"三个概念。在此基础上，基于传统的概念对人体基因编辑又会是怎样的态度呢？

---

[1] 见李振良、马强：《从〈黄帝内经〉看健康的中国概念》，载《中外医学哲学》2017年第15卷第1期，第7—18页。

（一）"气脉常通"，编辑的基础

对于一些特别健康、老当益壮的人，即"年已老而有子者"，《黄帝内经》认为其原理是因为他们"天寿过度，气脉常通，而肾气有余也"。（《素问·上古天真论》）"气脉常通"即气血经脉保持畅通，这是身体的营养、精气可以在固定的通道中畅通运行，从而使人的身体各个部位都能得到营养并循环起来，是健康状态的最基本标准之一。如果在此基础上还能"游行天地之间，视听八达之外"，就达到了健康的更高境界。

"传统中华文明认为，气是构成宇宙的基质，是天道的载体，它既不是纯物质的，也不是纯精神的，而是皆有物质和精神二性。天地万物皆由气组成，气聚则生，气散则死。"①《黄帝内经》讲："夫人生于地，悬命于天，天地合气，命之曰人。"（《素问·宝命全形论》）说明气是人的生命的物质基础。"气"既是自然之气，又与人的灵魂密切相关。气是生命的外在形式。《黄帝内经》中描述了各种"气"数十种，但最终可归为两类：正气和邪气，或者说是"好"的气和"坏"的气。气是通身体内外的，正气是人体血气运行、运送营养物质、传递精神气质的重要载体，也是生命的外在表现形式，气不运行了，生命就终结了。外在的邪气表现为风，是需要防、避的。脉是气运行的通道，也是生命的表征形式。无脉则无气，脉相是判断健康或疾病、此病或彼病、病的位置、性质、轻重的标准。"苍天之气，清净则志意治，顺之则阳气固……失之则内闭九窍，外壅肌肉，卫气散解……"（《素问·生气通天论篇》）

脉又是什么呢？"夫脉者，血之府也。"（《素问·脉要精微论》）就是说脉是血液储存和流动的场所，最重要的就是人的血液循环系统。"经络之相贯，如环无端。"（《灵枢·邪气脏腑病形》）同时脉还是人的身体

① 范瑞平：《大疫当前——诉诸儒家文明的伦理资源》，载《建构中国生命伦理学——大疫当前》，香港城市大学出版社 2021 年版，第 19 页。

状况的外在表征,通过动脉的跳动把健康的状况表现出来。"春脉如弦,夏脉如钩,秋脉如浮,冬脉如营。"(《素问·玉机真脏论》)气在脉中运动产生脉动,因四季、五时而表现不同。五脉应象:"肝脉弦,心脉钩,脾脉代,肺脉毛,肾脉石。是谓五脏之脉。"(《素问·宣明五气》)

"平人不病"是讲健康人的脉相是正常的,表现为"平"。"人一呼脉再动,一吸脉再动,呼吸定息脉五动,闰以太息,命曰平人。平人者不病也。"(《素问·平人气象论》)也就是说平人就是机体没有病痛的人,形体、精神、机体适应性良好的人的状态。追求健康就是追求一种"平"的状态。

脉相是外在表现,属于"标"。从这个观点来看,脉相是血气在脉络中运行的外在表现,如果气脉出现了异常,表现为气脉不通,那么就会表现出异常的脉相,从而可以判断是身体的哪方面出了毛病。或者是出了多大毛病,是不是可以治愈,是不是不可救药。

针刺可以引起体内的气血运行变化从而治疗和预防疾病,可见,出于疾病治疗的目的调整乃至改变人体的内部结构是允许的。针刺治病的原理是通过针刺等改变气血运行的通路、方式,排除障碍,改善脉相等。气脉不通,一般的解释是身体内部五脏六腑的结构出了问题,也可以从更精微的角度看,是构成五脏六腑的阳的方面,细胞结构出了问题,但根本上是基因出了问题。因此,从根本上改善气血的运行,进而改善脉动和脉相,还可以从改善基因结构出发。从这个角度讲,通过改善基因结构,使得有病的基因得以去除从而治愈疾病,通过基因的改善,形成钢铁般的结构,加强人体对外感风邪的屏障,使得"虚邪贼风"彻底不能侵入人体,无疑是最为彻底的。可见,从物质结构上理解人体与疾病,我们的祖先并没有表现出对疾病治疗和预防任何可能有效的方法的排斥,基因编辑治疗和预防疾病似乎从中也可以得到一定的辩护。

(二)"形与神俱",编辑的风险

人是肉体与精神的统一体,健康是生理健康与心理健康的结合。这在中国古代哲学中早有体现,形与神俱有类于形神合一,是说人的健康不仅表现在外形、肉体上,更体现在内心与精神上。而且形与神的关系是"俱",而不能"离","上古真人"是健康的人的典范。对于上古之人,他们"春秋皆度百岁,而动作不衰",原因是他们能够"形与神俱,而尽终其天年,度百岁而去"。(《素问·上古天真论》)神是生命的外在表现形式,也是"正气"的外化表现,所谓:"神者,正气也。"(《灵枢·小针解》)"得神者昌,失神者亡。"(《素问·移精变气论》)对于上古之人,他们"春秋皆度百岁,而动作不衰",原因是他们能够"形与神俱,而尽终其天年,度百岁而去"(《素问·上古天真论》)。可见,如果能够达到"形与神俱",就是一种理想的健康状态,甚至可以终其"天年"。

在治疗手段方面,《黄帝内经》的精神是凡是能用针刺治疗的就不用砭石或毒药。同时针刺又是十分讲究的,特别是讲究形补兼治。"凡刺之法,必候日月星辰,四时八正之气,气定乃刺之。"(《素问·八正神明论》)人的脏腑功能(形)与人的精神活动(神)之间关系密切且相互作用。《灵枢·本神》说"怵惕思虑者则伤神"。其机制是人的思虑太过,就会使气血受到伤耗。五脏受邪,就会对相应的"神"产生伤害。所以在治疗患者的病痛时,不仅要治疗其身体的病痛,更需要"调神",形神兼顾进行治疗才能取得好的效果。因此,《黄帝内经》对于针刺治病的原则是:"形乐志苦,病生于脉,治之以炙刺。形乐志乐,病生于肉,治之以针石。形苦志乐,病生于筋,治之以熨引。形苦志苦,病生于咽嗌,治之以百药。形数惊恐,经络不通,病生于不仁,治之以按摩醪药。是谓五形志也。"(《素问·血气形志》)

在疾病的治疗手段中,针刺是治形的,医生在用针刺治疗疾病时,同时要兼顾患者的精神,只有把身体与精神状态同时兼顾才能治好疾病。但在基因编辑过程中,考虑的是基因的结构与对应的功能。这个功能理论上来讲应当包括身体功能和心理功能,但事实上心理功能难以把握,我们仅仅能部分地考虑到其身体的功能,如是不是有可能患唐氏综合征? 是不是可以免受 HIV 病毒的感染等。同时在人们的心理上二者影响似乎也不相同,前者有着几千年的经验,虽然偶有失手,但总是经过了数千年的检验。后者则是新生事物,科学原理精准的同时对技术精准的要求也更高,因为基因之形的精细复杂程度要远远高于气脉的精细与物理上的复杂。最为精微的编辑技术也不能保证治形而不伤神,因此,基因编辑受到人们的质疑是必然的。

在形神关系中,形的健康容易把握,而神的健康则相对难以把握,需要更高的智慧和抽象,这就是天地间的统一规律"阴阳"。

(三)"阴平阳秘",编辑的边界

"治病必求于本"(《素问·阴阳应象大论》),"本"是引起疾病的根本原因,即"阴阳"。"阴平阳秘"则是人体健康的总概念。按基因决定论的理解,本则可以是"基因"。"人类所有的疾病都是基因病"学说认为,包括疾病在内的生物性状是由基因控制的,疾病必然改变了基因的活动状况,或基因发生突变(基因多态性),或基因表达发生了变化[①]。表面看基因编辑似乎是触及治病的根本。

由于"人生有形,不离阴阳"(《素问·宝命全形论》),健康之"本"也要从贯通中国传统医学的核心概念"阴阳"来理解。人处于庞大而复杂的天地之间而保持有序的整体性特征,其根本原因在于阴阳两种属性

---

① 洪卫国、王福生、徐安龙:《正确理解"人类所有的疾病都是基因病"》,载《医学与哲学》2001 年第 9 期,第 35—37 页。

的协调发展。《黄帝内经》认为:"阴阳者,天地之道也"(《素问·阴阳应象大论》),这从宏观上以阴阳这一既简单又具有高度概括性的概念把握了事物的根本所在。阴阳关系,既是对立的又是统一的,具有互相消长和转化的规律,偏盛偏衰都属异常。其理想状态是"阴平阳秘",也是人的健康的一种表现和根本要求。所谓"阴平阳秘,精神乃至;阴阳离决,精气乃决"。(《素问·生气通天论》)即阴气和平,阳气固密,人的精神就会正常;如果阴阳分离决绝,人的精气就会随之而竭绝。这里需要注意的是,阴阳的对立统一并不是总量上的相等,性质上的完全对立。如果仅仅把阴阳理解为两种像正负两极一样的属性就不能正确认识其在生命健康中的意义。

人处于天地万物之中,是自然界的精华、"万物之灵",自然离不开阴阳这个总纲的调整,人身的阴阳和天地自然的阴阳必须协调才能保持健康,否则就会生病。阴平阳秘一方面要求人体的阴阳平衡,同时要求人的阴阳要与自然的阴阳协调统一。

基因编辑会因改变身体结构而影响体内外的阴阳关系,甚至会固化阴阳结构,使灵活运转和变化的阴阳固定于一种固化的结构,从而很容易使阴阳失去平衡,失去自身的调节能力。因而,基因编辑在这个层面上是需要十分慎重的。从内经的文本中没有对诸如基因编辑类治疗与预防方式的反对,"阴平阳秘"的基本思想也不与任何有利于健康的方式相对抗。但是,与西方追求强壮到健康的路径不同,东方文化中更强调顺应和相对消极的健康状态,主张"以静制动""以柔克刚"。整体上来看并不主张通过主动的干预行为达到健康的目的,而是主张"志闲而少欲""心安而不惧""形劳而不倦"。人要顺应自然界,而不能通过自己的行为做出"逆天"的行为。重视人与自然的和谐统一,所谓:"夫人生于地,悬命于天",同时"天覆地载,万物悉备,莫贵于人"。(《素问·

宝命全形论》》《黄帝内经》中追求健康的关键词有："平""法""和""节"
"常""不妄""避"及"内守"等等。由常人修炼为真人,通过顺应天地自
然促进内心修养的"内修",而不主张首选按摩醪药、毒药针石的"外
治"。因此,基因编辑不是可以从中国古代医经中推导出来的主要手
段,至少不是中医治疗与预防的"首选"之法。如果基因编辑的体细胞
在形的层面被改变从而涉及"神",破坏了阴阳系统则是传统医学思想
所不允许的。

《黄帝内经》关注个体健康,从世俗观点强调人的神圣,不需要引入
上帝来论证。在"治未病"方面,强调的是"动作以避寒,阴居以避暑,内
无眷慕之累,外无伸宦之形",而不去依赖外在的"针石""毒药"。由此
观之,以外部力量改造身体的结构,也许会有利于"气脉常通",但会造
成形神分离甚至"阴阳离决",与健康的要求是相悖的。因此,需要更仔
细地思考"预防"在基因编辑背景下可能意味着什么,并制定能够预测
和解决其将引发的人类增强问题的研究治理①。

我们再回顾 2015 年的人胚胎基因编辑和 2018 年的基因编辑婴儿
案,二者似乎存在着巨大的差异,但为什么说前者是合伦理的而后者不
是呢? 如果人胚胎基因编辑不是为基因编辑婴儿作技术准备,那为什
么要进行呢? 从中不可以推导出未来基因编辑婴儿的合理性吗? 其实
二者的共同点是很明显的,就是技术本身所蕴含的对健康自然属性的
侵犯,是对"形与神俱""阴平阳秘"自然规律的违背,因此,是同样不能
得到伦理辩护的。"永远不要漠视和轻视'自然',永远要在提升自身的

---

① Juengst ET, Henderson GE, Walker RL, Conley JM, MacKay D, Meagher
KM, Saylor K, Waltz M, Kuczynski KJ, Cadigan RJ. "Is Enhancement the Price
of Prevention in Human Gene Editing?" *The CRISPR Journal*, 2018, 1(6):
351 - 354.

免疫力上倾注主要精力。如果自然免疫力能办到的事情，我们就不要人为地干预。不恰当的和过度的人为干预反而可能坏事。"何怀宏先生的告诫是深刻的，也为我们理解《黄帝内经》对待人类基因编辑的态度提供了借鉴。

基因编辑：汉传佛教的视域

王富宜[①]

　　基因编辑技术可以说是一种最具争议性的现代医疗技术。基因编辑可以分为人类基因编辑和动物基因编辑两大类，这里仅讨论人类基因编辑。人类基因编辑技术按照目的可以分为基因治疗和基因增强。基因治疗主要出于治疗疾病的目的，而基因增强主要是增强正常人的能力[②]。对于基因编辑能否应用于人类，生命伦理学界存在着赞成和反对两种截然相反的伦理立场[③]。尽管立场不同，但是诉诸的理由基

---

① 王富宜，东南大学人文学院哲学与科学系副教授。基金专项：2023 年江苏省高校哲学社会科学研究重大项目"汉传佛教生命伦理思想的传统解读与现代诠释"阶段性成果。

② 可以参考胡庆澧、陈仁彪、张春美：《基因伦理学》，上海科学技术出版社 2009 年版。张春美：《谁主基因：基因伦理》，上海科技教育出版社 2011 年版。王延光：《基因治疗的伦理：问题与争议》，载《哲学动态》2005 年第 1 期，第 18—22 页。韩跃红：《基因治疗面临的认识论挑战和伦理抉择》，载《道德与文明》2005 年第 1 期，第 70—74 页。邱仁宗：《基因编辑技术的研究和应用：伦理学的视角》，载《医学与哲学》2016 年第 7 期，第 1—7 页。

③ 欧盟议会制定的《关于克隆人类胚胎的决议》中认为无论任何形式的克隆人类都是不道德的，违反了对人的尊重，侵犯了基本人权。德国学者拜尔茨在《基因伦理学》中认为是对人的本质的违规和蔑视。德国政治哲学家哈贝马斯也提出了反对性的意见。参考[德] 库尔特·拜尔茨：《基因伦理学》，马怀琪译，（转下页）

本相同，即生命尊严和自主性等。

汉传佛教生命伦理思想出发点在"生命伦理学"，即以西方生命伦理学来看待汉传佛教伦理思想。西方生命伦理学有其既有的学科发展逻辑和研究问题框架。从西方生命伦理学角度来看，汉传佛教的理论和思想可以获得不同视角的理解和诠释，从而唤起汉传佛教思想在当代理论探讨和现实问题中的出席和参与。汉传佛教生命伦理思想是指用汉传佛教特有的理论以及表达方式，诸如对于人的色身生命和心性生命的觉悟与超脱来解释人类的生命健康、医疗照护、临终关怀等生命伦理议题，建构生命伦理学理论及原则，并据此理论建构延伸于应用伦理学的研究，实现对现代生命伦理技术带来的系列生命伦理难题进行伦理审视。

汉传佛教对人类基因编辑所带来的严重挑战作出回应，需要深入触及人类基因编辑技术中纷争的基本点，即人类生命的尊严以及自主性等问题，对人类基因编辑所涉及主体与本质等作多方位、分情境的考察。

一、汉传佛教生命伦理思想对人类基因编辑技术涉及的一个基本概念的理解

人类基因编辑技术中的底层概念是对于人的生命的理解。一般而

（接上页）华夏出版社 2000 年版。［德］哈贝马斯：《后民族结构》，曹卫东译，上海人民出版社 2018 年版。赞成基因编辑的有桑德尔，他认为这是一种"自由主义优生学"。桑德尔对于自由主义优生学的代表性学者进行了总结。他认为，约翰·罗尔斯的《正义论》中"拥有更大的自然禀赋是每一个人的利益所在，这使得他能够追求一个更加偏爱的人生规划"就是在支持自由主义优生学。参考 John Rawls. *A Theory of Justice*. The Belknap Press of Harvard University Press，1971，107 – 108. Michael J. Sandel. *The Case Against Perfection: Ethics in the Age of Genetic Engineering*. The Belknap Press of Harvard University Press，2007，75 – 77。

言,生命伦理学中的生命特指人的生命,关注人的繁殖、成长、健康、疾病和死亡等生命过程中的问题,涉及人生的意义、生命的限制、人生的苦难等。当代生物医学技术介入所引发的具体伦理问题,引发对生命进行再认识甚至是重新认识。例如,在堕胎争议中,胚胎是不是生命?在克隆人和安乐死问题上,人是否拥有自主选择生或死的权利? 生命伦理学更多是从生物学的角度来理解人的生命:具备独特的人类基因以及基因结构,由此,基因结构发育出了独特的人体和人脑,将身体整合起来,并使得体内及其环境维持动态平衡①。这种生命理解源于近代西方哲学的影响,尤其是受笛卡尔的身心二元将身体视为独立于心灵之外的影响。因此,身心二元组成的生命是一个可以通过观察、拆解和创造的自然物。

当然,现代生命伦理学与传统生命伦理学相比较,不断丰富人的生命意涵,认为人的生命可以有三种不同属性:一是生物学属性,即从生物的角度来探讨人的生命,包括受精、妊娠等;二是社会学属性,即指社会赋予的生命,比如胎儿需要得到父母和社会的承认;三是人格属性,是最明显的本质特征②。这种对于人的生命解释更加丰富和适当。

汉传佛教生命伦理思想与西方生命伦理学相较而言,最大的区别在于对生命的范围、种类以及层次等理解不同。与西方生命伦理学相比,汉传佛教生命的范围包括人类与非人类、动物、植物和生态系统的整个生命领域,即所谓的"众生",生命种类非常广阔。佛教对于生命的

---

① 邱仁宗:《论"人"的概念——生命伦理学的视角》,载《哲学研究》1998 年第 9 期,第 27 页。

② 孙慕义等认为:"人作为生物体,具有一系列的生物属性,从受精卵开始到死亡是人类生物学生命的延续;但作为社会成员的人还具有社会属性,人的生物学生命发育到一定阶段即产生自我意识时就形成了人类的人格生命。相对于人的生物学生命而言,人格生命更能反映人的生命的本质意义,是人最明显的本质特征。"孙慕义、徐道喜、邵永生:《新生命伦理学》,东南大学出版社 2003 年版,第 70 页。

分类十分复杂，常见分类方式有三界①、四生、五道、六道、九类、十二类、二十五有②。从横向结构来说，生命含括三界。三界是指欲界、色界、无色界。欲界是具有淫欲、色欲和食欲等有情所居之世界，主要指动物、人类等。色界乃是远离淫、食等仍然具有清净气质等有情所居世界。无色界指无物质之物，超越物质之世界。汉传佛教这种生命种类的划分大大丰富了本土文化对于生命种类的界定。从纵向生命结构来说，佛教将生命分为十种形态，即"十界"，分为六凡四圣。六凡一般是指六道众生，分为三善道和三恶道，指的是地狱、饿鬼、畜生、修罗、人间、天③。在这六道中，人的位置特殊，既要承受苦难，有往恶三道堕落之可能性，同时又具有向声闻、缘觉、菩萨、佛这"四圣"境界发展之可能性。声闻与缘觉是超越六凡的中介，通过此中介可到菩萨的境界。人在六道轮回中是提升还是堕落，主要取决于人自身行为以及产生的结果，也就是由个体生命所作的业力决定。

生命伦理学的主要核心概念是由身心组合而成的人的生命。人的生命不仅是生命技术及生命伦理直接关涉的对象，也是中国哲学包括汉传佛教重点关注的问题。牟宗三认为中国哲学的特质在于生命④。

---

① 佛光大辞典编修委员会编：《佛光大辞典》，佛光出版社1988年版，第584页。
② 《楞严经》卷七将生命化为十二类："三世十方，和合相涉变，化众生十二类"，这十二类是指卵生、胎生、湿生、化生、有色、无色、有想、无想、非有色、非无色、非有想、非无想。参见[唐]般刺蜜帝译：《大佛顶如来密因修证了义诸菩萨万行首楞严经》卷七，《大正藏》第19册，第138页。
③ 佛光大辞典编修委员会编：《佛光大辞典》，佛光出版社1988年版，第1298页。
④ 牟宗三认为中国哲学是以生命为中心的，"中国哲学特重主体性（Subjectivity）与内在道德性（Inner-morality）。中国思想的三大主流，即儒释道三教，都重主体性，然而只有儒家思想这主流中的主流，把主体性复加以特殊的规定，而成为'内在道德性'，即成为道德的主体性。""它是以'生命'为中心，由此展开他们的教训、智慧、学问与修行。"参见牟宗三：《中国哲学的特质》，上海古籍出版社2008年版，第4页、第30页。

　　傅伟勋受其影响，创立生死学，提出儒释道生命学问的根源性养分，以"心性体认本位的生死智慧"作为开创现代生死学的方法①。在汉传佛教伦理学的研究与探讨中，对人的生命特质的探讨是学界一致的路径切入②。

　　汉传佛教对人的生命界定具有多重内涵。佛教中国化最为典型的禅宗所崇奉的经典《坛经》中记载："世人自色身是城，眼、耳、鼻、舌、身即是城门。外有五门，内有意门。心即是地，性即是王。性在王在，性去王无。性在身心存，性去身心坏。"③这里将人身比作一座城，城地是心，城王是性。性作为生命的绝对精神主体，是身体和精神两个方面的维系者。从《坛经》中所呈现出人的生命的身-心-性结构看来，汉传佛教的人类生命意涵至少包含两个层次：一是色身生命，二为心性生命。

　　色身生命即肉体的生命，色身是人作为存在物的标志，从诞生开始，色身遵循的便是生老病死的生物学法则。佛教一般从无常与空的角度来看待色身生命，因为人的肉体具有有待性和有限性。同时，汉传佛教也注重维护色身健康，积极进行疾病治疗，因疾病是心之修行的最大障碍，"身有疾病，心则不安"④。"身有疾病，心则不安"体现了身体是基础，身心相连，注重身体是为了心的安宁。更进一步地，只要身体

----

① 傅伟勋：《学问的生命与生命的学问》，正中书局1994年版。
② 两岸学者如傅伟勋、郑志明、蔡耀明、陈兵等学者都曾从此议题研究透视汉传佛教。参考傅伟勋：《学问的生命与生命的学问》，正中书局1994年版；《死亡的尊严与生命的尊严》，正中书局1996年版。如郑志明《佛教生死学》从不同的经典中来研究佛教对于生死的关怀，如对于胚胎生命观、葬礼、生命医疗、生命教育等议题。参考郑志明：《佛教生死学》，中央编译出版社2008年版。陈兵的《佛教生死学》探讨了佛教的生死观及其演变，并与中国本土的生死观进行了比较。参考陈兵：《佛教生死学》，中央编译出版社2012年版。
③ ［唐］法海：《南宗顿教最上大乘摩诃般若波罗蜜经六祖惠能大师于韶州大梵寺施法坛经》，载《大正藏》第48册，第341页。
④ 《大方广佛华严经》卷十一记载："我昔曾于文殊师利童子所，修学了知病起根本、殊妙医方、诸香要法，因此了知一切众生种种病缘，悉能救疗。所谓风（转下页）

健康，心也就能得到很好的安顿，毕竟"身有所归，心自安隐"①。汉传佛教认为保持色身生命的养护，因色身形式存在只是生命存在的必要条件。色身生命即发挥功能的有机体，在这个意义上，人、动植物和细菌等都具有生命，具有认知事物和对体验情感的能力。

心性生命是佛教的生命层次中极其重要的生命观。心性生命是对人的行为思想及其存在进行反思和体悟，是人类觉悟后的一种完满的生命存在状态。从魏晋南北朝时期道生所讲的"一切众生悉有佛性"到唐朝惠能所讲的"世人性净，犹如清天，惠如日，智如月，智惠常明"②是人的心性生命在不同时期的表达。心性生命的重要性在将来或者在适宜的情况下，人人具有发展成为觉悟的人的完全可能性。心性生命确保了道德行为的终极根源、决定道德动机来源，从而认识到道德修养的必要性和可能性，道德教化才能得以施行。正是因为对人的心性生命的承认，才能进行道德行为，也才能通过道德修养臻达佛教所设定道德境界③。

相比较于色身生命而言，心性生命具备不同的特征，蕴含了人与人

（接上页）黄、痰热、鬼魅、蛊毒乃至水火之所伤害。……云何说此世俗医方？长者告言：善男子，菩提初学修菩提时，当知病为最大障碍。若诸众生，身有疾病，心则不安，岂能修习诸波罗蜜？是故，菩萨修菩提时，先应疗治身所有疾。"［唐］般若译：《大方广佛华严经》卷11，载《大正藏》第710下—711页上。

① 《青原志略》卷七记载："盖天下丛林皆为老病所设，非独妥其身也，以示身有所归，则心自安隐，禅心不乱，梵行无亏，其所全于老病者为特大矣。"杜洁详主编：《中国佛寺史志汇刊》第3辑，第14册，《青原志略》卷七，明文书局印行1980年版，第18页。

② ［唐］法海集：《南宗顿教最上大乘摩诃般若波罗蜜经六祖惠能大师于韶州大梵寺施法坛经》，载《大正藏》第48册，第339页。

③ 圣凯、谢奇烨指出："佛教徒的宗教经验，一方面是经典的契入与证悟，即是永恒价值的认同与正觉智慧的体证；另一方面是生活的实践与心性的转化，即是佛教徒在生活中不断思维经典价值与智慧，从而实现心性的不断转化与提升。"圣凯、谢奇烨：《经典、观念、生活：佛教观念史的要素与维度》，载《世界宗教文化》2021年第5期，第106页。

之间或者人与物之间的生命关系。所有的生命包括有情众生和无情众生，尽管肉身生命存在着性别、地域、阶层等限定众生存在和发展的差别性，但是在心性生命上众生平等。同时，心性生命不仅仅自利，只追求自己的利益，同时要求对他人有益。个人只有在众生解脱中才能获得自己的解脱。因此，心性生命遵循慈悲、平等、自利、利他等伦理价值标准和行为准则。

汉传佛教的心性生命还有人格化的形象。经典中通常将菩萨塑造为通达世间、了彻世事，如《维摩诘经》中记载菩萨"善知众生往来所趣及心所行"①。汉传佛教形成了"上求菩提、下化众生"的大慈大悲观世音菩萨、"我不入地狱，谁入地狱"的对死亡无畏的地藏菩萨等信仰。这些理想人格的引入乃是汉传佛教对于人的心性生命的终极意义的证成。

综上，生命伦理学关注生物学意义上的生命，追求健康，同时关注社会学意义上的生命，注重生命尊严。与此相对，汉传佛教生命伦理学思想关注生命的心性，重在追求生命的觉悟与解脱。汉传佛教认为人的生命有不同的层面，含括肉体层面的色身生命和精神层面的心性生命。色身生命、心性生命统一于个体人身上，二者既是递进的关系，又是相互影响的关系。色身生命是心性生命的基础，有了自然的生命才有可能上升到心性生命。心性生命是生命的核心和境界。不同的生命层面有不同的生命伦理思想。可以说，汉传佛教对于生命的论述体现出人的生命绝不仅仅是一个生物体，而是具有自然属性、思维属性和心性属性的统一综合体，从而形成了汉传佛教丰富而立体的生命伦理思想。

---

① ［后秦］僧肇撰：《注维摩诘经》卷 1，载《大正藏》第 38 册，第 330 页。

从这个底层和基础的人类生命来审视人类基因编辑技术，汉传佛教生命伦理的最终目的是伦理学意义上的人，注重人的道德生命和心性生命，而非纯粹生物学意义上的个体，即人的色身生命。在心性生命的意义上，受精卵不是一般意义上的物，而是灵性生命的潜在，具有潜在人格。生命潜能的实现不能只是从道德意义上的个人，尤其是有完全理性能力的成年人为出发点进行推理，而是应该将成年人及其后代作为出发点。基因编辑实质上是以现代人及其对于生命价值和意义的理解代替未来人作关乎未来人自身的决定。从汉传佛教生命层次的理解来说，汉传佛教反对基因增强。

二、汉传佛教生命伦理思想对人类基因编辑技术涉及的两个关键问题的回应

人类基因编辑技术对人的生命进行筛选和编辑，使得生命的尊严受到严重挑战，不仅会威胁人类生命的自然性，且削弱了人类以完整性为基础的尊严。人类基因编辑技术涉及两个最重要生命伦理问题：一是胎儿是否为人，是否具有道德地位？二是父母是否拥有处理子女的权利？汉传佛教生命伦理思想对以上两个问题都能找到义理层面的回应。

（一）胚胎是否为人，具备道德地位？

汉传佛教中有丰富的胚胎发育学说思想。佛教认为，人生命的出生是因父母的因缘，含括入胎、住胎和出胎三个过程①，并根据胚胎的不同发育阶段，命名了各生命阶段的名称，总结了各生命阶段

---

① 《佛说胞胎经》《佛为阿难说处胎经》《佛说入胎藏会》《入母胎经》《瑜伽师地论》《大宝积经》等都对此过程都进行了或详细或简略的说明。

的特点。比如《瑜伽师地论》将"胎藏"按照时间和形态变化分为"羯罗蓝位、遏部昙位、闭尸位、键南位、钵罗赊佉位、发毛爪位、根位、形位"①,详细描述了胎儿每月发育的形态特征。特别需要指出的是,佛教认为在胚胎入胎之时,"识"已进入。《大宝积经·佛说入胎藏会》记载：

> 云何中有得入母胎? 若母腹净,中有现前见为欲事,无如上说众多过患。父母及子有相感业,方入母胎。又彼中有欲入胎时心即颠倒。若是男者,于母生爱,于父生憎。若是女者,于父生爱,于母生憎。于过去生所造诸业,而起妄想作邪解心。生寒冷想,大风大雨及云雾想,随业优劣复起十种虚妄之想②。

胚胎入母胎的原因在于"父母与子有相感业",入胎之时便"于过去生所造诸业,而起妄想作邪解心",胎儿具有道德地位得到了确证,完整的人类生命始于胚胎。既然胎儿一经入胎便具有了心识,那能否称之为人呢? 佛教戒律认定 49 天之内的胚胎为"似人",49 天之后的胚胎为"人"。《五分律》记载：

> 若比丘,若人、若似人,若自杀,若与刀药杀、若教人杀,若教自杀,誉死、赞死："咄! 人用恶活为? 死胜生。"作是心,随心杀,如是种种因缘,彼因是死,是比丘得波罗夷,不共住。入母胎已后至四十九日,名为似人,过此已后,尽名为人。若以手、足、刀、杖、毒药等杀,是名自杀。彼欲自杀,求杀具与之,是名与刀药杀。使人杀,

---

① ［唐］玄奘译:《瑜伽师地论》卷 2,载《大正藏》第 30 册,第 285 页。
② ［唐］菩提流志译:《大宝积经》卷 56,载《大正藏》第 11 册,第 328 页。

是名教人杀。教人取死，是名教自杀。言死胜生，是名誉死、赞死。随心遣诸鬼神杀，是名作是心，随心杀①。

《五分律》记载"似人"和"人"的自杀，协助自杀、教唆他人杀或自杀或者赞叹死或者随心死都属于犯"波罗夷"之罪。从这里既可以看出佛教对于胚胎的道德地位是和出生之后一样得到承认的。宋代元照曾经对唐代道宣的《四分律疏》作述解，名为《四分律含注戒本疏行宗记》，里面有对"似人"的定义：

> 《疏》言初识者，谓初托阴止是凝滑不净，故经中说为伽罗之时也。如《五分》云："入胎四十九日，名曰'似人'，过是以往，乃名似'人'。即《五王经》云：'受胎一七日如薄酪，二七日如稠酪'，三七日如凝酥，四七日如肉团，五七日五胞成就，六七日后，六情开张。初识中，经即《涅槃》彼云：'肉身处胎，歌罗逻时'。亦云'薄酪'。《智论》云：'受胎七日，赤白精和合时也。'次引《五分》似是两分，续引《五王》释上似相，五胞头及手足也。不云七七者，即同上引名'似人'故。"②

元照引用了《四分律疏》《五王经》《涅槃经》等经律将 49 天内的胚胎命名为"似人"，通过"识"来确定 49 天以内的胚胎的伦理地位，49 天后的胚胎命名为"人"，既然 49 天以后的胚胎已经是人类生命，那么其伦理地位无疑得到了确认。由此可见，在汉传佛教生命伦理思想中，胚

---

① ［刘宋］佛陀什、竺道生等译：《沙弥塞部和醯五分律》卷2，载《大正藏》第22册，第8页。
② ［北宋］元照：《四分律含注戒本疏行宗记》卷2，载《卍续藏》第39册，第844页。

胎的伦理地位基本和人相同。

现阶段的人类基因编辑技术远未成熟，从理论到临床应用都存在诸多隐患，若使用不当，会对胚胎造成伤害。汉传佛教认为胚胎在受精卵之时就有"识"进入，具有伦理地位，如果使用基因编辑破坏了人的道德潜能，无疑侵害了人的尊严。胎儿作为道德生命和灵性生命的潜在者无需被编辑。

（二）作为父母和专家的他人是否有权利决定编辑后代的基因？

人类基因编辑技术从目的上划分，可以分为"非治疗性"的基因增强和"治疗性"的基因编辑。

人类基因编辑涉及基因提供者的父母、施行人类基因编辑技术的专家和潜在的后代。父母和专家通过人类基因编辑技术设计和产生"完美后代"的基因增强违反汉传佛教的基本理论——缘起理论和平等理论。

以缘起理论来看，人类基因编辑技术的对象不仅仅是直接受体，而是会影响到后代，甚至是整个人类和众生界。众生界组成了互动的生命有机整体，人类不能在个人自主性之上，而是要在众生共同体的责任中寻找规范性的力量。在这样的理论视角下，行动的出发点并不是满足"我"的欲望，而是从他者和众生的"我们"出发，拓展出新的伦理空间。从汉传佛教生命伦理思想来看待人类基因编辑，就会得出孩子生命不仅与其父母相关，其实还与很多其他生命相关。父母不能仅仅从父母自身"我"的决定和选择出发，而是要从包含父母以及被基因编辑的婴儿的"我们"出发，甚至要和将被进行基因编辑的婴儿所拥有的一切关系的"我们"出发。

　　此外，人类基因编辑违背了汉传佛教的平等理论。以平等观念来说，首先，人类基因编辑技术无法获得后代当事人的许可和授权，父母仅仅是孩子的部分因缘，如果子女成为父母和专家合作的被创造物，三方平等的实践伦理地位将不复存在。基因提供者并不对所有与其直接相关的生命活动都享有权利。其次，父母和专家决定后代的体貌特征、智力水平等并不一定是后代所认为的"完美"或者"良善"的性状，三方对"完美"的认知不平等。最后，是否应用人类基因编辑可以成为新的不平等范围，经过编辑的基因和自然基因难以形成平等的人类生命。总体而言，汉传佛教是反对父母和专家改变孩子的"自然本性"。概言之，通过基因编辑的方式塑造完美后代的行为，不论其动机如何，都不能成为父母和专家决定后代基因增强的理由。

　　对于治疗性的人类基因编辑技术而言，汉传佛教生命伦理思想会从理论上支持疾病治疗，但考虑到此项技术目前的发展阶段，应该可以得到一定程度的辩护，同时会谨慎地对待人类基因编辑技术。一方面，汉传佛教重视疾病和治疗。汉传佛教从印度传入，本身就延承了印度重视医药的传统，并且在中国本土发展过程中，开创了很多新的医疗实践①。汉传佛教针对不同疾病给予多样治疗方法，包括对于身心疾病注重饮食调节，以仪式对治疾病等。与生命伦理学中的疾病与治疗相比，汉传佛教的疾病观念与疗诊实践毋宁说是一个有着内在逻辑的道德体系，而不仅仅是在生物医学体系下的理性论定及推理的结果。另一方面，通过基因编辑治病救人对于汉传佛教来说是新课

---

① 席文曾指出汉传佛教并没有引进印度佛教精湛的外科手术的观念与实践，因为中国主流病理学的原则更多的是依赖身体自身结构性和功能性的平衡，而非借助内在的创伤治疗。中国传统治疗手段多种多样，包括针灸和艾灸去适应气的流动。直到 11 世纪，只有部分医生，如军医才精通外伤处理。见 Nathan Sivin. *Health Care in Eleventh-Century China*，Springer，2015，140。

题,考虑到基因编辑技术的成熟度、应用范围以及执行中的不确定性和风险性,极有可能会造成流产、死胎等现象。因此,可以推论汉传佛教对于治疗性的基因编辑可以得到一定程度的辩护。

三、汉传佛教生命伦理思想对人类基因编辑技术的谨慎态度

人类基因编辑技术的伦理问题是一个涉及多位主体,面临复杂道德情境的问题,需要谨慎对待其应用。从汉传佛教生命伦理的理论可以推测,汉传佛教反对基因编辑技术用于增强人类智能等非治疗性的目的,有条件地对待治疗性的人类基因编辑。

现代生命医疗技术所带来的理论复杂多样。比如,生命科学技术涉及的很多理论问题都具有交叉性。比如器官捐赠就涉及个体生命层次的交叉。而基因编辑问题和堕胎问题涉及不同代际的生命交叉。以理论的不同角度回应同一个问题可以得出截然二分的结论,比如临终关怀和慈悲思想对于器官捐赠的态度不尽相同。这也意味着面对新兴的生命伦理技术所带来的问题之时,汉传佛教生命伦理思想并不一定能得出确定的回应。

因此,汉传佛教生命伦理思想应对这些现代技术问题之时会陷入一种各执其理境地。汉传佛教生命伦理思想的提炼并不意味着能够马上解决当下生命伦理道德困境。这也提醒我们在面对和应用这些生命医疗高新技术时需要谨慎。

基因编辑：中国生命伦理学的视域

蒋辉,张韵[①]

基因编辑是指可以相对高效精准地对目标生物体的目标基因进行可以遗传的修饰改变,包括基因的替换、删除、插入和增加等[②]。在医学领域,人类基因编辑技术治疗特指将具体的、有针对性的核酸聚合物(特别是外源正常基因)导入患者的靶细胞,并在患者体内产生相应基因的直接产物,以纠正或补偿因基因缺陷和异常引起的疾病。

一、技术发展与应用的背景

基因编辑与应环境变化而在遗传中产生变异的随机突变不同,具有高效性、可控性和定向操作的特点。基因编辑工具应用于哺乳动物细胞的线粒体 DNA 还处于研究阶段,尚未开展线粒体疾病治疗技术

① 蒋辉,福建医科大学附属漳州市医院科教科教授,湖北阳明心理研究院教授;张韵,海南博鳌超级医院伦理委员会办公室。致谢:在论文撰写过程中,得到范瑞平教授的多次指导,在此表示衷心的感谢!
② 邱仁宗:《基因编辑技术的研究和应用:伦理学的视角》,载《医学与哲学(A)》2016 年第 7 期,第 1—7 页。

临床应用①。

2012 年，CRISPR/Cas（clustered regularly interspaced short palindromic repeats/CRISPR-associated enzyme）基因编辑技术的问世是生物医学领域最具革命性的突破之一②，它不再需要病毒载体传递和导入外源基因，而是利用 Cas9（CRISPR 关联蛋白 9 核酶）的内切酶在特定位点实现精确、高效且成本低廉的基因切割（被称为"基因剪刀"）。这不仅被广泛应用于基因功能研究，而且也在遗传病的基因治疗临床试验上取得重要进展，为人类重大疑难疾病的治疗开辟了新途径③。多个基于 CRISPR/Cas9 技术研发的基因药物已经进入临床试验并取得成果。但它在操作简单和成本较低的同时，仍存在一些问题，包括最佳治疗靶点选择、怎样能减少脱靶突变、给药途径和潜在的安全性等不少难题④。当然，基因编辑技术还在不断地发展，与疾病治疗之间的关系也在逐渐密切，有望起更大作用。2021 年 5 月，一位英国女孩被诊断出患有急性 T 淋巴细胞白血病，病症严重且传统疗法都未能阻止复发，故接受了某临床实验"碱基编辑"技术疗法，效果良好⑤。

① 常丽颖、凌鑫宇、陈和祺、王雪、刘涛：《基因编辑在线粒体疾病中的应用》，载《高等学校化学学报》2023 年第 3 期，第 78—88 页。
② 胡思慧、刘倩宜、谢冬纯、黄军就：《CRISPR/Cas 基因编辑技术治疗人类遗传性疾病的临床研究进展》，载《生命科学》2022 年第 10 期，第 1250—1263 页。DOI：10.13376/j.cbls/2022139。
③ 李链、李丹丹、汤冬娥、欧明林、戴勇：《基因编辑在疾病治疗中的应用》，载《临床医学工程》2021 年第 S1 期，第 69—71 页。
④ 张朝阳、张敬香、张敬法：《基因治疗在眼底血管性疾病中的应用与展望》，载《国际眼科杂志》2023 年第 3 期，第 400—406 页。
⑤ 基因谷：《历史首次！英国女孩通过基因编辑治好白血病对抗癌症》，载"基因谷"（微信公众号）2022 年 12 月 13 日。https://mp.weixin.qq.com/s?__biz=MzIwMTQ3MDc4Mw==&mid=2247657681&idx=8&sn=b4f3feeb656bf5e650465c100a94e164&chksm=96e14e81a196c7975c6dbea592c2bf7b40c8ad01a1d076e0758b9069a695b6accd4e314bc862&scene=27。

2022 年 8 月，《自然医学》(*Nature Medicine*) 在线发表论著《CRISPR/Cas9 介导的 BCL11A 增强子基因编辑治疗儿童 β0/β0 输注依赖性 β-地中海贫血》，为世界首个成功通过基因编辑技术治疗此类地中海贫血儿童的项目①。不过，人类对基因的认识还没有完全掌握，尽管基因编辑可根治遗传疾病，但也可能造成无法想象的结果，被编辑过的基因可能通过后代扩散并污染人类天然的基因库，存在重大风险。人类基因编辑技术直指"人"的本质和尊严，远不同于其他普通技术，仅靠伦理道德规范的非正式"软约束"无法形成行为自律，而法律法规、文化观念、经济制度等常滞后于技术发展，容易偏离科技初衷并出现失德行为。

二、中国生命伦理学的思考

生命伦理学最初在美国诞生，然后在全球蓬勃发展。在全球化发展的今天，人类正日益成为一个世界性的人类命运共同体，比过去任何时候都更加相互依赖，注重相互合作。当今生命伦理学并不存在统一的模板，不应站在道德制高点行文化霸权主义、道德帝国主义，也不应搞"伦理倾销"。现代生命伦理学应关注"不同的传统、宗教和文化"，具有全球性质和本土特征两个特点②。源自西方的生命伦理学更注重原则主义，强调法律化、个人自主选择；相对东方而言，可能忽视家庭伦理、集体心理与情感等。因此，中国生命伦理学面临着翻译、结合中华

---

① 魏倩：《中国首例基因编辑治疗成功，科幻终于照进现实了吗？》，载"三联生活周刊"（微信公众号）2022 年 9 月 18 日。https://www.lifeweek.com.cn/h5/article/detail.do?artId=175848。

② 李红文：《当代中国生命伦理学的话语体系反思》，载《医学与哲学》2021 年第 23 期，第 20—23 页、第 29 页。

文化背景的话语转换需求①,不应照单全收、食洋不化。中国在长期的社会实践中形成了更具有全局观和系统思维优势的中国哲学与中华民族文化。我们应该结合基因治疗技术所存在和影响的家庭及社会场景,注意到不同人群的社会特征、群体利益、道德情感。西方现已商定的"促进福祉、透明度、谨慎注意、科学诚信、尊重人格、公平和跨国合作"这七个人类基因组编辑监管的总体原则难以直接套用于中国②。

当前,中国社会主义核心价值观"富强、民主、文明、和谐、自由、平等、公正、法治、爱国、敬业、诚信、友善"正在被践行和培育,我们应在中华传统文化视野下,建构中国生命伦理学③,结合国情与价值观对该技术应遵循的伦理原则进行讨论。

(一) 仁爱原则

当现代科技走到基因编辑技术时,人类不得不重新反思生命的意义,拷问自我的终极命题:"人"是怎样存在、又该成为怎样的"人"? 从何而来、又往何方而去? 针对"人"的基因编辑治疗及被编辑过基因的"人"是否具有合理的道德地位,他们又与其他"人"形成怎样的关系,这涉及"人"之本体存在意义,也事关人类未来的命运。中国人崇奉以儒家"仁爱"思想为核心的道德规范体系,从儒家伦理思想来分析探讨基因编辑技术伦理问题,是对传统核心价值的继承、发展与创新。"仁爱"主张尽心,不言回报,只求尽职尽伦,不注重自身权利,它具有强烈的群

---

① 范瑞平:《构建中国生命伦理学——追求中华文化的卓越性和永恒性》,载《中国医学伦理学》2010 年第 5 期,第 6—8 页。
② 美国国家科学院等主编,马慧等主译:《人类基因组编辑:科学、伦理和监管》,科学出版社 2018 年版,第 7—9 页。
③ 范瑞平:《当代儒家生命伦理学》,北京大学出版社 2011 年版。

体意识和明显的利他主义倾向。

1. 维护尊严的意识

从身体的物性基础看,《孝经》有云:"身体发肤,受之父母,不敢毁伤,孝之始也。"子女的身体、毛发、皮肤是父母给的,子女必须珍惜它、爱护它,应保持身体完整性,不能随意损毁①。遵循"孝道"的基本思想首要的是对身体及基因须有敬畏之心,只有把人文关怀整合到技术全过程中,达成道德规范共识,才能在价值尺度上维护人的尊严、成就人、造福人,而非威胁人、伤害人或侵犯人的权益。

首先,尊重所有"人"的尊严及自主性。孔子特别强调"鳏寡孤独废疾者皆有所养",防止把残疾人当劣等人、把老年人视为累赘。不同的人存在客观差异,同一个人也会在不同年龄段存在差异,尊重人就必须正视差异,平等待人,尤其不能歧视残障人士,每一个人都会随着年长逐渐丧失某些身体功能。其次,正视人的有差等的爱及差异性。以"选贤与能"为基础的儒学差等的仁爱精神与原则不是歧视、不是偏见,而是公平、公正与平等的现实化与情感化。孔子所言"吾道一以贯之"中的一致性也就是坦然地面对差异。此外,还应尊重胚胎或胎儿的潜在人格尊严和权利、生命价值。

2. 善用其心的思想

对重度基因缺陷者而言,基因编辑治疗技术可以更好地维护其未来作为一个"人"的尊严,在社会中获得应有的发展机会。因此,救治严重残疾是实现人的尊严,是行善行为,是基于公平而非贪欲。无论是西方医学伦理的"行善"原则还是中国"善用其心"传统文化观念都不反对

---

① 杨军凤、张洪江:《人类基因编辑技术的伦理问题研究——基于儒家伦理文化视角》,载《锦州医科大学学报(社会科学版)》2022 年第 2 期,第 19—22 页。DOI:10.13847/j.cnki.lnmu(sse).2022.02.002。

治疗疾病,也都不支持动机叵测的基因增强。一旦基因增强被允许,一些想要在某些方面优越于其他人的人,就会通过这项技术来达到聪慧、强壮、长寿、美貌等目的,增强性的基因修复工程会制造出完美的人,从而成为富人的专利,造成新的不平等。期望利用基因增强来改造身体进而实现改变命运,这也会使得这类人的某些欲求得到助长和滋养。基因增强会成为助长人类欲望的推手,而"贪欲"更是违背了"善用其心"的思想原则。

不过,行为所导致的客观结果有时与动机无关。无论是治疗还是增强,其"用心"是否合乎道德、具有其所面临情形的必要性? 很难有确切答案。基因编辑固然可在当下改造基因"缺陷",治疗当前的某些"疾病",但是当环境突变更有利于具有这种"疾病"特征的人群时,基因编辑治疗反而有害。这可能会使某类人群未来生活过早地形成确定性,侵犯其应享有的开放性生活可能,而且可能会使其在环境变化后反而处于劣势。

基因赋予人的特征会随着环境选择而客观地存续,体现出某种"适者生存"能力。例如,地中海贫血源自某些基因位点异常形成蛋白链缺损,其体内有两种蛋白链不均衡匹配导致红细胞很不稳定,无法正常地将氧气送往全身。但这种"缺陷"反而使疟原虫无法很好地与红细胞结合而致病,更有利于对抗"疟疾",假如人类因环境突变而受困于类似"疟疾"的境地,携带这类基因的人群会更具生存优势。基因编辑技术是否会"好心办坏事"? 会不会导致人类基因的不可逆变化或失去多样性? 这必定会对人类社会和文化造成深远的影响,并非当时作出决定的人所能完全预测了。因此,人为地基因编辑是否恰当应秉持更加谨慎的心态、在更大范围、更长时间维度进行考量。

3. 兼济天下的情怀

当某个技术诞生时,支持其存在的因素就好似生命元素和营养一样给予其"生命力"，使其成为具有一定自主性的力量，基因编辑治疗技术也不例外，而资本和技术实施条件结合后又会形成一种特定的扩展趋势。但技术始终是通过人形成并发挥作用的。"穷则独善其身，达则兼济天下"的宏大抱负是一种正义的精神力量。当基因编辑治疗技术的影响力足以形成巨大影响时，技术的掌握者应有"兼济天下"的情怀，勇于承担"天下"和"未来"的责任，在此思想引导下制定并践行伦理规范来确保基因技术更安全、妥善地应用。

（二）慎行原则

技术本身并无善恶，但可能因为人的道德而成为一种善恶的力量。基因编辑技术无疑增强了技术控制者的影响力，开启了胁迫或改造他人的可能性，"人"的生命和健康权被重置，其结局可能是社会阶层割裂、一群人永远统治另一群人，继而基因代际传递能力衰减，人类越来越难以适应大自然。其实基因编辑技术的很多后果都是难以预料的。《孝经·感应》提倡"修身慎行"无疑具有更深远的智慧。

1. 奉行中庸之道

"以中为基础，以和为大用"，中庸之道并非和稀泥、毫无原则、随意妥协，而是强调人们行为中的"应该"与"自觉"，中庸思想与亚里士多德的"中道"德性观有异曲同工之处，都强调"过犹"与"不及"的中间，这对基因编辑技术具有很强的指导意义，该技术的最佳适用领域仅限于合理治疗与必要预防的这个度。它应有三层含义：一是"度"，即做事有节制、有度。孔子说："执其两端，用其中于民。"就是把握两个极端，选择适度的方式和方法来解决问题，从而达到合理的局面。二是"时势"，意思是君子是中庸的。因为君子每时每刻都要做到中庸，即顺应时代，与时俱进，这样才能跟上时代的步伐，具有更强的社会适应能力。三是

"和"，意思是和谐与中和。《中庸》讲"致中和，天地位焉，万物育焉"。只有达到天地万物各在其位，一切才能平稳，万物得以和谐自生。

2. 敬畏自然之法

《道德经》有云，"人法地，地法天，天法道，道法自然"，这体现中国人敬畏大自然，追求阴阳和谐、天人合一。作为承载生命密码的基因承载人类生命的延续和繁衍。道家言"无为而无不为"，意思是摒弃人为造作的因素。而基因编辑治疗技术如何做到"浓妆淡抹总相宜"，在自然法则的统领下有所开拓又有所敬畏？例如，始建于战国时期秦国的都江堰水利工程为一项伟大的治水奇迹，它科学地解决了江水自动分流（鱼嘴分水堤四六分水）、自动排沙（鱼嘴分水堤二八分沙）、控制进水流量（宝瓶口与飞沙堰）等问题，润泽"天府之国"至今，而堤岸沿途供人拜祭的庙宇似乎提醒着人们应始终持敬畏之心，遵循自然规律，故基因编辑技术亦当如此。况且，人类至今无法确定某一个基因突变到底会引发哪些疾病，或者会带来什么好处，任何个人都无权决定应对生殖细胞中的哪个基因进行改造。

3. 怀有慈悲之心

儒佛道三家都有提倡"慈悲之心"，如孟子的"恻隐之心"、老子的"慈爱之心"以及佛家的"大慈大悲之心"。"有时是治愈，常常是帮助，总是去安慰"是医者担当，也是发自肺腑的慈悲之心。只有懂得患者的疾苦，才能施与最好的慰藉。慈悲之心是由内心生成的对于世间万物的平等友爱之心。基因编辑治疗技术的"初心"应是慈悲之心，合理帮助处于病痛者，而非随意改造人。

（三）知止原则

人的欲望似乎是无限的，这是生命的显著特性；但资源的相对有限性决定任何欲望都应该是克减的，这也是自然规律。《大学》有云："缗蛮黄鸟，止于丘隅。于止，知其所止，可以人而不如鸟乎？"基因编辑治疗技术应该会解决一部分医学问题，但一旦放任"欲望"肆意而为，就会打开人类基因密码的潘多拉魔盒，造成巨大的人类危机。对基因编辑治疗技术而言，应该明确其适应证和禁忌证，在恰当的范围和情形下实施该技术，才能"止于至善"。

1. 承认认知的局限

现代科技发展速度与成果可能令人类高估自己认识世界和改造世界的能力，随意开发、征服、改造成了许多人的观念。但由于认识世界的方式有限、能力不足、时间不够，人类并未解开所有的基因密码真相。人类应对尚未清楚认知的领域保持必要的敬畏之心，承认认知能力的局限性。例如，有不少宗教观点反对堕胎，认为人类的感知觉在受精卵形成之时就已经具备，利用基因编辑技术将会对人类早期生命（胚胎）造成伤害。《修行道地经》所言"寻在胎时，即得二根，意根身根也"。即生命从进入母胎时就具有了思维和感觉，胚胎一旦形成就具有感知觉，能够感受疼痛[①]。人类自己的行为决定了人类是怎样的存在、有怎样的发展。基因不一定是操纵人类行为的推手，而是被人类的行为所左右，人类自己的生命是一种人的精神作用[②]。人类所利用的基因信息均来自大自然，并不是人为编码和操控，受精卵如何分裂、何时发育什么组织和器官，这些均为基因自身的自然力量所赋予了规则，并非人为创立或可控地修改，人类对此绝不能妄自尊大。

[①] 李淑君：《人之初——佛说入胎经今释》，东方出版社 2009 年版，第 51 页。
[②] 释惠敏：《佛教之生命伦理观——以"复制人"与"胚胎干细胞"为例》，载《中华佛学学报》第 15 期，第 457—470 页。http://read.goodweb.net.cn/news/news_view.asp?newsid＝79514。

2. 把握干预的尺度

技术应用都应有一定的合理范围，掌握基因编辑技术者应在具体情境中明白自己的义务及行为的边界，这是"知止"的正当性与合理性。如果医生缺乏此意识，在取得技术发展和突破时就容易得意忘形，以致无法把握合理干预的尺度和范围，行为上过度干预，技术上功利化、资本化，必定造成人类异化甚至毁灭。"疾病"应该是人与所处环境存在心理、生理、社会适应等方面的失衡且自身难以调节的状态，而不应将存在某方面躯体或心理特征的"人"一律视为病人。随着时代发展，"疾病"的标准不再明晰，"治疗"的界限日益模糊。这在美容整形方面的例子比比皆是。爱美之心人皆有之，可能有女性认为"不美丽毋宁死"，那么为这样的"美"而使用基因编辑技术似也具有合理性。如果基因编辑技术可用来改变人体的外貌和智力等特征来获得更高的社会地位和经济利益等，那么可能会导致人类社会和文化的差异进一步扩大。这种差异可能会导致种族歧视和社会不公、两极分化而动荡。

3. 尊重生命的规律

个体的生命体都无法逃出生老病死的生命规律，难以用基因编辑治疗技术来消除疾病、实现长生不老。人类的繁衍并不是以个体的生命体长期存续甚至永久生长来达成，而是将基因传递给下一代的个体，以群体的方式生存、繁衍至今。自私的行为选择是每个人的生存所必不可少的，而利他主义是人类群体得以生存繁衍的奥秘所在，两者总体上实现了人类群体繁衍发展。当一个人意识到自己的生命即将走到尽头，或面临重大威胁时，不再一味顾及自身需求满足，而是在达到基本满足时帮助同类，利他精神体现更明显。那么，选择利他行为是生命铸就在基因深处的本能体现，也具有特殊的心理感受和行为模式。例如，罹患重病者参与新药试验会为其他人带来新的希望。基因编辑技术若不遵从生命规律,可能将人类族群和社会陷于困境,导致基因遗失和变异、生存环境冲突等,威胁人类的繁衍与环境适应。

(四) 安心原则

技术深刻影响着人类在自然界的处境,但无论技术的发展怎样永不止步,人最难处理的其实是自己生命本质的问题。中国哲学的主题就是人的"安身立命",即如何安顿好自己的生命,如何处理自身与所处环境的关系。中华传统文化中儒道佛三家的人生境界在宋明新儒学阶段合流,到达一个新的中国哲学高峰,阳明心学在海内外产生巨大影响。身体生病就有了肉体的痛苦和烦恼,但没有病时依然会有痛苦和烦恼——来自人心。这正是人类必须面对且无法回避的难题。孟子指出"学问之道无他,求其放心而已矣"。基因编辑技术的掌握者不仅需要审视技术应用对被施加者的影响,而且不得不承受技术影响所带来的反作用力。如何把握技术应用的合理情形以求"安心"是一个重要的思考维度。

1. 起心动念致良知

生命实践的动力来自哪里?阳明心学认为这是"心"在起着主导作用。南宋的陆九渊说"宇宙便是吾心,吾心即是宇宙"。人因为有"心"才认识到自己是具有道德属性的社会存在,而非其他动物。心,就是生命情感。"舍身成仁"的道德根源和力量在人心中。人跟宇宙是一体的,仁心感通万物为"一体之仁"。王阳明说"良知,是个是非之心,就是天理、天则、道也"。在心学看来,它本真的真相叫"天理"。基因编辑治疗的"天理"何在呢?应该是遵循天地运行规律,而非肆意妄为。"知是行之始,行是知之成。……知而不行,只是未知",基因编辑技术的"知与行",应该是扶弱救困,而非恃强凌弱。动机不同会导致发展趋势迥异,无论对于生殖细胞还是体细胞的基因编辑而言,特殊情形下可能会有迫不得已的需要,但治疗的动机都显得更为重要,它应该遵循"良知"的指引。

近代生物科技突飞猛进使人们的心理认知、社会秩序及生态环境显著变化。新的能源利用方式带来大气污染和温室效应,基于现代社会分工与都市化的居住和交通方式,使人们在新型传染病面前更显脆弱而敏感,基因编辑技术可以通过医疗手段在很大程度上改变人的生命状态及寿命[①],所谓现代科学的思想和手段"改造世界"的弊端在一定时期后可能层出不穷,亟须以良知指引。

2. 行为抉择循天理

"天理"为自然的法则,人类的智慧可以根据其规律来主导事物发展。现代科技使人类大幅增强了认识世界、改造世界的能力。但反过来又造成人类适应变化世界的难度加大。科技对人类社会的影响具有"双刃剑效益":一方面,它增强人类改造世界能力,在很大程度上改变着社会生产和生活方式;另一方面,人类原先赖以生存的自然世界被改变后,反过来也形成对人类自身生存与发展的威胁,加剧了人类自身适应世界的挑战。在高速发展的科技影响下,相对保守的传统文化与社会环境反而有利于克服新事物的弊端,在更长的时间维度保存生物多样性。高速而不可控地发展科技必然会存在明显后遗症,继而冲击家庭伦理和社会秩序,对生态平衡和良性演进有重大挑战,需社会文明、制度和价值观的匹配适应。如果过于注重物质本身而忽视其与环境的互动,会加剧技术本身与其所处环境的冲突。若比较人为地进行基因编辑与基因在自然界变异,可能后者更具有环境的适应性。此外,按照

---

① 张新庆:《人类基因增强的概念和伦理、管理问题》,载《医学与社会》2003 年第 3 期,第 33—36 页。

从基础研究发展到临床研究的思路，先将研究对象抽离其存在的真实环境，在实验室进行研究认识，抽象出认识规律，进而以该认识规律在更大范围的真实环境中推广应用——这样割裂研究对象与真实环境的方式常忽视、甚至无法顾及与真实环境的互动并评估真实环境与研究对象之间的相互影响，由此所得出的"认识规律"往往是片面和局限的，难以被推广应用。

3. 是非善恶见本心

孟子云："恻隐之心，仁之端也；羞恶之心，义之端也；辞让之心，礼之端也；是非之心，智之端也。人之有是四端也，犹其有四体也。"识别"心"的本意和真意，应作为基因编辑技术应用的重要考虑。"大善似无情，小善如大恶"，例如，刽子手杀人无数却可能有福报，源自其"本心"惩恶扬善；被溺爱的孩子长大后可能在苦难面前不堪一击。如果对某个人进行基因编辑治疗可能使其在某个环境中具有了一定优势，但却在其他时空中丧失更多发展机会。

当前资本与市场成为技术研发的强大作用力，在市场经济背景下又很容易在发展技术的同时造成逐利性谬用，可能导致很多人迷失本心。基于科技开发体系的资本与市场化运营已然成一股强大的力量，技术背后的资本及利益集团难以顾忌未来的长期影响，逐利的资本总是着眼于当下的市场营销及投资效益，技术的生命周期又与其所处环境相互作用。最初应市场需求产生出新技术或新技术营造出市场需求，接下来因为该技术的市场价值而扩大市场、过度市场化，然后可能被不负责任地滥用。例如，2016年"魏则西事件"在悲剧发生后，不禁引发人们对某搜索网站"医疗竞价排名"和当事医院片面宣传"免疫疗法"效果等进行反思。科技在资本化与市场经济背景下的伦理两难成为人类发展的重大挑战之一。因此，以"人"为技术掌握者和实施对象的内在冲突客观存在，应不断进行权利和义务的反思。任何技术的进步都会冲击现有伦理秩序，我们该秉承怎样的态度、如何进行伦理治理，这至关重要。

（五）和谐原则

《晏子春秋》说"和如羹焉"。生命贯穿宇宙和谐、个体和谐、群体和谐。在改造世界时应谨慎评估行为的作用和远期影响，始终以人类与自然环境的"和谐"为总体目标。马克思主义哲学指出，对立统一规律是唯物辩证法的实质和核心，任何事物都是矛盾的对立统一。基因编辑治疗技术也应充分分析、调和、统一矛盾，进而引导技术向善，和谐发展。

1. 生理机能平衡

在人体内有代偿性防卫机制，可用另一种方式代替缺陷，减轻痛苦，维持身体平衡运作。例如，当部分器官病变时，健康部分还会代偿性增生，不能把人体当作一个简单的机器。

2. 社会关系融洽

基因技术的主体与客体均涉及人，有可能侵犯人的尊严和权益。基因编辑技术必定会冲击社会人口结构，尤其是加剧养老能力与养老成本的矛盾、老年人寿命延长和子女赡养能力局限的矛盾。"独生子女"政策使子代赡养能力自然削弱，而城镇化建设导致农村人口向城市迁移又进一步挑战家庭养老，迫切需求社会养老。在各种压力、意见不一的情况下，容易促使多个子女在长期赡养老人时，出现"久病床前无孝子"的现象[1]。在特有的中国人口发展历史和社会结构背景下，代际

---

[1] 李红英、蒋辉、陈旻、李振良：《"养小不养老"与"孝为先"的意识冲突》，载《中国医学伦理学》2018 年第 7 期，第 841—844 页。

伦理凸显公平性挑战，基因编辑治疗在缓解部分疾病人群痛苦的同时，也可能会导致部分特殊人群沦为弱势，遭受歧视、生存更加艰辛，而政府医疗保障体系与社会救济组织可能面临更具挑战的工作局面。中国社会人口结构和老龄化严峻形势下，又不得不注重计划生育政策的适时调节与家庭文化的长期影响。

如果被用于制造基因武器可能形成新的生物恐怖，后果不堪设想。个人的基因信息特别是致病基因信息一旦泄露或被不当使用，极易造成基因歧视，形成社会族群割裂。例如，2009 年在广东的"基因歧视第一案"中有人因携带地中海贫血基因而未被录取，由此引发诉讼。试图采取不道德手段来进行基因强化的人，也必定会被普通人群在心理和文化上排斥，其内心的优越感和孤独感并存，也会导致社会关系适应的心理问题。基因编辑治疗的问题非常复杂，需要结合社会文化背景的多种因素和观点进行考量，包括个体的身份、自我意识、家庭结构、基因的作用和意义以及基因编辑技术对人类的潜在影响等。

3. 生态循环健康

人是自然的一部分。虽然基因编辑技术可帮助人们探索疾病与基因之间的关联，可以治疗各种遗传性疾病和预防类似疾病的发生和扩散。但是，在基因编辑技术应用之后，人类基因是否会有新的变化并遗传，是否适应下一个环境变化周期的生存和发展，又存在许多不确定因素。人食用由转基因动植物制成的食品后，健康风险也在增多。基因编辑技术可能改变人类的生物物种属性及自然特征，进而带来不可预料的严重后果，如基因灾难、人类灭绝等，仅当基因编辑技术导向生态循环健康，它才能够得到伦理辩护。基因技术打破了生物物种的天然屏障，扩展了生命活动的范围，同时也增加了破坏生物多样性和生态平衡等风险。利用基因编辑技术确实可以对基因进行改造，但也应该同时考虑到外部环境对基因突变的影响。生物体之间的亲缘关系与生态关系是紧密联系在一起的，因此，物种进化和生态进化不可分离。例如，气候变暖导致某些动物的体毛产生少毛或无毛。通常可用自然选择和生物演进论来解释这种现象。天人合一、辨证施治、扶正祛邪等中华传统文化都不断强调人与自然的和谐、平衡。源自中国本土的道家反对强干预主义，主张顺应自然，强调清心寡欲，对自然进行"低限度的弱干预"，应当改善生命而不是改造生命。

总之，中国文化的"仁爱"理念要求人们在社会生活中互相帮助、关爱，与他人交朋友，加强天地关系。仁心感通万物，仁者与天地万物为一体。人类编辑治疗技术的应用效果应该是导向和谐的！秉持"仁爱"的起端、评估"慎行"的干预、预见"知止"的时机、寻求"安心"的状态，以此达成"和谐"的生命存在和生态循环。

三、基于中华传统文化的中国智慧与中国方案

人类的生存和繁衍有赖于许多健康维护手段、药物和治疗方法，这需要推进基础科研和技术创新。基因编辑技术具有很大潜力与挑战，而其不确定性带来未知自然风险、个体道德基础改变、社会公平正义等许多伦理问题①。当下科技发展并非总是造福人类，它往往也蕴涵着危机。基因编辑技术已经在一些灰色地带得以发展，如果不加强一系列科研伦理体系建设，对于图谋不轨的人而言无疑是一个危险的武器。生命伦理学的兴起，是切合生物医学技术发展维护人的权益、尊重人的

---

① 闫瑞峰、张慧、邱惠丽：《基因编辑技术治理的三维伦理考量：问题、困境与求解》，载《自然辩证法研究》2023 年第 3 期，第 104—110 页。DOI：10.19484/j.cnki.1000‐8934.2023.03.019。

价值等人文需求的产物。科技进步与相应的伦理法律规制应当是同步的，以便共同服务于"科技造福人类"的宗旨。

（一）伦理治理体系

中华优秀传统文化与中国哲学是实践的智慧、生命的智慧，并不是基于纯粹逻辑的知识和推理。从国情实际出发，构建根植于中国传统伦理文化肥沃土壤中的生命伦理学，应参考实践经验及科学界共识[①]，应调和社会群体及行为主体的利益冲突，完善科技伦理治理体系，综合看待基因治疗的利弊、技术发展并实施有效的伦理管理。伦理审查和知情同意明显制约不道德的研究行为，保护研究参与者的权益、安全和尊严，但难以制约缺乏良知的科技冒险。随着资本对技术研发和应用产生越来越大的影响，无法避免在程序上通过伦理审查和知情同意，但因逐利行为仍然出现危害社会的行为。例如，2018年"基因编辑婴儿事件"中贺某也曾"取得伦理批件和知情同意"，但婴儿诞生依然沦为令人惊愕的现实，造成人类胚胎基因编辑伦理事件在中国发生[②]。尽管贺某被依法惩处，但已出生的婴儿将继续对人类世界带来难以估量的影响。

（二）社会公众参与

随着社会文明进步，公众对科技信息和社会进步的关注和参与度较高，应建立更加开放和透明的沟通渠道，有必要在重大技术决策中引

---

① 吕群蓉、陈梓铭：《论生殖系基因编辑的规范与监管——基于"基因编辑婴儿"事件的分析》，载《人权法学》2023年第2期，第40—51页、第143—144页。
② 王树华、刘东进、周建裕：《我国人类胚胎基因编辑争议事件多发的原因分析》，载《中国卫生法制》2023年第1期，第27—32页。DOI：10.19752/j.cnki.1004-6607.2023.01.006。

入社会公众参与机制。强化基因编辑技术与社会公众的对话和沟通是该技术存在和健康发展的必要路径。当下的基因编辑技术已不再停留于"技术行为是否应当"的伦理分析，而应开始着手解决如何通过制度建设来实现价值选择与技术实践的问题。良好的生命伦理教育，使公众形成珍惜生命、尊重生命、善待生命的价值观，而生命伦理规范和要求也得到广泛认同和接受，为人们在现实生活中保护其权益、安全和福祉提供了文化支撑。例如，针对涉及政治、社会利益并存在争议的基因编辑治疗问题，管理部门、科研机构、非政府组织和公众展开交流讨论，形成一定伦理道德共识，以提供良好的决策支持和社会环境。

（三）回归人文价值

在基因编辑技术的研究探索中应拿出更积极也更谨慎的姿态，始终注重人文价值。从中华民族优秀文化中汲取营养和智慧不是简单回归传统，而要使时代精神和传统文化相融合，取其精华弃其糟粕，从传统文化中寻找新的启示①。"中国智慧、中国方案"②应构建伦理治理体系引导科技朝着健康的方向发展，通过加强国际合作和知识共享，建立更加开放、协作、共享的研究和治疗模式，加强生命伦理教育和普及，将生命伦理作为一种全社会意识的人文价值回归，丰富和发展更包容、更全面、更和谐的价值观体系，引导人类社会健康发展。

---

① 边林：《儒家思想与当代生命伦理现实间穿越历史的时代性对话——范瑞平〈当代儒家生命伦理学〉一书评介》，载《医学与哲学（人文社会医学版）》2011 年第 6 期，第 79—81 页。
② 新华社：《中共中央办公厅 国务院办公厅印发〈关于加强科技伦理治理的意见〉》，载《中华人民共和国国务院公报》2022 年第 10 期，第 5—8 页。

基因增强：形态自由

洪　亮[①]

一、引论

随着学术界以及产业界关于人类增强（Human Enhancement）[②]的探讨日趋热烈，基因增强（Genetic Enhancement）这一生物技术议题获得的关注有增无减，它类似于人工智能议题，最终关涉"如何定义人"这个根本性的"人论"（Anthropologie）[③]问题，尤其当基因增强指向非医学目的[④]之时。目前中文学界关于基因增强的讨论较集中于其引发的伦理风险[⑤]和必要的监管措施，鲜有在"人论"这个层次处理基因增强

---

① 洪亮，华中科技大学哲学学院教授。

② N. Agar. *Truly Human Enhancement. A Philosophical Defense of Limits*, The MIT Press, 2014.

③ M. Hauskeller. *Better Humans? Understanding the Enhancement Project*, Acumen, 2013.

④ 这也是本章在基因增强议题上最为关注的问题层面。

⑤ S. Clarke, J. Savulescu, C. A. J. Coday, A. Giubilini, S. Sanyal（ed.）, *The Ethics of Human Enhancement. Understanding the Debate*, Oxford University Press, 2016.

议题。本文尝试从超人类主义具有物种进化色彩和现代权利要求的
"人论"预设出发,拓宽关于基因增强的探讨范围,核心聚焦点为超人类
主义的"形态自由"(Morphological Freedom)观。笔者认为,脱离对"形
态自由"概念的批判性考虑,针对基因增强的理论反省难以超越单纯的
技术层次。在引入这一概念以及当前讨论之后,本文将基于德国当代
基督教思想家穆尔特曼在其 2012 年的《盼望伦理》中提出的"生命伦
理"①原则,特别是他关于优生学的反思,同时结合他在 2002 年的《科
学与智慧》一书中对道家自然观的解读,检讨"形态自由"在基因增强议
题上的体现及其问题性所在。对本文而言,穆尔特曼在 1985 年的吉福
德讲座(Gifford Lectures)《创造中的上帝》②中开启的生态学转向具有
重要方法论意义,从这一时期开始,他日益关注如何构建一种将现代科
学世界观及现代社会议题嵌合进自然生态语境中的整合性世界观,这
一试图融合自由与自然的思想,努力反衬出超人类主义"形态自由"观
内在的现代特质,也凸显了在"人论"层面对基因增强议题的理论关键
是如何处理自由与自然的关系。

二、基因增强的权利观基础: 形态自由

"形态自由"概念的雏形诞生于 20 世纪末,尤以世界超人类主义者
联合会(WTA)1998 年成立时发布的宣言③为重要标志。该宣言第四

---

① J. Moltmann, *Ethics of Hope*, trans. by Margaret Kohl, Fortress Press, 2012.
② J. Moltmann, *Gott in der Schöpfung. Ökologische Schöpfungslehre*, Gütersloher
   Verlagshaus, 2016.
③ https://hpluspedia.org/wiki/Transhumanist_Declaration#cite_note-6.

条强调，人类如果意愿借助技术扩展"心智与生理能力①，提升对自身生命的掌控"②，他们就应被赋予去实现这个意愿的"道德权利"③，超人类主义者寻求的目标是"超越我们目前生物局限的个人性（personal）增长"④。在发布于 2009 年的宣言修订版中，第四条被移至宣言末尾，"道德权利"被修改为"个体拥有广泛的个人性选择（权）"⑤，用于决定如何增强其自身的生命。区别于 1998 年的原版，修订版详细列举出生命增强的技术类型，它们包括能够协助记忆、提升专注力和心智能量的技术，"生命延长疗法、生殖选择技术、人体冷冻术以及许多其他可能的人类改良与增强技术"⑥。就日后形态自由概念的提出和发展而言，两版（尤其是原版）宣言对个体选择权以及人类进化前景的强调产生了重要影响。

形态自由概念的提出与英国哲学家马克思·穆尔（Max More）和安德斯·桑贝格（Anders Sandberg）⑦有关，尤其是后者在千禧年之后在不同语境中对它的诸多阐发⑧。在此基础上，使形态自由超越单纯理论构想，获得公共影响力的人是匈牙利裔美籍超人类主义者卓坦·伊斯塔万（Zoltan Istavan），这是下文在考察形态自由概念时要给予特

---

① 宣言的 2002 年修订版对原版第四条作了微调，在"生理"和"能力"二字之间添加了"（包括生殖）"。
② https://hpluspedia.org/wiki/Transhumanist_Declaration#cite_note-6.
③ 同上。
④ 同上。
⑤ 同上。
⑥ 同上。
⑦ 参见桑贝格 2020 年 2 月在访谈中对这个概念最初形成的回忆，https://freedomofform.org/1451/sandberg-mf/。
⑧ 比如 Anders Sandberg, "Morphological Freedom — Why We Not Just Want It, but Need It." In Max More and Natasha Vita-More (ed.), *The Transhumanist Reader*, Wiley-Blackwell, 2013, 56 - 64。

别关注的层面。2015 年 12 月,伊斯塔万起草"超人类主义权利法案"
(Transhumanist Bill of Right)第一版并提交美国国会,在这个由六个
条款组成的法案中,形态自由概念被放置于第三条,意指如下权利: 即
"按自己的意愿处置自己的生理属性或智能(处于死亡或存活、有意识
或无意识状态),只要不损害他人"①。不同于桑贝格对形态自由专属
人类②的强调,伊斯塔万认为这项权利的主体不限于人类,而是涵盖了
"有感知能力的人工智能、赛博格和其他高级智能生命"③。该法案此
后经过大幅修订④,第二版正式发布于 2017 年 1 月,原有六个条款被扩
展至二十五个条款,涉及形态自由的第三条被调整至第十条。第二版
的第十条保留了第一版中对形态自由的定义⑤,但借助第九条的铺垫
以及对第十条的增补性说明,对这个定义进行了内涵扩展。

第九条强调从立法角度保护"个体性自由选择"⑥的必要性,尤其
是着眼于个体对"生命延长科学、健康提升、身体改造和形态增强
(morphological enhancement)"⑦的追求,这种追求不应受任何文化、种
族以及宗教因素的阻碍。承接第九条,第十条重申"形态自由"适用于
一切"有感知力的存在者(sentient entities)"⑧,并在此基础上提出"将

---

① https://hpluspedia.org/wiki/Transhumanist_Bill_of_Rights.
② Morphological Freedom,63.
③ https://hpluspedia.org/wiki/Transhumanist_Bill_of_Rights.
④ 对该法案第一版的扩充工作由超人类主义党的现任主席 Gennady Stolyarov II
领导完成。
⑤ http://transhumanist-party.org/tbr-2/.该版本仅仅是去掉了第一版定义中的
"(处于死亡、存活、有意识、无意识状态)"这个补充性说明,其他部分并未修改。
⑥ 同上。
⑦ 同上。
⑧ 同上。法案的第二版从信息处理复杂程度这一角度把独立存在者(entities)一共
分为八个级别: 零级表示无信息整合(例如石块);一级表示具有非零信息整合
的感受器(例如眼睛);二级表示具有信息控制能力(例如植物和基础算法);三级
表示具有信息整合和意识(例如鸡这种能对环境作出响应的动物或深 (转下页)

一切智慧存在者都视为个体（individual）的义务"①。区别于法案的第
一版，第二版对于"有感知力的存在者"给出了明确定义，将"信息处理
能力"②视为核心指标，并划定其外延：人（包括基因改造过的人）、赛博
格、数字智能（Digital intelligence）、智能增强后的动物和植物以及其他
高级智能生命形态。另一方面，第十条再次强调，行使以自我提升为目
标的"形态自由"，不应给他者带来"非自愿的伤害"③；与之相应，不改
造自身的自由也应当得到承认和保护。除此之外，第十条引入人体冷
冻术（cryonics）议题，把形态自由的内涵扩展解释为着眼于生命终结，
预先为"如何处理自身的显现形态"④作出决定和预备的权利，这是以
人为代表的智能存在者独有的"特权"⑤。

　　在法案第一版和第二版中，形态自由被视为对"借助科学技术结束
非自愿的痛苦、增强个体位格（personhood）以达致无限生命长度的普
遍权利（universal rights）"⑥的具体化。为何人类以及其他智能存在者
要被赋予形态自由？这一方面是因为"人类绝大部分的潜能仍未被实
现"⑦，需要这项权利保障其实现；另一方面则是因为在地球上要面对
的"生存风险"⑧，这不仅仅指人类由于自身的生理构造必然要经历疾

（接上页）度——学习人工智能）；四级表示具有意识和外部世界模式（World model）
　　（例如狗这种动物）；五级表示具有意识、外部世界模式和初级的自我潜意识模式
　　（比如人类）；六级表示具有仪式、外部世界模式、动态自我模式和对潜意识的有
　　效控制；七级表示具有全球意识和混合性生物——数字意识，也就是一个单一个
　　体（singleton）。
① 同上。
② 同上。
③ 同上。
④ 同上。
⑤ 同上。
⑥ 同上。
⑦ 同上。
⑧ 同上。

病和衰老,更包括"破坏性的人工智能、小行星(撞击)、瘟疫、大规模杀伤性武器、生物恐怖主义、战争和全球变暖"①带来的威胁,基于这种认识,法案呼吁各国积极支持"空间旅行"②,以便在"地球不再适宜居住或被摧毁"③时,人类和其他智能存在者进入外层空间,在其他星球上建立新的生存空间。法案对形态自由的这种定位,一方面反映了以伊斯塔万为代表的超人类主义者典型的技术乐观主义倾向,另一方面也折射出这个群体对地球生态前景的悲观主义态度,形态自由并非单纯服务于超人类的增强,更有利于超人类在生态灾难到来时为全身而退作好预备。可以印证这一点的是,伊斯塔万提出超人类主义三原则,第一原则就是"一个超人类主义者必须保全自己的生存,这高于一切"④。

三、反思与展望：基于穆尔特曼的优生学批判及其对道家自然观的接受

针对超人类主义,耄耋之年的穆尔特曼晚近有一些批判性观察,尤其是针对超人类主义的永生观⑤,但未触及"形态自由"问题。在 2010 年出版的《盼望伦理》中,穆尔特曼辟出专门章节,从优生学角度讨论了基因增强问题。该书第二章"一种生命伦理"的第二节"医学伦理学"指出,推崇优生的学者支持"天资高和受过教育"⑥的人多生育,倡导设立

---

① http://transhumanist-party.org/tbr-2/.
② 同上。
③ 同上。
④ https://www.psychologytoday.com/blog/the-transhumanist-philosopher/201409/the-three-laws-transhumanism-and-artificial-intelligence.
⑤ J. Moltmann. *Politische Theologie der modernen Welt*，Gütersloher Verlagshaus，2021，190 – 204.
⑥ *Ethics of Hope*，79.

精子库，对精子进行人工筛选以及增强："精子库应该存储有价值的基因材料，比如'心脏、心智和身体的出色能力'。相应地，也应保存基因筛选过的卵子。纳米技术和基因工程使得基因材料的改善成为可能。"①筛选精子和卵子，增强基因的目标是"推进人类持续进化"②，朝向人类的"改善"③。针对优生学语境中的基因增强，穆尔特曼的批判性考察侧重两个方面：智能的唯基因主义以及社会视角的缺失。在他看来，为了更高、更快、更强而"改善（加强）人类遗传特征"④，这只是基于生物性状意义上的"好与坏"⑤，以此无法衡量人类复杂的生活世界；除此之外，"基因对比如人类智慧的影响一直被过高评价"⑥，相较于基因，社会交互性中的"激励系统对于才智的发展具有决定性的作用"⑦，真正需要改善和增强的"并非人类的基因状况，而是社会状况"⑧。人类的特质之一是其整合责任与身份的社会属性，单纯把人类理解为基因的产物，抹杀了"人是有责任心的和有责任能力的主体"⑨这个基本事实，也忽略了生殖过程必然触及的社会身份问题："随着对一颗雌性卵子的授精，诞生的不只是一个新的生命，一个父亲的身份和一个母亲的身份也随之产生，而这必须被人接受和负责。"⑩优生学过于片面地关注人类进化，这导致其倾向于淡化人类在水平向度上的社会交互关系，突出其在垂直向度上的"好与坏"、优与劣的等级差异。然而，挣脱

---

① *Ethics of Hope*，79.
② Ibid.
③ Ibid.
④ Ibid.
⑤ Ibid.
⑥ Ibid.
⑦ Ibid.
⑧ Ibid，80.
⑨ Ibid.
⑩ Ibid.

社会语境和生活世界，不断推进"形态自由"，由此可以诞生出"更好的人类"[1]吗？这个质疑所指向的已经超出单纯生物医学以及基因技术本身，揭示出人类试图以此达至的进化目标在自由与自然之间制造的冲突局面，从历史角度来看，这个局面的形成与整个现代性进程脱离古代世界观结构的基本趋势密不可分。

基于这一认识，穆尔特曼看重道家自然观的价值[2]。他认为，这种古代自然观代表的并非某种东方异国情调，而是一种摆脱以掌控自然为核心旨趣的现代世界观的出路。《道德经》的世界观与近代以来的人类中心主义世界观不同，它"站在'前现代'的时代对我们的说话"[3]，其自然观并非借助科学技术征服改造作为阻力对象的"自然"，使其服务于人类通向超人类的进化愿景，而是"提倡人与自然合一以达至自然协调，又主张人在自然中应无为而治"[4]。18世纪工业革命以来的现代性进程"排挤和藐视自然藉以维持生命的条件"[5]，并以此确立自己的进步论历史观，这个历史观与地球陷入难以逆转的生态危机和日益迫近的灾难处境彼此呼应。在穆尔特曼看来，解决这个问题，"唯有将'历史'观纳入一个新的'自然'观中，即把旧'自然'观的智慧汲取，移植到现代'历史'观的框框之中。这不是随意的、浪漫式的回归自然，乃是在生态学上采取必要步骤以迈向自然"[6]，进步历史观应被整合进地球生态体系的循环结构之中。穆尔特曼甚至借用《易经·系辞上》中"一阴

---

① *Better Humans*, 73-88.

② 此处的讨论主要基于他撰写于2000年的长文《道——中国的世界奥秘：一个西方人眼中的〈道德经〉》，该文被收录入穆尔曼：《莫特曼论中国文化》，邓肇明、曾念粤译，基道出版社2008年版，第38—66页。

③《创造中的上帝》，第21页。

④《莫特曼论中国文化》，第34页。

⑤ 同上书，第32页。

⑥ 同上书，第32—33页。

一阳谓之道"的表述,指出从工业时代向后工业时代的转变可以理解为从"阳性时代"①向"阴性时代"②的过渡,前者的特质是"男性的、索求的、侵略的、理性的和分析的"③,聚焦于自我的扩张,后者的特质是"女性的、保护性的、容易接近的和综合性的"④,看重与环境的协调互动。

　　在生态优先的自然观中,"人类不是'自然的主人和拥有者',乃是'地球'生态体系的'孩子'"⑤。穆尔特曼基于 20 世纪欧洲女性主义传统,认为《道德经》用"母"来论述道,这一点至关重要,它揭示了"赐生命的力量承载生命,可是却不去宰制它。它给予生命,却不取回,使得生命得以自力发展。"⑥与这种生生不息的自然观相配的人类行为原则应该是一种以安静和柔弱为特征的"智能"⑦,因为"安静胜于声响,因为它能持久。低胜于高,因为它能收聚。弱胜强,软胜硬。"⑧在同样的意义上,穆尔特曼重视《道德经》以水喻道的思路,水与母类似,其特质不在于掌控和争斗,而在于忍让和给予,"水善利万物而不争",与生命的产生和维持直接相关,与之相对应的是一种以弱胜强的"符合宇宙之道的政治美德"⑨和重视休养生息的社会伦理。对于本文而言,穆尔特曼相关论述的最大价值在于其问题视角的整合性,针对现代科学世界观孤立研究对象的"化约论"⑩,他强调"人们不应将单独的部分视作自为的,而

---

① 《莫特曼论中国文化》,第 33 页。
② 同上。
③ 同上。
④ 同上。
⑤ 《莫特曼论中国文化》,第 34 页。
⑥ 同上书,第 50 页。
⑦ 同上书,第 51 页。
⑧ 同上。
⑨ 《莫特曼论中国文化》,第 52 页。
⑩ *Ethics of Hope*,126.

是必须理解他们为了其相应的整体而具有的意义"①,个体无法脱离群体,人类群体无法脱离自然的生态系统。正如上文透过"形态自由"所指出的,问题的关键不在于基因增强技术本身,而是近代以来的人类对自身与自然之关系的定位发生了根本转变。作为现代性进程的经典内涵之一,现代人透过科学世界观,一方面将自然视为拷问操控的对象,另一方面让自己超越并凌驾于自然之上,其主体自由无法再与自然兼容无间:

> 生物基因研究和生殖医学领域中的巨大进步削减了人类对自然的依赖,渐进扩展了人类可能性的领域。没有什么再要取决于命运,一切皆有可能:这似乎就是目的了。人要成为他自身结构与潜能的主人。但是,我们无需做尽我们有能力做的事。为了有智慧地和有利于生命地对待已经得到的权利,社会必须构建科学家和医生都要遵守的伦理原则与规范。希波克拉底誓言不仅适用于医学实践,也适用于科学本身。构建更多的权利,超出在伦理上能被负责任地运用以及在法律上能被控制的程度,这是愚蠢的,它带来的后果是无法预见的②。

形态自由兼具技术乐观主义和生态悲观主义,并非偶然,它反映出超人类主义把自由与自然之间的冲突视为基本前提。就思想倾向而言,形态自由预设的人类增强代表了一种以"更好的人类"为指向,淡化甚至看空生态考虑的进化论实践,核心旨趣是近代以来激进的主体自由对自然生命限度的挣脱③,以及这个主体面对生态灾难时的自我保

---

① *Ethics of Hope*, 74.
② Ibid, 71.
③ 洪亮:《"超人类主义是一种宗教吗?"》,载《世界宗教研究》2023 年第 3 期,第 8—17 页。

存。形态自由为基因增强提供了一种激进的权利观（尤其是身体权）基础，对于如何理解其问题性，上文勾勒的穆尔特曼的相关反思具有启发意义：

首先，形态自由突出个体选择自由，它在优生学语境中对应基因增强这一方向，"形态自由"在社会本体论层面的匮乏显而易见，它对进化论意义上生物性状的关注远远超过对社会关系和"社会状况"的关注。在贫富分化日益严重的当下世界，有能力实践"形态自由"的少数人能否按其鼓吹者设想的那样，使形态自由成为人人都能平等共享的机会，从政治经济学的现实主义角度看非常可疑。与之相关的是"扩展人类可能性的领域"必然要触及的法律—伦理限度问题，何种增强是人类社会不可以接受的？单纯从个体选择自由出发，无法构建任何法律和伦理意义上的衡量标准。

其次，从古代世界观与现代世界观的差异来看，自然（无论是外在的自然环境，还是人的生物属性）被高举自由要求的现代人视为要加以克服的阻碍，这是一个基本事实，不应借助任何"浪漫化"加以忽略或回避。对于"形态自由"，批判性的考虑不仅要指向其社会本体论层面，更要指向其自然观层面，穆尔特曼基于道家自然观的启发而提出的"新的'自然'观"包含鲜明的现代性批判色彩，然而，如何在这种注重生态循环的自然观中为现代自由观构建一个有界限的空间，这需要我们发展出一种具有前瞻性和综合性的自然概念①。"超人类主义权利法案"对权利主体的定义清晰表明，这一群体试图把近代以来原本独属于人类的实践能动性和道德尊严以"拟人化"（Anthropomorphismus）模式扩

---

① 20世纪初做过类似努力的思想家是美国过程哲学家怀特海，尤见其发表于1919年的"Tarner Lecture"，参见怀特海：《自然的概念》，张桂权译，北京联合出版公司2014年版。

展至"有感知能力的人工智能、赛博格和其他高级智慧生命"，但同时又使其与为生态危机所困的外在自然环境相互区隔。在此需要进一步追问和思考的是，古代世界的万物有灵论（Animismus）是否能被建构为针对这种拟人论的有力对冲，以及如何在此基础上重新建构人类在地球上的"在家"①状态？

---

① *Better Humans*，163 - 181.

基因增强：道德困境

陈　化[①]

　　追求自身进化以至"完美"是人类梦寐以求的目标。自古希腊以来，诸多哲学家曾设想通过"社会贬黜"（柏拉图）和生育功能化（尼采）以实现人类的增强。基于社会制度模式的设计因与现代社会平等的价值观相抵牾而被否定。技术发展的某种目的，就是为了实现人类的增强。在不同技术形态，增强的内涵和方式也有差异。在传统技术语境下，技术作为工具实现人类目标；进入新型技术时代，技术内化为人的自身直接增强人类的能力。自20世纪50年代以来，随着人类对DNA的发现、基因密码的破译以及基因编辑技术的应用，人类实现了数千年以来依托于技术控制人类繁殖的愿望和需求。基因作为蕴含丰富人类信息和密码的载体，无疑是实现人类增强的重要突破口。但是由于其增强的内在性向度，也带来的诸多伦理挑战。然而，伦理本身携带了丰富的文化元素和价值观念，甚至是诠释文化价值观的重要媒介。基因增强因其技术先进性、伦理复杂性而备受学界关注，如基因筛选订制婴

① 陈化，南方医科大学马克思主义学院教授。

儿的出生,尤其是基因编辑技术的发展带来了对于人类未来的担忧。为此,本文拟在区分基因增强和基因治疗基础上,从儒家伦理的天人关系、家庭关系和仁爱德性几个维度考察基因增强。

一、区分治疗与增强:基因增强问题思考的逻辑起点

人类科学技术的进步,尤其是基因技术、神经科学和纳米技术等的发展,不但提升了治愈疑难杂症(包括癌症和退行性疾病等)的能力,而且能够增强健康者的功能。从延年益寿、整形美容到纳米技术、超人类主义,都涉及人类增强。基因增强作为一种增强技术,发展于基因治疗基础上。随着其深度发展,科学家认识到基因干预技术也能达到增强人类性能的效果。然而,究竟何为基因增强?需要区分治疗和增强的界限。

一般而言,治疗是社会普遍接受的医学范畴,以治疗为目的,使个体恢复或维持在物种正常水平。增强则是为了提高人体结构或功能、与健康无关且基于改善的医学干预手段。R.Chadwick 在辨析治疗、增强和改善概念基础上,将增强分为逾越性增强、增益性增强、改善性增强、潜在性增强四大类[①]。由于正常的判断并非绝对的科学问题,而是携带了较强的价值元素,因此,界定区分正常与自然、增强与治疗也是相对和模糊的。以此为前提,Walters 将基因干预分为基因治疗和基因增强,而增强又划分为体细胞基因增强和生殖细胞基因增强。基因增强是通过操纵人体正常基因以实现人体性状或能力为目的的基因转移

---

① Chadwick R. "Therapy Enhancement and Improvement," In Gordijn, B. & Chadwick R. (eds.) *Medical Enhancement and Posthumanity*. Springer Dordrecht, 2008, 107 - 136.

技术。从这里可以看出，基因增强不是药物增强、电子机械增强，也不同于纳米增强等，是行为主体在超级基因库中选择基因，以决定子女遗传基因。生殖性基因增强是通过外源转入精子、卵子或受精卵即可遗传的基因修改，以实现个体增强的目的。当然，从医学视角界定基因增强并区分治疗和增强，遗忘了社会背景并以"人体正常功能模式"作为参照，某种意义上存在争议。即便是英国的"三亲婴儿"案例，也是基于治疗的目的。但是这种争议并不妨碍对于伦理问题的剖析，故本文依然以此概念作为全文的依据。

二、生殖性基因增强与儒家的天人关系

天人关系是理解儒家文化的重要维度。人与万物皆来源于天地，人禀赋天地之间的正气而生，"赞天地之化育"而与天地参。儒家虽主张天人有别、天人相分，荀子就说："明于天人之分，则可谓至人矣。不为而成，不求而得，夫是之谓天职。如是者虽深，其人不加虑焉；虽大，不加能焉；虽精，不加察焉。夫是之谓不与天争职。天有其时，地有其财，人有其治，夫是之谓能参。舍其所以参而愿其所参，则惑矣。"（《荀子·天论》）但主张人的行为遵循"天道、天理"。虽然人超越其他物种的智慧，思虑深远，却不能超越人作为自然存在者的事实，也不能超越自然功能和自然规律。

（一）天人关系是儒家伦理自然主义的表达

伦理自然主义是以自然主义哲学为前提的伦理学谱系，其关键在于将道德奠基于经验基础之上，使德基呈现自然的性质。伦理自然主义认为，伦理规范得以可能的条件以及对这些规范性原则的定义、说

明和辩护,并不需要借助任何超感觉经验,应该用一切可行的经验方法和资源来分析和理解这些规范。儒家伦理的德基是一种自然实体,是一种能够经验的、实证的实体。因此,儒家伦理呈现自然主义的特质[1]。在儒家看来,天则是作为具有经验的实体,具有三重表达意义:神灵之天、自然之天和道德之天[2]。不论是哪一种观点,都主张人应该遵循天道。

自然界具有生命意义、具有自身的内在价值,自然界不仅是人类生命和一切生命之源,而且是人类价值之源。在儒家看来,"天"的功能在于创生出人的身体与精神,人不应该越过天的职能范围而妄图改造天所赋予人的身体及身体所具有的特定能力,人的职能在于治理好自身及万物。荀子继承了《中庸》"赞天地之化育""与天地参"的观念,主张人类对自身和万物的治理而非对天所赋予的形体与功能进行人为地改造。人既要遵循天道,又应积极地掌控天道、利用天道。但需要注意的是,人虽能掌控利用天道,然而人的主要职能仍然是在天道规定的范围内进行治理,所谓"理物而勿失之",并不是取代天道去对万物进行重新创造。荀子应该支持以治疗为目的的基因编辑,但并不支持以增强为目的的基因编辑[3]。

（二）天人关系强调人基因系统而具有的物种完整性

"物种完整性不同于生物个体的基因完整性,是同一物种中成

---

[1] 董世峰:《儒家伦理的自然主义品质》,载《江苏社会科学》2006年第2期,第38—41页。

[2] 韩星:《董仲舒天人关系的三维向度及其思想定位》,载《哲学研究》2015年第9期,第45—54页、第128页。

[3] 刘涛:《人类基因编辑技术的伦理反思——以儒家为视域》,载《社会科学战线》2019年第12期,第32—39页。

员所共有的基因组的完整性，代表物种的本质。人类有责任维护其物种完整性。"①现实生活中，物种完整性成为评价一种行为是否合乎伦理道德标准。以动物为例，由于基因会改变它们的行为、外型和对于疾病的抵抗力等，荷兰就将"动物完整性损害"作为衡量动物基因修饰的道德标准，以此作为维护动物健康和动物福祉的保护动物的社会实践中②。尽管人类不同于动物，即人类的物种完整性不仅表现在其生物属性，还体现在其精神、社会和心理层面。但是物种的完整性依然是考察基因增强不可或缺的伦理学基础。

从形而上学人性论角度看，人首先是物种意义上的，而物种强调的是人的基因序列和组合；同时，人性也包含了一个经验事实，即人的出生是未经技术干预的自然出生。人性首先表现为作为物种的人类的典型特征和表现的总和。基因关系到人类遗传的性状，关乎种族、血统以及人类遗传资源的多样性，人类基因作为区别于其他物种的独特的DNA条形码定义人类的物质基础。但是，它是在物种漫长演化的进程中形成的，并表达了人类的生物本质性与整体性基础，决定了人类的物种形态和繁殖特性。生殖性基因增强会改变人的自然属性、遗传特征或基因序列。人类生命的价值和意义在于其奥秘从出生就无法被完全洞悉、从出生到死亡的整个过程都无法被全然掌握，生命进程中的所有偶然和必然都无法预知，生命进程中的一切选择都具有极其复杂的多样性。生殖性基因增强必然会打破有性生殖的遗传发展，影响生物链的稳定特性和内在和谐，导致生物物种处于不可知的风险之中。具体

① 肖显静：《转基因技术的伦理分析——基于生物完整性的视角》，载《中国社会科学》2016年第6期，第66—86页、第205—206页。
② Vorstenbosch. "The Concept of intergrity, Its significance for ethical discussion on biotechnology and animals." *Livestock production science*，1993，36（1）：109.

而言,生殖性基因增强需要将基因编辑技术实施分离并转移到新的生命体,微环境的转变破坏了目的基因的结构和功能。更为重要的是,基因之间彼此影响带来增强的不稳定性,导致原有基因的丢失或者严重失活。当采用激烈的、内在的和深刻的强制性手段,肆意而又强迫地对人类基因组进行敲除或是增添某个基因片段的编辑处理时,不仅触动、改变而且还损害了人类的基因组,结果可能导致人类正常的形态特征与生理功能的改变,并在某种程度上损害人类的"基因完整性"[1]。生殖性基因增强通过人为的基因改造,创造出人类的差别,是极其危险的观念。

三、生殖性基因增强与儒家的家庭关系

儒家文化的取向就是重家庭和重血缘的家庭伦理本位。在儒家看来,家庭作为一个实施权利的独立实体,是整个宇宙中重要的构成部分与结构,它不仅是人类繁衍的重要手段,而且其本身就是一个本体论实体。家庭的社会属性不能简化为家庭成员的属性之和,家庭的完整、美德和责任是家庭主义的属性。儒家断言家庭主义属性的存在,而不需要借助家庭形而上学的论证。家庭主义把家庭作为一个整体与儒家的和谐整体观和家族观念相一致。但是,家庭关系包含三伦:父子、夫妻和兄弟。

生殖性基因增强会改变家庭关系的两伦:其一,父子关系。父子关系最为重要。在儒家文化中,男子地位高于女性。董仲舒曾用阴阳理论来论证男尊女卑,"君为阳,臣为阴;父为阳,子为阴;夫为阳,妻为

---

[1] 陶应时、罗成翼:《人类胚胎基因编辑的伦理悖论及其化解之道》,载《自然辩证法通讯》2018年第2期,第85—91页。

阴"。父子关系首先是一种父慈子孝责任关系，父亲对子女的生养和教育，"续莫大焉"和"生而全之"就表达了父母对孩子的慈爱。虽然现代法律规定了男女平等的继承权，但是很多地方依然实施儿子继承财产，其本质上是家族的血脉和姓氏由儿子传承。这种传承的物质基础是基因。如前所述，生殖性基因增强，改变了孩子与父母亲之间纯粹的物质条件，影响了一种基于基因而建构的家庭关系。实际上，父慈子孝作为家庭道德的重要向度，依然离不开人体基因的考察，这并非否定道德的社会性，而是认为家庭道德需要建立在一定的生物物质基础之上。其二，兄弟关系（存在的话）。"兄友弟恭"是兄弟关系的道德规范，《尚书·君陈》说"唯孝友于兄弟"。兄弟和睦与否成为评价家庭关系的重要标准。荀子说："请问为人兄？曰：慈爱而见友。请问为人弟？曰：敬诎而不苟。"这种关系依然离不开基因的基础性条件。生殖性基因增强会因为改变基因形状，即均来自父母的生殖细胞这一特点，而影响彼此道德的实践。

家庭关系的改变带来自我认同的失落。自我认同"不仅仅是被给定的，即作为个体动作系统的连续性的结果，而是个体在反思活动中必须被惯例性地创造和维系某种东西"。自我认同是中西伦理学的重要议题，是人类寻求精神安顿和灵魂栖息重要依托。自我探究在个体性与社会性、身体性与道德性多维展开，是诸多向度的统一。但是，身体是自我认同系统的物质条件，但它并非任人塑造和定格的客体。从生殖性基因增强来看，它表达了人对基因认同的肯定，关注人的自然性，而不是人的社会性和文化性。然而，由于人的基因总体上保持相对稳定，且正是人体基因的相似性和稳定性，为人类的自我认同奠定了物质基础。基于寻求优越性而实施基因增强，这种基因认同是对"我"的基因，而非我们的基因。狭义地聚焦基因向度可能取消自我认同的社会向度与后天因素,最终导致个体主体性与自我的失落。桑德尔对此表示忧虑,人类基因编辑反映了主宰生命的追求,事实上,"忽视人成长中的努力和排除天赋特质,也错失和与生俱来的能力持续斗争的乐趣"。

四、生殖性基因增强与仁义德性

区别于西方传统的宗教哲学以及近代的理性哲学,儒学是一种寻求安身立命的道德哲学,强调个体的德性修养与精神追求。其中,仁义道德是儒家思想的关键标签。仁是最高标准,义是仁的表现方式。

在儒家视域下,仁是最高的道德规范与道德原则,"孔子贵仁",凸显了"仁"在儒家思想中的主导地位。何谓"仁"?"樊迟问仁,子曰:'爱人'"(《论语·颜渊》)。"君子……亲亲而仁民,仁民而爱物。"(《孟子·尽心下》)"质于爱民以下,至于鸟兽昆虫莫不爱,不爱,奚足谓仁。"(《春秋繁露·仁义法》)如果没有爱,就不可能成"仁"。"仁"是人之为人的根本。"人而不仁,如礼何? 人而不仁,如乐何?"(《论语·八佾》)"仁"表现为对他人苦难的"同情共感",是一种"推己及人"的道德品性。"仁爱"不仅是一种完善的、意义深远的人类德性,而且是道德行为的根本。即使是作为行为规范的"礼",也服从于"仁"。儒家传统中,"仁爱"要求"仁"是道德判断者的人格基准,在儒家看来,道德人格是一种通过实践修养而形成的个人行为的德性表现。仁爱产生不仅基于人的类特性,更在于人的脆弱性。由于人的脆弱性和苦痛,所以相应地有依赖性。因此,如果我们不得不面对和回应自己与他人的脆弱性和[身体]无能,我们需要德性;这是一种并且是同一种德性,依赖性的理性动物特有的德性[①]。

---

① A. 麦金太尔:《论人的脆弱性和依赖性》,载《伦理学研究》2003 年第 3 期,第 88—90 页、第 110 页。

由于生殖性基因增强需要对生命进行编辑、修改，使得生命的自然进化演变成了"实验制造"和可以操纵的对象，并因此挑战人的自然性，破坏人的完整性。更为严重的是，它将人作为技术支配的客体和工具，威胁人之为人的本质。被设计的人实质上是设计者实现自己意愿的工具。出于增强的目的而非仁爱的目的，最终会使人的"仁"性逐步退化。

义是仁的延伸和表现，但具有善、应当和公正更多意蕴。这两重意蕴包含目的合理性和手段合理性两个层面。那么，生殖基因增强是否符合义的要求呢？从善的角度看，《说文》说："义，从我从羊。"段玉裁注："从我从羊者，与善美同意。"且我是"义"的主体。尽管善是伦理学的重要概念，但是不同于西方语境下的主观判断性范畴，在儒家视域下，善是性的完成或圆满状态[①]。如同植物的果实，是禾苗生长后的最终形态。《孟子·告之上》曰："乃若其情，则可以为善矣，乃所谓善也。"为善就是按照情的样子，而顺情就是顺性、随性。任由性情之长便是"为善"。当然，孟子判断善或不善的对象主要是性的状态，完善即本性或天生之性的完善。就生殖性基因增强看，其某种意义上是为了实现人的完美。仅从出发点和结果看，似乎可以得到"义"的辩护。但是儒家之义还十分强调手段的合理性，即义的第二、三层意义。

"义"表达了合理的手段和正当的方式。《礼记·中庸》说"义者，宜也"。即裁制事物使合宜。韩愈在《原道》中认为，"博爱之谓仁，行而宜之之谓义"。尽管人类社会存在不同的社会分工，但是义在处理不同的社会秩序中具有同样的意义。即便技术的使用，也不能超越"义"的规范要求，而不是自己的一厢情愿。"以（仪）义辩等，则民不越。"（《周礼·大司徒》）生殖性基因是父母亲为了自己实现关于美和强等方面的

---

① 沈顺福：《善与性：儒家对善的定义》，载《西南民族大学学报（人文社会科学版）》2015 年第 2 期，第 59—64 页。

原因,而在基因方面实现对孩子的再造,其本质上是一种利益的表达。儒家并不否定个体利益的实现,但是主张利益是在"义"的主导下完成。或者说,义为人类行为设置了道德边界。

具体看,义即正当、正义。"《春秋》之所治,人与我也。所以治人与我者,仁与义也。以仁安人,以义正我。……义之法,在正我,不要正人。"(《春秋繁露·仁义法》)强调行为主体"我"要自身正,合乎德,合乎义。正的根本在"心",心术不正,绝对不会做合乎善德的事情来。结合生殖性基因增强看,儒家之义强调做这件事情的人的心要行仁义,不能只考虑自己的利益要求,而应该放在客观公正的视角来判断。生殖性基因增强则可以用于增强正常者的基因水平,用于基因改良,破坏了社会平等原则。"利用最优秀的精子、卵子和胚胎,以增强和改善所希望的人类特性,或者还可以利用增强性基因治疗,在靶细胞中插入一个或一组外源基因,以便按照父母的意愿、偏好或价值取向,来改善胎儿的某些非病理性生物性特征。"[1]这种不平等性表现在两个方面:

(1)横切面的人际不公平,即同代人之间的不平等。当父母通过生殖性增强而减少或取消了子女的后天努力,或者为子女的努力提供优质的基因,都会因为改变人类基因的自然进化打破同代人之间的内部平衡。生殖性基因增强造成基因决定论的假象,促使资本和技术联姻并介入生殖领域。若有条件的人可以进行基因增强而不具备条件的人则心理负担加大遭受基因歧视。富人与权贵通过各种方式手段对修正与增强孩子基因,使他们的后代摆脱疾病困扰,其还提升体质和智力,甚至能成长为具有特殊能力的"超人"。穷人因费用缺乏,无力利用该技术对他们胎儿的遗传基因进行改进与完善。基于资本与技术的紧

---

[1] 刘俊香、邱仁宗:《哈贝马斯关于基因技术应用的人性论论证》,载《医学与哲学》2005年第13期,第19—22页。

密结合将使人类社会发生更为严格的分野，经特别设计具有"优质基因"的"基因贵族"和自然生育下的"基因平民"之间将存在巨大的遗传势差。基因贵族和基因贫民的鸿沟，某种程度上否定了人与人之间相互尊重和彼此认同的主体关系，消解了人的尊严并诱发新的基因歧视。

（2）纵切面的亲子不平等。人类进化史是基于自然形成的代际平衡，亲子关系通过基因而建构了自然的平等关系，并形成了生育和抚养关系。生殖性基因增强通过基因选择、介入生育，改变后代的存在方式，催生代际的不公平风险。父母通过基因技术设计孩子，使传统自然的亲子关系蜕化为设计者和被设计者的关系——主动—被动的从属关系，自然基于血缘的生育—抚养关系消失了。尽管设计者因为其行为也需要承担对于孩子的责任和义务，但是它破坏了原本自由平等的对称关系。出生作为"我们无法控制的起点"具有终极道德意义：我们通过基因技术意图揭示出生奥秘。如果通过基因增强试图将偶然的造化修改为人定的安排，这种行为贬损父母概念的神圣性，破坏了代与代之间基于天然血缘产生的爱。因为父母对孩子后天的抚养、教育等所有行为均基于天然的、无条件的爱，而非由于父母对子女基因的在先设计的做法而产生的附带义务。

结语：生殖性基因增强需要纳入文化的视域中审视

生命伦理学作为一种社会现象，其思考和阐发必然具有文化的元素，并承载文化的价值。儒家文化作为中国传统文化的重要组成部分，能为解读现代生物技术提供一种新的文化视角。这既能为全球生命伦理学发展提供伦理资源，也是儒家生命伦理学参与现代生物技术发展的一种方式。本文就生殖性基因增强的伦理困境进行了梳理，并从儒家伦理学的核心范畴——"家庭、仁义、天人"提供分析生殖性基因增强的理论资源。总体上看，他们更倾向于禁止"生殖性基因增强"的开展，儒家在行为成就方面，主张"性相近，习相远"，强调后天的努力付出。且不说，目前生殖性基因增强在技术方面的安全性尚未完全解决，即便风险可控，其带来的社会伦理风险依然值得警惕。基因增强作为人类增强的重要方式，因与人的基因——物质基础和本质——结合在一起，而备受人类关注。人类是一种文化的存在，对于技术的应用判断也必然带有文化的"基因"。儒家文化内嵌于中华民族的血脉之中，理应为现代技术的应用提出相应的阐释，以为全球生命伦理学的发展提供自己的理论资源，从而也帮助他者更好地理解中国生命伦理学。当然，儒家文化本身也是一个动态发展的范畴，甚至在其内部也存在一定的分歧，如性善恶论。因此，即便从儒家文化，还可以从更微观视角如不同儒家学者的观点进行阐释，或许这也是一种新的进路。

基因增强：道德边界

一、背景介绍

道德增强，广义上是指提升正常个体的道德水平，狭义上特指通过生物医学技术对人体的干预和介入来实现正常个体道德水平的提升，即生物道德增强（Moral Bioenhancement）[②]。基因道德增强（Genetic Moral Enhancement）是指通过基因编辑技术实现正常个体道德水平的提升，是生物道德增强的一种实现方式[③]。本文将聚焦于父母通过对生殖细胞的基因编辑以提升未来子女的道德水平的行为。

在讨论道德增强的边界之前，本文面临的第一个问题是，道德增强

[①] 徐汉辉，南开大学医学院讲师。

[②] Douglas, T. "Moral enhancement." *Journal of applied philosophy*, 2008, 25 (3)：228 - 245. 刘玉山、陈晓阳、宋希林：《生物医学道德增强及其伦理和社会问题探析》，载《科学技术哲学研究》2015 年第 5 期，第 99—103 页。

[③] Molhoek, B. "Raising the virtuous bar: The underlying issues of genetic moral enhancement." *Theology and Science*, 2018, 16 (3)：279 - 287. Rakić, V., "Genome editing for involuntary moral enhancement." *Cambridge Quarterly of Healthcare Ethics*, 2019, 28 (1)：46 - 54.

有无可能，即通过生物医学技术对人体的介入来实现个体道德水平的提升是否可能。这一方面取决于我们对于道德的理解，另一方面取决于生物医学技术的可实现性。前者决定了什么样的行为或者什么样的状态能够算作是道德上有所增强。考虑到不同伦理学流派对于道德的理解不尽相同，在这个问题上达成共识并不容易。如在康德看来，出于移情(Empathy)①去帮助他人，仅仅是做出了符合道德要求的行为，并无道德价值②。那么，如果一个人通过提升移情能力使得自己在他人需要帮助的时候更多地施以援手，或许在康德看来，这并不是道德上的增强，反而是其沦为"情感奴隶"的表现。笔者无意在此引入更多的哲学讨论，而是想指出，"道德增强"这一概念需要更为具体的限定以避免理论分歧所造成的现实困扰。在这里，笔者尝试从日常道德出发，将在移情的推动或驱使下的利他倾向和利他行为视为具有道德价值。这样一来，(正常个体)在更强烈的移情体验的推动或驱使下更倾向于帮助他人或者做出更多的利他行为则可以看作是一种道德增强③。接下来的问题是，这种道德增强在技术层面是否具有可实现性。已有的神经

---

① 移情(Empathy)，即"感同身受"的能力或者在特定场景中对他人遭遇感同身受般的情感体验。前者是静态的能力，后者是动态的体验过程。前者是后者的基础，即移情能力越强，在特点场景中对他人遭遇的情感反应越强烈。更多的关于移情的讨论请见 Slote, M. *Moral Sentimentalism*, Oxford University Press, 2013. 陈真：《论斯洛特的道德情感主义》，载《哲学研究》2013 年第 6 期，第102—110 页、129 页。另，在一些中文文献中，感同身受的能力或者在特定场景中对他人遭遇感同身受般的情感体验也会被表述为共情。本文不再作进一步词意区分，而是统一使用移情这一概念。

② Verducci, S. "Empathy and morality." *Philosophy of Education Archive*, 1999, p.258.

③ 笔者并未否认理性要素在道德行为和道德判断中的作用，也并非认为情感要素决定道德行为和道德判断。笔者更倾向于认为，一个人的道德行为或者道德判断受到情感和理性两方面的影响；因而，实现道德增强的方式也可以是多样的。在移情的推动或驱使下更倾向于帮助他人或者做出更多的利他行为是道德增强的一种形式。

生物学和心理学研究表明，催产素（Oxytocin）水平与移情能力正相关，催产素的分泌有助于提升利他动力并促进利他行为[1]。不仅如此，相关研究还发现特定基因与移情能力有着密切的关联[2]。这意味着，通过控制某种激素分泌的水平以及对特定基因进行改造，有提升个体移情能力进而提升利他动力、促进利他行为的可能。

接下来的问题是，什么样的道德增强是道德上可接受的？一种沿用认知增强和生理增强划界标准的看法是，治疗可以被允许，而增强则是道德上难以接受的[3]。基于此，服用药品或编辑基因，帮助一位毫无移情能力或者移情能力低于平均水平的人提升利他动力，是可以被允许的。但对于正常个体使用此类技术以期其表现得更加完美，更趋近于道德模范，则存在伦理问题。尤其是，这将损害道德主体的自主性，使其失去为恶的自由。道德主体失去为恶的自由，意味着其符合道德要求的行为并非其自主选择的结果，进而也就失去了道德价值[4]。然而，一方面，治疗和增强的界限本身并不清晰。如接种疫苗预防疾病的行为究竟是治疗还是增强一直存在争议。就其以预防而非治疗为目的以及增强人本身不具有的能力而言，似乎符合增强的定义，但这种增强却成为人类抵御疾病侵袭的重要手段，很少引发伦理争议。在道德方

---

① Lara, F. "Oxytocin, empathy and human enhancement." *THEORIA. Revista de Teoría, Historiay Fundamentos de la Ciencia*, 2017, 32（3）: 367 - 384. Zarpentine, C. "'The thorny and arduous path of moral progress': Moral psychology and moral enhancement." *Neuroethics*, 2013, 6: 141 - 153.

② Hastings, P. D., Miller, J. G., Kahle, S., & Zahn-Waxler, C. "The neurobiological bases of empathic concern for others." In M. Killen & J. G. Smetana (Eds.), *Handbook of moral development*, Psychology Press, 2014, pp.411 - 434.

③ Allhoff, F., Lin, P., Moor, J. and Weckert, J. "Ethics of human enhancement: 25 questions & answers." *Studies in Ethics, Law, and Technology*, 2010, 4(1).

④ Harris, J. Moral enhancement and freedom. *Bioethics*, 2011, 25(2): 102 - 111.

面,观看某些影视剧作品或者收听道德模范的事迹报告可以提升人们的责任感,进而增强道德感和利他动力。这些常规的德育方式,都是以帮助个体成为道德上更好的人为目的的,似乎符合增强的定义,却并未引发争议。另一方面,道德增强是否实质性地损害主体的自主选择能力要看增强的程度。利他动力一定程度的提升并不必然使个体"不由自主"地行善。在这里,笔者并不否认需要为道德增强划定伦理边界以避免道德主体被情绪和情感所控制,但这个边界不应是治疗与增强的区分。

本文尝试基于儒家伦理学讨论：① 什么样的道德增强是道德上可接受的(或不可接受的)；② 父母是否有权为子女作出进行基因道德增强的决定。具体来说,首先,笔者将基于孟子的"恻隐之心"①论证,通过提高移情能力以提升利他动力的道德增强是道德上可接受的,从而回应上文中提到的"生物医学技术用以道德治疗可以,用以道德增强则不行"的观点。之后,笔者将基于"爱有差等"②的观点论证,两种形式的道德增强是儒家无法接受的,一是通过弱化甚至消除利己本能以减少利他的阻力；二是通过改造我们对他人痛苦的接收机制以提升利他的动力。最后,笔者将基于儒家共同善(Common Good)③论证,父母有权通过对生殖细胞进行基因编辑以提升未来子女的道德水平,只要这种道德增强符合儒家共同善和道德准则。这里,一种观点认为,父母不应该基于自身的喜好通过基因编辑技术去增强子女某些方面的能力

---

① 杨伯峻：《孟子译注：简体字本》,中华书局 2008 年版,第 59 页。
② 同上书,第 101 页。
③ Fan, R. "A Confucian reflection on genetic enhancement." *The American Journal of Bioethics*, 2010, 10(4)：62-70. 范瑞平：《当代儒家生命伦理学》,北京大学出版社 2011 年版。

或特质①。此类增强可能并不符合未来子女的价值观，或者，会使子女未来失去在其他方面发展的可能性。本文将对此进行回应。

二、恻隐之心、移情与利他

孟子哲学思想的人性基础是"不忍人之心"，亦即恻隐之心。② 在"孺子入井"的故事中，孟子表述了恻隐之心的一些基本特征。首先，恻隐之心是每个人都具有的一种类似本能天性的能力或特质。孟子将包括恻隐之心在内的"四端"比作人的"四体"（"恻隐之心，仁之端也；……人之有是四端也，犹其有四体也"③），进而指出"无恻隐之心，非人也"。其次，恻隐之心蕴含着一种目睹他人遭受伤害或将要遭受伤害而产生的痛苦不安的情感。正如徐复观先生所言："孟子所说的'恻隐之心'实际亦即是恻隐之情。"④且这种情感的产生具有不假思索的直接性，无需理性因素的加入（"今人乍见孺子将入于井，皆有怵惕恻隐之心"⑤），亦无利己的动机（"非所以内交于孺子之父母也，非所以要誉于乡党朋友也，非恶其声而然也"⑥）。这在"齐宣王释牛"⑦的故事中也有体现。齐宣王坐于堂上，见有人牵着牛路过。当得知这只牛将要被杀掉献祭后，齐宣王"不忍其觳觫，若无罪而就死地"，命令放它一条生路，换只羊替代献祭。在被孟子问及此事时，齐宣王强调自己以羊易牛并非因为

---

① Battisti, D. "Genetic Enhancement and The Child's Right to An Open Future." *Phenomenology and Mind*, 2020, 19: 213 - 223.
② 杨伯峻：《孟子译注：简体字本》，中华书局 2008 年版，第 59 页。
③ 同上。
④ 徐复观：《中国人性论史·先秦篇》，上海三联书店 2001 年版，第 151 页。
⑤ 杨伯峻：《孟子译注：简体字本》，中华书局 2008 年版，第 59 页。
⑥ 同上。
⑦ 同上书，第 11 页。

吝啬爱财。孟子不失时机地回应道："无伤也,是乃仁术也,见牛未见羊也。君子之于禽兽也,见其生,不忍见其死;闻其声,不忍食其肉。是以君子远庖厨也。"①再次,恻隐之心有强弱之分,如果弱到几近于零,那么连事父母都做不到;如果能够将其增强并扩充出去,那就能成为君子甚至仁君("苟能充之,足以保四海;苟不充之,不足以事父母"②)。这呼应了孔子"爱有差等,推己及人"③的观点。孔子认为尽管爱人之心是有差等的,但我们应该将这种差等之爱推己及人地扩散出去,以实现对所有人的爱。在孟子看来,能不能将这差等之爱扩散出去,以及扩散的程度如何都取决于个体的恻隐之心的强弱程度。最后,个体在恻隐之心的推动下总是倾向于去做利他的事情,即帮助其所目睹的遭受伤害或将要遭受伤害的对象摆脱或避免该伤害。就像齐宣王的以羊易牛。这正是孟子以及后世儒家"人性本善"观点的基石。人性中本就有不假思索的、不以考量个人利益为前提的利他的种子。

　　道德情感主义者根据上述恻隐之心的特征倾向于将恻隐之心理解为移情④。在斯洛特(Slote)等学者看来,孟子所描述的目睹他人遭受伤害而产生的痛苦不安的恻隐之心或者不忍人之心,就是一种对他人遭遇感同身受的情感体验。然而,将恻隐之心解释为移情面临着一系列的挑战:恻隐之心是否就是单纯的感同身受的情感体验而无理性要

① 杨伯峻:《孟子译注:简体字本》,中华书局 2008 年版,第 11 页。
② 同上。
③ 杨伯峻:《孟子译注:简体字本》,中华书局 2008 年版,第 101 页。
④ Slote, M. "The mandate of empathy." *Dao*, 2010, 9: 303 – 307. Hu, J. "Empathy for non-kin, the faraway, the unfamiliar, and the abstract — An interdisciplinary study on mencian moral cultivation and a response to prinz." *Dao*, 2018, 17: 349 – 362. Chuang, C., "Mencius and Hutcheson on Empathy-based Benevolence." *Philosophy East and West*, 2022, 72(1): 57 – 78. Seok, Bongrae. "Moral Psychology of the Confucian Heart-Mind and Interpretations of Ceyinzhixin." *Dao*, 2022, 21(1): 37 – 59.

素？如果是，那么恻隐之心是否必然导致利他的行为？或者说，这种情感体验和最终的利他行为是如何关联的？回到"孺子入井"的故事中，如果将恻隐之心解释为单纯的感同身受的情感体验，那么孺子当时还未入井，还未因为受到伤害而有痛苦感。但旁观者的恻隐之心已经激发了。可见，孟子所说的恻隐之心至少包含了对于尚未发生的情况的预判，而这种预判是基于日常经验的理性判断。以及，孟子只是说见孺子将入于井而生恻隐之心，却并未表明这恻隐之心必然驱使个体去做出救援孺子的行为。在"齐宣王释牛"的故事中，齐宣王确实作出了放生牛的利他举动，但究其原因是齐宣王"不忍其觳觫，若无罪而就死地"。这里的问题在于，驱使齐宣王放生牛的，究竟是"不忍其觳觫"的恻隐之心，还是"若无罪而就死地"的理性认识。

对于上述挑战，一种可能的回应是，恻隐之心确是移情，即对他人遭遇感同身受的能力或特定情境中感同身受的情感体验。只不过，首先，这种情感大多数时候是通过耳听目见被直接激发和体验的，但其激发的过程并不排除理性要素的参与。如通过对将要发生的行为的预判而"提前"体验这种情感。这就解释了为何孺子尚未入井，恻隐之心已然发生。其次，利他行为的发生与否受到情感要素和理性要素的合力影响，这其中情感要素也不仅仅是恻隐之心，还包括诸如愤怒、自爱等。孟子讲性善，强调的是人性有善端（为善的种子），既未明言恻隐之心必然导致利他行为，也未否认人可以为恶①。一个具体的利他行为发生与否，要看道德主体恻隐之心的强烈程度，以及这种移情体验与其他要素的"博弈"结果。在这里，笔者尝试将阻碍以恻隐之心驱使利他行为的因素分为利己的和非利己的。那么，以孺子入井为例，张三目睹了孺

---

① 曾振宇：《"遇人便道性善"：孟子"性善说"献疑》，载《文史哲》2014 年第 3 期，第 104—110 页、第 167 页。

子将入于井却并未实施阻止或救援的行为，有三种可能的情形。情形一：张三的恻隐之心本身太弱，不足以驱使他做出利他行为。情形二：张三是在赶赴约会的途中目睹了孺子将入于井。张三移情体验强烈，想去施以援手，但停下救援的话，会耽误约会，进而被女友训斥。一想到被女友训斥的情景，张三顿时被恐惧所笼罩，在利己因素的趋势下赶忙猛踩油门。情形三：张三在执行秘密任务时目睹了孺子将入于井。张三移情体验强烈，想去施以援手，但上前救援会有暴露的风险，而一旦其暴露，整个团队将有灭顶之灾。出于团队利益和完成任务考量，张三无奈地原地不动。

如果上述回应可以被接受，那么我们可以得到：第一，可以将恻隐之心理解为移情；第二，尽管恻隐之心并不会必然导致利他行为，但是在其他因素不变的情况下，恻隐之心越强，利他动力就越强，利他行为也就越有可能发生。接下来的问题是，孟子或者儒家如何看待不同个体之间恻隐之心的强弱之别？对这一问题的回答能够体现出儒家对于道德增强的态度。如上所述，恻隐之心有强弱之分，然而，大多数人的恻隐之心既不会弱到"不足以事父母"，也不会强到"足以保四海"。对于这大多数的"常人"，儒家又会怎样看待？首先，每个人都有成为君子乃至圣贤的可能，而这正是因为人人皆有恻隐之心。孟子认为人人都有成为圣人的潜质（"曹交问曰：'人皆可以为尧舜，有诸？'孟子曰：'然。'"[①]）。朱熹在《四书章句集注》中评述"孟子道性善，言必称尧舜"时，表示："性者，……浑然至善，未尝有恶。人与尧舜初无少异……"[②]之所以人皆可为尧舜，如上所述，正是因为人之本性中有不假思索的、不以考量个人利益为前提的利他的种子，亦即恻隐之心。其次，既然恻隐之心人皆

---

① 杨伯峻：《孟子译注：简体字本》，中华书局 2008 年版，第 214 页。
② 朱熹：《四书章句集注》（影印本），浙江大学出版社 2012 年版，第 720 页。

有之，且每个人都有可能将其扩充出去使自己成为君子甚至圣贤，那么，每个人也就应该这样做（成为君子甚至圣贤）。儒家赋予"君子"丰富的道德内涵，使其成理想人格。君子是道德楷模，同时也是每个人都应该效仿和成为的人①。在儒家看来，所谓"常人"（普通人），都是道德上有不足并应该不断完善的人。这一点从与君子相对的"小人"一词中可以看得更清楚。在儒家典籍中，君子与小人常会相对比而出现，这也使得小人似乎成为一个贬义词。但是，在儒家典籍中，小人并不必然指向我们当下意义中的"道德败坏之人"；很多时候，小人就是指普通人（庶人）。如"君子喻于义，小人喻于利"②，"君子坦荡荡，小人长戚戚"③，"君子和而不同，小人同而不和"④，"君子求诸己，小人求诸人"⑤等。如果说这些"小人"都是指道德败坏之人的话，那么我们日常中绝大多数的人怕都是道德败坏之人。从这里可以看出，儒家视角下，与道德楷模（君子）相对的不是道德败坏之人，而是普通人和道德败坏之人的合集（或者说是君子之外的所有人）。也就是说，儒家将普通人和道德败坏、品行不端的人归为一类，即都是需要在道德上进行完善的人。回到之前的问题上来，考虑到恻隐之心的强弱会极大地影响甚至决定一个人究竟是君子还是普通人，儒家会赞同甚至要求个体尽可能地增强恻隐之心以成为或接近成为君子，不管这一个体是一般的普通人还是道德上有缺陷的人。

综上，就提升个体的移情体验以推动或驱使其更倾向于帮助他人

---

① 黄光国：《"道"与"君子"：儒家的自我修养论》，载《华中师范大学学报（人文社会科学版）》2014 年第 3 期，第 166—176 页。

② 杨伯峻：《论语译注：简体字本》，中华书局 2006 年版，第 42 页。

③ 同上书，第 87 页。

④ 同上书，第 159 页。

⑤ 同上书，第 187 页。

或者做出更多的利他行为而言，儒家不会将道德上可接受的边界划定在治疗（针对品行不端之人）和增强（针对普通人）之分，反而可能会鼓励这种形式的道德增强。理由如下：一方面，在儒家视角下，并不存在针对品行不端之人的所谓"道德治疗"，因为普通人和道德败坏之人都是道德上需要完善的人。如果说"治疗"，那么普通人和道德败坏之人都需要"治疗"。另一方面，孟子所说的恻隐之心可以被理解为移情，儒家会鼓励甚至要求每个人尽可能地增强恻隐之心以成为或接近成为道德楷模。

三、"爱有差等"、自爱与利己

接下来的问题是，什么样的道德增强是儒家无法接受的？更具体来说，就通过生物医学技术对人体的介入来提升个体利他动力、促进利他行为的道德增强而言，什么情况下是儒家无法接受的？这里，笔者尝试论证两种形式的道德增强是儒家无法接受的，一是通过弱化甚至消除利己本能以减少利他的阻力；二是通过放大感同身受的接收效果以提升利他的动力。

首先，如上所述，恻隐之心能够驱使个体更倾向于帮助他人或者做出更多的利他行为。一个直观的想法是，利己和利他相对立，既然通过生物医学技术增强恻隐之心可以更加利他，那么通过生物医学技术弱化甚至消除利己本能，如改造利己行为的神经传导机制[1]，也可以达到

---

[1] Young, L. J. "Love: Neuroscience reveals all." *Nature*, 2009, 457(7226): 148 - 148. Scheggia, D., La Greca, F., Maltese, F., Chiacchierini, G., Italia, M., Molent, C., Bernardi, F., Coccia, G., Carrano, N., Zianni, E. and Gardoni, F. "Reciprocal cortico-amygdala connections regulate prosocial and selfish choices in mice." *Nature Neuroscience*, 2022, 25: 1505 - 1518.

相同甚至更好的利他效果。儒家（至少孟子）不会赞成这种形式的道德增强，原因不在于技术层面是否可能，而在于利己倾向的自爱本能是利他倾向的恻隐之心的前提和基础，二者具有一致性。如上所述，恻隐之心能够提升利他动力、促进利他行为的原因在于感同身受的体验，而感同身受的前提是人所具有的趋利避害的本能，即我们本能地排斥痛苦感。当目睹他人遭受伤害时，这种伤害（对他人）造成的痛苦感不由自主地被我们体验到，所以我们才会去帮助他人摆脱或者避免伤害。这种趋利避害的本能是对自我福祉的关切，即自爱。儒家内部对于这种趋利避害的本能的态度存在分歧。荀子认为，这种本能会驱使个体做出利己的行为，如满足生理欲求的行为（"今人之性，饥而欲饱，寒而欲暖，劳而欲休"[①]，"若夫目好色，耳好听，口好味，心好利，骨体肤理好愉佚"[②]）和获得更多物质财富的行为（"夫薄愿厚，恶愿美，狭愿广，贫愿富，贱愿贵"[③]）。对于这种本能，如果不加节制，必然会发展出"争夺""淫乱""恃强凌弱"和"以众暴寡"，而这些都属于"偏险悖乱"，所以荀子将这种本能定义为"恶"（"所谓恶者，偏险悖乱也"[④]）。后世儒家虽然并未继承荀子性恶论，却在解释"人性本善，何以为恶"时采取了和荀子相同的逻辑，即人的本能中有利己的种子，如果不加节制会发展出"恶行"，如董仲舒的"性善情恶论"[⑤]，以及程朱理学的"天理（至善无恶）气质（有善有恶）二分论"[⑥]。只不过，后世儒家不再把这种利己本能称之

---

① 方勇、李波：《荀子》，中华书局 2011 年版，第 377 页。
② 同上书，第 379 页。
③ 同上。
④ 方勇、李波：《荀子》，中华书局 2011 年版，第 381 页。
⑤ 程郁：《〈春秋繁露〉人性论与先秦性情思想》，载《孔子研究》2012 年第 2 期，第 12—21 页。
⑥ 乐爱国：《朱熹对性善论与性恶论的"统合"》，载《中州学刊》2020 年第 10 期，第 108—114 页。

为"性"。

相比较而言，孟子对于利己本能并未如此排斥。回到《孟子》文本中，可以发现，孟子在劝说齐宣王行仁政时，齐宣王常以"好货""好色""好世俗之乐"推诿搪塞。这里的"货""色""乐"正好对应了荀子说的"目好色，耳好听，心好利"，都是利己的行为；且齐宣王自己也知道这些和行仁政所要求的爱人利他相悖，所以他称之为"疾"。然而，孟子却并不这么认为。首先，尽管孟子知道逐利会造成失序和混乱（"上下交征利而国危矣"①），但孟子不仅没有将利己的本能或者行为视为恶，而且还认为普通人和君子甚至圣人一样都会逐利（"昔者刘公好货……"②，"昔者太王好色，爱厥妃"③）。其次，利己是对自己福祉的关切，而关切自己的福祉胜过他人恰恰是自爱的一种表现形式，即"爱有差等"。孟子持有"爱有差等"的仁爱观。如孟子曾言："亲亲而仁民，仁民而爱物。"④同时，他还批评杨朱的极端利己和墨子的兼爱（"孟子曰：'杨子取为我，拔一毛而利天下，不为也。墨子兼爱，摩顶放踵利天下，为之。子莫执中，……'"⑤）。孟子的这一观点上承于孔子，最为直接的体现是孔门弟子巫马子与墨子的辩论。巫马子谓子墨子曰："我与子异，我不能兼爱。我爱邹人于越人，爱鲁人于邹人，爱我乡人于鲁人，爱我家人于乡人，爱我亲于我家人，爱我身于吾亲，以为近我也。击我则疾，击彼则不疾于我，我何故疾者之不拂，而不疾者之拂？"⑥巫马子表达了爱己胜过爱人的观点，尤其是在"避害"上，同等情况下，先要解除自身的

---

① 杨伯峻：《孟子译注：简体字本》，中华书局 2008 年版，第 2 页。
② 同上书，第 27 页。
③ 同上。
④ 杨伯峻：《孟子译注：简体字本》，中华书局 2008 年版，第 252 页。
⑤ 同上书，第 244 页。
⑥ 方勇：《墨子》，中华书局 2011 年版，第 406 页。

痛苦，然后才会去帮助他人。可以看出，"爱有差等"承认人是有自爱本能的，且爱己胜过爱人，故而（同等条件下）利己动力强过利他。在孟子看来，本能的自爱在恻隐之心的"帮助下"，不仅不会导致"偏险悖乱"，反而可以"推己及人"，成就利他之举（"老吾老，以及人之老；幼吾幼，以及人之幼"①）。既然自爱是恻隐之心的前提，那么，弱化或者消除自爱本能会使恻隐之心无所依据。

其次，对于他人遭遇感同身受的体验的强弱，一方面取决于恻隐之心的强弱，另一方面取决于触发这一体验的方式，或者说，接收到他人遭受痛苦的路径。如"眼见"总比"耳听"体验得更强烈，故而"君子远庖厨"。这说明，在接收他人遭受痛苦的路径上，"亲眼目睹"比"有所耳闻"能够激发更强烈的恻隐之心，进而更容易提升利他动力、促进利他行为。如果我们把对于伤害所造成的痛苦感的体验由强到弱进行排序的话，首先是自己被伤害（亲身体验）；其次是目睹他人被伤害（恻隐之心被激发，所见如所感）；再次是听说他人被伤害（恻隐之心在脑补下被激发，所听如所见）。基于此，一种想法是，更好的利他效果可以通过改造我们对他人痛苦的接收机制来实现。如通过对特定脑区或神经系统的直接刺激，使得一个人在目睹他人被伤害时，相同伤害所造成的痛苦感也会同等地作用在其身上，即"所见即所感"。这个设想听起来有些科幻，但如果包括视觉、触觉等在内的人体感觉最终都可以还原为电信号，那么通过改变电信号的作用机制来改变人体对各种感觉的体验并未不可想象，而当前脑科学技术的发展似乎在不断地佐证这一点②。

---

① 杨伯峻：《孟子译注：简体字本》，中华书局 2008 年版，第 12 页。
② Craig, A. D. "How do you feel? Interoception: the sense of the physiological condition of the body." *Nature reviews neuroscience*，2002，3（8）：655 - 666. Holzer, P. "Gut Signals and Gut Feelings: Science at the Interface of Data and Beliefs." *Frontiers in Behavioral Neuroscience*，2022，16：929332.

不管技术层面可能与否，在孟子看来，通过这种方式以实现提升利他动力、促进利他行为的道德增强是无法接受的。如上所述，孟子持有的"爱有差等"的观点。这一观点有两方面的含义，一是爱自己（本能地趋利避害），二是爱自己胜过爱他人。通过改造个体对他人痛苦的接收机制来实现更好的利他效果，实际上是在生理层面"迫使"个体对自己和对他人等同地趋利避害。这种改造或许更符合墨子的"兼爱"思想而非孟子的"爱有差等"。

至此，笔者讨论了三种形式的道德增强（通过生物医学技术对人体的介入来提升个体利他动力、促进利他行为），即增强恻隐之心、弱化甚至消除利己本能、改造个体对他人痛苦的接收机制。如上所述，基于孟子的思想，增强恻隐之心（移情能力）的道德增强可以被接受，而其他两种形式的道德增强皆因与"爱有差等"相悖而难以被接受。接下来，笔者尝试回应这种形式的道德增强可能面临的一个挑战，即增强恻隐之心将损害道德主体的自主性，使其"不由自主"地去利他，而这会使利他行为失去道德价值。事实上，本文在讨论上述三种形式的道德增强时，都尽量将其限定于生理或情感层面的增强，一个重要的考量是为理性要素对行为的影响留下足够的空间。具体到增强恻隐之心以使个体更倾向于帮助他人或者做出更多的利他行为而言，笔者并不持有情感决定论，而是认为道德主体的行为受情感和理性的双重影响。在上文假想案例"张三见孺子将入于井"情形三中，张三在执行秘密任务时目睹了孺子将入于井。张三移情体验强烈，想去施以援手，但上前救援会有暴露的风险，而一旦其暴露整个团队将有灭顶之灾。出于团队利益和完成任务考量，张三无奈地原地不动。可见，恻隐之心的增强并不必然导致道德主体做出利他的行为，只是会提升道德主体感同身受的情感体验，而这种体验会驱使其更倾向于去施以援手。从这一点来说，通过增强恻隐之心以提升利他动力并不会损害道德主体的自主性。

四、共同善、开放未来(Open Future)与亲子关系

回到文章的起点,本文关注针对生殖细胞的基因道德增强,即父母通过对生殖细胞进行基因编辑以提升未来子女的道德水平的行为。上述讨论围绕何种形式的道德增强能够被儒家所接受,接下来的问题是,父母是否有权为其尚未出生的子女作出进行基因道德增强的决定。就通过基因编辑技术改变未来子女性状而言,针对生殖细胞的基因治疗,如线粒体替换技术(又称"三亲婴儿"技术,用于治疗亨廷顿病)[1],已经应用于临床。就为子女作决定而言,日常生活中,小到三餐食谱,大到买学区房,父母都在为子女作决定,甚至胎教的时候是给孩子听贝多芬的交响乐还是高山流水古筝曲也是由父母决定的。以上种种似乎很少引发类似父母对孩子进行基因增强的争议[2]。这里涉及的一个更一般性的问题是,父母有权(或无权)为孩子作出哪些决定?

一种"子女有权被给予开放未来"(child's right to an open future)[3]的

---

[1] Reardon, S. "Genetic details of controversial 'three-parent baby' revealed." *Nature*, 2017, 544(7648).

[2] Sandel, M. J. *The case against perfection: Ethics in the age of genetic engineering*. Harvard University Press, 2007. Battisti, D. "Genetic Enhancement and The Child's Right to An Open Future." *Phenomenology and Mind*, 2020, 19: 213 – 223.

[3] Davis, D. S. "Genetic dilemmas and the child's right to an open future." *Hastings Center Report*, 1997, 27(2): 7 – 15. Bredenoord, A. L., de Vries, M. C. and Van Delden, H. "The right to an open future concerning genetic information." *The American Journal of Bioethics*, 2014, 14(3): 21 – 23. Mintz, R. L., Loike, J. D. and Fischbach, R. L. "Will CRISPR germline engineering close the door to an open future?" *Science and Engineering Ethics*, 2019, 25: 1409 – 1423. Battisti, D. "Genetic Enhancement and The Child's Right to An Open Future." *Phenomenology and Mind*, 2020, 19: 213 – 223.

观点在相关讨论中常被提及。这一观点最早由哲学家乔尔·范伯格(Joel Feinberg)[1]于 20 世纪 80 年代提出，用以批评某些传统社区中的家长对子女宗教信仰形成方面的"干涉行为"。范伯格认为，在子女成为完全的自主个体之前，某些决定的作出会使一些重要的可选项被提前关闭，而这会损害子女未来的自主权。这些选项之所以重要，在于它们为个体在一些重要事项上的选择提供了多种可能性，而这些重要事项决定了其成为什么样的人、过什么样的生活。所以，在日常生活中，假设一家父母从不为孩子提供牛肉。这并不算是提前关闭了重要的可选项，毕竟，父母并未"摧毁"子女吃牛肉的能力。再者，吃不吃牛肉并未重要到决定一个人成为什么样的人或者过什么样的生活。但总有一些事项是重要到可以决定一个人的生活方式及成为什么样的人的。为了能让未来的子女充分行使自主权，父母有义务保持着这些重要的可选项尽可能多地开放，直到子女具备完全自主能力。这里，父母所具有的义务是消极义务而非积极义务。也就是说，父母没有义务为子女提供资源(如马术训练或钢琴培训)以为其开发尽可能多的未来可选项，但却有义务不要限制子女接受基础教育的机会或了解其他宗教文化的机会，以避免子女未来在职业、宗教信仰等方面作选择时，一些重要的可选项被提前关闭。

基于子女的开放未来权，通过基因编辑技术治疗遗传性疾病似乎是道德上可以接受的，因为遗传性疾病会使孩子出生后饱受病痛折磨，且终身难以治愈，这会大大减少其选择的可能性。事实上，这些患儿甚至连最基本的生活自理都很难实现，更不用说像健康人那样去选择自己的生活方式。这种情况下，基因治疗可以看作是帮助这些携带缺陷

---

① Feinberg, J. "The Child's Right to an Open Future." In W. Aiken and H. LaFollette (eds.). *Whose Child?* Rowman & Littlefield, 1980, 124 - 153.

基因的胎儿未来能像健康人一样拥有选择生活的可能。然而，基因增强需谨慎对待。一方面，它体现的是父母的喜好而非子女自己的；另一方面，它虽然有可能增强个体的某些特性或能力，进而为个体的未来提供更多可选项，但同时，这种增强也有可能使得某些可选项被提前关闭①。在笔者看来，子女的开放未来权不会对本文中提出的基因道德增强造成实质性的挑战。增强恻隐之心以提升利他动力、促进利他行为的道德增强并未提前关闭重要的可选项。如果说关闭了什么可选项的话，也只是关闭了完全无视他人痛苦的可能性，而这在儒家看来，恰恰是需要改变的。此外，更为重要的是，在儒家看来，父母是否有权通过基因编辑技术改变子女的性状以实现某种方面的增强并不在于其目的是治疗还是增强，而在于是否符合儒家的共同善②。儒家具有明显的美德伦理学特征，认为好人（君子）是具有仁、义、礼、智、信等德性的人。那么，凡是符合这些德性或者有助于培养出这些德性的基因增强都是可以被允许的③。通过对生殖细胞进行基因编辑以提升未来子女的恻隐之心有助于其培养上述德性（"恻隐之心，仁之端也……"④），能够为儒家所接受。

五、总结

综上所述，通过基因编辑技术增强个体的恻隐之心以提升其利他

① Mintz, R. L., Loike, J. D. and Fischbach, R. L. "Will CRISPR germline engineering close the door to an open future?" *Science and Engineering Ethics*, 2019, 25: 1409 - 1423.

② Fan, R. "A Confucian notion of the common good for contemporary China." In *The common good: Chinese and American perspectives*. Springer Netherlands, 2013, pp.193 - 218.

③ Fan, R. "A Confucian reflection on genetic enhancement." *The American Journal of Bioethics*, 2010, 10(4): 62 - 70.

④ 杨伯峻：《孟子译注：简体字本》，中华书局 2008 年版，第 59 页。

动力，进而促进其利他行为的道德增强，在儒家看来，是可以接受的。而通过基因编辑技术弱化甚至消除利己本能或改造个体对他人痛苦的接收机制以实现相同的目的却不被儒家所认可。此外。就父母是否有权为子女作出进行上述道德增强的决定而言，儒家持肯定态度，因为提升未来子女的恻隐之心有助于其形成君子所具有的德性。

基因增强：德性规制

李书磊[①]

随着贺建奎事件的发酵，如何规制基因编辑技术[②]的应用已经成为亟待解决的问题。以往学界相关研究多受西方近代自由主义浪潮的影响，以自主为核心讨论基因编辑伦理问题。但如学者们所看到的，这种路径会带来两相矛盾的结果，即使将已存在者和潜在者[③]放在代际关系中考虑，二者之间也是限制与被限制的关系。

在这种情况下，社群进入了人们的考虑范围，西方开始有学者诉诸基督教宗教情感。这种情感是不适用中国的，但这种思路值得我们借鉴。儒学也将社群放在重要位置上，视其具有独立的价值和地位。但

---

① 李书磊，吉林大学法学院 2021 级博士研究生。
② 根据编辑对象，可将基因编辑分为对体细胞的基因编辑和对生殖细胞的基因编辑。前者已基本无伦理道德方面的争议，本文讨论的主要是后者，下文将简称其为"基因编辑"。同时，本文是在假设基因编辑已无技术风险的前提下进行讨论的。
③ 本文不讨论胚胎的主体性问题，默认胚胎是一个具有潜在性的位格人，但本文并不认为位格概念的特征只涉及与自主相关的理性、自我意识等。参见朱振：《基因编辑必然违背人性尊严吗？》，载《法制与社会发展》2019 年第 4 期，第 175—177 页；孙效智：《人类胚胎之形上与道德地位》，载《"国立"台湾大学哲学评论》2007 年第 34 期，第 59—71 页。

我们也知道，儒学是否会导致家长主义也是学者们关注的问题。范瑞平先生从儒学中汲取资源，整合了个人和家庭两个维度，我们可以为基础，探索一种更适合中国国情的规制基因编辑的方法。

本文第一部分将整理范瑞平先生的观点，分析将家庭维度纳入基因编辑规制问题的合理性；第二部分将立基儒学经典，分析范瑞平先生观点的可完善之处，展开论述儒学如何兼顾个人和家庭，儒学是否内含个人自主；第三部分，本文将分析从儒学出发看待基因编辑规则问题，将得出怎样的要求。

一、将家庭维度纳入基因编辑规制问题

（一）基因编辑规制问题需要家庭维度

以往对基因编辑规制问题的研究多以自主为核心。原子式的个人自主偏向已存在者的意愿，会使得已存在者的自主与潜在者的自主之间发生冲突，也会根本上与其平等主义的出发点相违。自主阵营的哈贝马斯中一定程度上修复了这种论证思路，其指出，应将代际关系纳入考虑范围，已存在者的自主的范围应以不限制潜在者的自主为限①。哈贝马斯强调潜在者的自主空间和自发的自我感知，认为基因增强等技术会干扰他们对自己是自己生活的唯一作者的感知②。然而，我们需要思考，代际关系如何能建立起来呢？既然在代际关系中，已存在者和潜在者之间是否并不是限制与被限制的关系？已存在者为何可考虑潜在者的利益？

---

① Jürgen Habermas. *The Future of Human Nature*，Polity Press，2003，pp.19，51 - 52.
② Jürgen Habermas. *The Future of Human Nature*，Polity Press，2003，pp.60 - 63.

　　可以看到,无论是原子式的个人,还是代际关系,都属于伦理问题,而伦理本具有本土性。它是某地生活的人在历史中形成的处理关系的规范,实际上我们说,这种规范既然为人们长期选择,其必然也与人们内心的品质和需求相应。重视社群,尤其重视家庭的儒学思想由此进入我们的视野。

　　可能会有学者担心,儒学思想是否会导致强调父权权威的家长主义,是否会泯灭个人的活力和价值? 从儒学中汲取资源,是不是一种历史的倒退? 本文认为,首先,无论是批判还是支持,家庭都为中国人思考问题时无法忽视的维度。家庭是否会影响个人发展也是我们如今思考创造性转化、创新性发展儒学思想的前提。其次,我们应区分受儒学影响的历史和儒学思想,虽然历史上曾长期广泛存在家长的意志和意见代替家庭成员的意志和意见的情况,但我们可立足经典和时代需要,对儒学作出新的解释①。最后,我们知道,若人以自主为名行不善之事,最终会自损,此时自主将失去意义,甚至放大人们的恶②。有德性的个人才能获得真正的自主。实际上,儒学是可以兼顾个人与家庭的,关联起二者的正是德性。范瑞平先生即曾作此突破尝试,为基因编辑规制问题提供了智识资源。

(二)范瑞平先生关于基因编辑规制问题的观点

　　范瑞平先生曾在分析医疗代理决策问题和胚胎干细胞研究问题时

---

① 徐复观曾区分"低次元传统"和"高次元传统"。参见朱振:《作为方法的法律传统——以"亲亲相隐"的历史命运为例》,载《国家检察官学院学报》2018 年第 4 期,第 79—80 页;李拥军:《论法律传统继承的方法和途径》,载《法律科学》2021 年第 5 期,第 36—38 页。黄勇也曾指出,我们可将儒学分为作为历史形态的儒家伦理学和作为理想形态的儒家伦理学。参见黄勇:《美德伦理学:从宋明儒的观点看》,商务印书馆 2022 年版,第 38—39 页。

② Joseph Raz, *The Morality of Freedom*, Clarendon Press, 1986, p.380.

提出儒家伦理家庭主义，他试图以此整合家庭和个人两个维度。他肯认个体有内在价值，但他不认为社群只是实现个体利益的工具，社群也有内在价值，而家庭是第一位的社群。在这种情况下，儒家推崇家庭共同决策，这种决策并不像民主决策一样"一人一票"，家长有着更多的发言权和责任，个人自主被家庭自主所吸收①。

在讨论基因编辑规制问题时，范瑞平先生进一步提出了儒家天赋伦理学。他主张，我们应将孩子视为馈赠，这一馈赠来自家庭所有的祖先，特别是自己的父母，而每个人从他祖先那里获得的礼物就是能使其过好生活的潜在德性②。可以看到，范瑞平先生试图以德性联结个人和家庭。因为家庭具有独特的价值和地位，所以不能创造不通过家庭就可以实现道德完善的个体，家庭是"个人德性培养的本质处境，而德性就是维持适当关系的必要品质"③，"不可更易的家庭之爱是德性的根源"④。

范瑞平先生最终得出结论，即某项技术只要满足不损害家庭利益和不损害个人德性两点，就能得到儒家的支持⑤。这里的家庭利益包括家庭完整、持续和繁荣。具体来说，家庭完整尤其指向家庭决策；家庭持续类似"一个理想的家庭既要有女儿，也要有儿子"；家庭繁荣则依赖家族的物质财富和家族成员之间的和睦关系⑥。基因编辑问题更与第一与第三种利益相关。他由此认为，如果某一基因编辑技术会将孩子的肤色从黄色改为白色，将发色从黑色改为金色，那么这种技术将与

① 范瑞平：《当代儒家生命伦理学》，北京大学出版社2011年版，第60—73页、第289—309页。
② 同上书，第318—336页。
③ 同上书，第319页。
④ 同上书，第309页。
⑤ 同上书，第339页。
⑥ 同上书，第293页。

尊重祖先的价值观相矛盾,不仅会破坏潜在者的孝德,还会破坏家庭体系的完整和繁荣。如果某一基因编辑技术将增加孩子的身高,强化孩子的记忆,因这种技术不仅会改善民生,也无损孩子的德性,所以这种技术是可以得到支持的①。本文认为,范瑞平先生关于家庭具有内在价值以及德性联结个人和家庭的判断非常准确,但其关于基因编辑规制问题的结论是有偏差的,原因即在于他忽视了个人自主,错看了家庭与德性的关系。接下来将展开论述范瑞平先生理论的可完善之处。

二、儒学如何看待个人自主和家庭

(一) 儒学如何看待个人自主

本文认为,儒学关于德性的论述是内含个人自主的。具体来说,首先,儒学在论述性善时是排除了后天经验的,也即个人本来就能为善。德性使人之为人,人又本有德性,这似乎是一种循环论证,但是否确为循环论证,关键在于我们能否证成这一论证具有客观性,也即有无客观经验为证②。孟子曾以"乍见孺子将入井"的情境解释性善。"乍见"和"孺子"就是在说明,人在面对情境时产生的第一念中是无有后天的经验和训练的,我们本具有作为仁之端的恻隐之心。正所谓"人之所不学而能者,其良能也;所不虑而知者,其良知也"③。即使后来并未施以援手,这也是受杂念影响的第二念造成的。我们可通过"求放心"得到第三念,此时的第三念是符合德性的④。

---

① 范瑞平:《当代儒家生命伦理学》,北京大学出版社 2011 年版,第 335—339 页。
② 黄勇:《美德伦理学:从宋明儒的观点看》,商务印书馆 2022 年版,第 235 页。
③ 《孟子》,万丽华、蓝旭译注,中华书局 2016 年版,第 296 页。
④ 朱光磊:《由"孺子入井"看孟子性善论的理性论证》,载《孔子研究》2016 年第 5 期,第 69—70 页。

　　其次，德性本身容有多项选择，其只是要求人们给出选择的理由。同时，选项的意义也不能由他人赋予，正所谓"学以为己"而非为人。可能会有人指出，儒学本身有很多关于孝顺父母的要求，甚至"家庭关系却是无所逃于天地之间的"①，这怎么解释呢？本文将以这些"要求"的论据进行反驳。所谓"事父母几谏，见志不从，又敬不违，劳而不怨"②，这里的"不违"实际上更多指在存有自己想法的基础上灵活应变，不使父母感到不快，若有能力说服父母亦应去说服。"劳"一字更说明了儒学允许孩子持有不同的观点，这里没有写"乐"，甚至不是"顺"。虽然"舜视弃天下犹弃敝蹝也。窃负而逃，遵海滨而处，终身䜣然，乐而忘天下"③，但一来舜并没有制止皋陶抓捕，二来舜也没有为了融入家庭而跟从瞽瞍作顽劣之人。个人当然可以拥有自己的意见，坚持自己的志向，这并不与孝根本冲突。甚至我们说，个人也可以离开父母，"父母在，不远游，游必有方"④只是指出，子女在离家前应让父母知晓自己的志向和去处。在特定情境中，儒学也提倡不顺从甚至反抗，正如《孝经》中指出的，"故当不义，则子不可以不争于父……从父之令，又焉得为孝乎"⑤。

　　可能有学者指出，儒学经典也曾言："三年无改于父之道，可谓孝矣。"⑥个人似乎应最终与父亲或者说家长持有一样的意见，这又该如何理解呢？本文认为，我们可将儒学关于家庭的论述分为描述性的和规范性的。"三年无改于父之道"其实是在规范层面论述的。在理想意

①　范瑞平：《当代儒家生命伦理学》，北京大学出版社 2011 年版，第 67 页。
②　《论语译注》，杨伯峻译注，中华书局 2017 年版，第 55 页。
③　《孟子》，万丽华、蓝旭译注，中华书局 2016 年版，第 309 页。
④　《论语译注》，杨伯峻译注，中华书局 2017 年版，第 56 页。
⑤　《孝经》，江苏人民出版社 2019 年版，第 59—60 页。
⑥　《论语译注》，杨伯峻译注，中华书局 2017 年版，第 56 页。

义上，家长应秉持从性善中生发的标准，以身作则，此句的前提是父行于道①。多种选择都符合德性标准，这并不是束缚，而是使这些选项具义的前提。

值得一提的是，西方很多汉学家认为，儒学中的人是人际关系中各种角色的总和。安乐哲和罗思文曾将儒学解释为角色伦理学。安乐哲认为，儒家的角色伦理指向人如何在由个人构成的角色和关系中生活，尤其关注人们在依存中彼此的角色。这种理论认为，人一出生就处于关系中，人是借助礼，通过培养各种关系具有人性的②。"在儒家思想这里，人不是个体的，不是亚里士多德的灵魂意义的分离无关性，而是具有内在联系；生活的多样角色，它是构成人作为人的东西……每个人都是他所有生活中同他人和谐相处的角色。"③我们也应注意到，很多学者对此作出了相当的批评，如桑德尔指出："我也不认为，人只是他各种角色和情境的'集合'。在我看来，那种完全集合性的图景所缺失的，是叙事性和反思性（包括批判性反思）的角色。不仅是社会角色和关系，而且关于这些角色和关系的解释，都构成了人格。"④

（二）儒学如何看待家庭

那么，儒学是不是倾向个人的，以至于家庭只是一种工具呢？并非如此。范瑞平先生关于家庭同样具有内在价值的判断十分准确，正所

---

① 《论语译注》，杨伯峻译注，中华书局 2017 年版，第 10 页。
② 安乐哲：《儒学与世界文化秩序变革》，济南出版社 2020 年版，第 175 页。
③ 同上书，第 178 页。
④ 迈克尔·桑德尔：《儒家的"人的观念"》，载"法哲学纲要"（微信公众号），2022 年 2 月 17 日。

谓"劳而不怨"，虽劳但不应怨。本文在一定程度上认可家庭是第一位的社群这一判断，若一个人连对其最有恩德者都可抛弃，那我们可以说，这个人的德性被遮蔽，本心也丧失了。只是家庭并不天然是德性的代词，甚至我们说，我们当然可以德性关联个人和家庭，但德性并不因家庭存在而存在，也并不是家庭存在，家庭中的后代就天然地是成德之人，孩子的德性依赖的并非家庭体系这一形式。家庭也当然有助于德性的巩固和发扬，但这只是后手。实际上，家庭是因为人天生具有德性而存在的。范瑞平先生认为，"家庭在本质上不是个人自愿启动的"①，但若无德性，人生下孩子后自可抛弃、虐养，被生下的孩子也不会去想融入关系。因为人天生地有感念父母的为善的倾向，父母天生有怜爱孩子的倾向，所以父母和孩子能联结在一起组成家庭，二者间不存在自主于代际间的对立。人天生就有为善的倾向，为善是人的品质特征。一个有为善之心的人自然会希望他人处于一个善好的状态中，二者之间具有一体性。

范瑞平先生曾以"气"来解释德性在世代间传递，但本文认为并非如此，这样解释是把生命与德性等同了②。一来，"气"实际上为程朱理学解释"既然人性本善，为何人也会作恶"问题的工具，其为一形而上的建构，"阴阳五行"等概念也已不再十分适应当代③。二来，孩子之所以能成为有德之人，并不在于灌输，而根本上在于其对自己这种倾

---

① 范瑞平：《当代儒家生命伦理学》，北京大学出版社 2011 年版，第 291 页。
② 同上书，第 335—336 页。
③ 程朱理学派多认为，性虽本善，然性外仍有气禀，气分阴阳，阴阳二气亦都有善恶，故人万殊不齐，有贤有愚。参见陈淳：《北溪字义》，中华书局 1983 年版，第 7 页。因本文讨论基因编辑，故特摘《北溪字义》中关于潜在者的论述。"人初间才受得气，便结成个胚胎模样，是魄。既成魄，便渐渐会动，属阳，曰魂。及形既生矣，神发知矣，故人之知觉属魂，形体属魄。"陈淳：《北溪字义》，熊国祯、高流水点校，中华书局 1983 年版，第 57—58 页。

向和能力的发扬,家庭作为培养孩子德性的第一场所,父母有义务留存扩充孩子的德性。德性使个人能够拥有真正的自主,真正的家庭利益应为家人间对彼此德性的留存和扩充,德性联结个人与家庭的本质实在于此。那么,家庭或者说父母应怎样留存扩充孩子的德性呢?

(三)"性"与"心":情境之于留存扩充德性的意义

一般情况下,我们在谈论性善时,是不区分"性"与"心"的,但在面对基因编辑问题时,为了对人们的行为提供指引,我们有必要对二者作一区分。分离了"性"与"心",情境将自然地走进我们的视野。孟子虽然也即心言性,但孟子是为了说明性在具体情境中的彰显,是在以性在情境中的表现来解释性,正如前文在解释第一念时提到的,孟子以在情境中乍起的"怵惕恻隐之心"解释性善。实际上,通过阅读《孟子》可以发现,孟子实际上在两个层面使用"性"一概念。"口之于味也,目之于色也,耳之于声也,鼻之于臭也,四肢之于安佚也,性也。有命焉,君子不谓性也。仁之于父子也,义之于君臣也,礼之于宾主也,智之于贤者也,圣人之与天道也,命也。有性焉,君子不谓命也。"[①]第一个层面的"性"指向口目耳鼻四肢的生理上的欲望、取向,第二个层面的"性"才指向人心中为善的倾向和品质。君子不会在第一个层面上谈性,因为君子不会以性为借口妄求这种欲望,而对于第二个层面的"性",即使抱负之得失终不能由人所决定,但是否为之努力这件事可由人决定,而决定的关键即在于心在情境中作出的反应。这一点也可以通过"尽其心者,知其性也"得到说明。

---

① 《孟子》,万丽华、蓝旭译注,中华书局2016年版,第331页。

清代时，朴学对先秦儒学的考据取得了显著成就，焦循为其中代表。焦循在考据"尽心知性"时指出，"性之善，在心之能思行善，故极其心以思行善，则可谓知其性矣"①。我们可以通过焦循的其他考证看到，以心之思留存扩充性这一点于焦循具有一致性。例如，在考据"耳目之观不思，而蔽于物。物交物，则引之而已矣，心之官则思，思则得之，不思则不得也"一句时，焦循指出，"人有耳目之官，不思，故为物所蔽。官，精神所在也。谓人有五官六府。物，事也。利欲之事，来交引其精神，心官不思善，故失其道而陷为小人也"②，这里亦以心之思善为留存扩充德性的关键。同时，焦循的这一句解读也为我们思考心如何思指明了方向，即心离不开情境，其可在情境中作出反思得到成就，也可在情境中陷溺。郭店楚简的出土有助于我们了解先秦儒学的取向，其《性自命出》一篇多次强调心对于留存扩充性的作用。其指出，"凡人虽有性，心亡奠志，待物而后作，待悦而后行，待习而后奠"，"凡道，心术为主"，"人虽有性，心弗取不出也"，即"性"所具备的只是一些潜在的可能性，如果想其发显于外，则需要借助"心"的力量③。

回应上文，桑德尔在批判安乐哲等人的观点时指出，人并非各种角色和情境的"集合"。"情境"的存在并没有错，关键在于，参与情境者有无主体性，有无自己的性和心。杨儒宾曾指出："原始儒家所主张的道德实践，是一种'情境的道德实践'，牵涉到此种实践的心灵，不妨援引前文所说的，称之为'情境心'。……其特点乃在于'情境心'的'情境'

---

① ［清］焦循：《孟子正义》，中华书局 2017 年版，第 725—726 页。
② 同上书，第 656 页。
③ 罗惠龄：《孟子重估——从牟宗三到西方汉学》，中华书局 2021 年版，第 50—51 页。

是先于'心'而存在；而且'心'也在'情境'中交感成形。"①"嫂溺，援之以手""见贤思齐焉，见不贤而内自省也"等为情境召唤道德主体使其作出正面回应及反思的例子，而因本文主要论述基因编辑问题，故此处将再主要讨论一下心在情境中陷溺的问题。

为何有人会失其本心，而有人能勿丧呢？孟子曾以杞柳、水比喻人之性。杞柳本向上竖直生长，若强行将其弯曲做成杯盘，杞柳必将受到戕害；水本就下，若强行阻挡或以邻为壑使其"不正常"发泄，则必会招来祸患②。治人者或育人者应慎重对待被治者或孩子的本性，若自以为是，则很可能提供不利情境。"所恶于智者，为其凿也。"③因此，父母应给予孩子自主的空间，在孩子留存善念时作出正向反馈，在孩子产生恶念时作出反向反馈，孩子将因此拥有越来越稳固的德性，这也有助于其未来自然地生出善念。

三、如何以儒学中的德性规制基因编辑

儒学从人性中本有的德性中提炼出仁义礼智等，并将它们设为普遍的标准，父母有义务以这种标准营造良好的情境，排除毫无价值或需

---

① 杨儒宾：《人性、历史契机与社会实践——从有限的人性论看牟宗三的社会哲学》，载《台湾社会研究季刊》1988 年第 4 期，第 158—159 页。然而，本文认为，杨儒宾受海德格尔影响，一些论述如"社会与传统却先于人而存在""社会—传统中的文化因素形构了人的意识"等仍有讨论的余地，这种论述似乎认为关系是第一位的，但实际上，杨儒宾自己也曾指出，"人的经验内容又皆肇因于心的感受性"。本章认为，德性需要他者，但我们不能说有关系才有德性，实际上，关系是通过天生即考虑他者的德性建立的，若无德性，所谓的"关系""情境"也无意义。参见杨儒宾：《人性、历史契机与社会实践——从有限的人性论看牟宗三的社会哲学》，载《台湾社会研究季刊》1988 年第 4 期，第 150—151 页、第 160 页。
② 《孟子》，万丽华、蓝旭译注，中华书局 2016 年版，第 185、240、282 页。
③ 同上书，第 185 页。

要贬低的情境,这对求放心的能力尚未出现的未出生的孩子来说尤为重,也对如何应用基因编辑技术提出了要求。

(一)德性支持基因治疗

基因治疗技术旨在减轻孩子身体上的病苦,甚至使某一病症不再进入遗传。这不仅有助于孩子身体上的成长,更有益于孩子心理上的积极稳定,使孩子拥有更强大的自主能力和更广阔的体验空间,这是符合孩子的个人需求的。同时我们说,这也符合父母内心基于德性的需求。"蓼蓼者莪,匪莪伊蒿。哀哀父母,生我劬劳。蓼蓼者莪,匪莪伊蔚。哀哀父母,生我劳瘁。瓶之罄矣,维罍之耻。""父兮生我,母兮鞠我。拊我畜我,长我育我,顾我复我,出入腹我。欲报之德。昊天罔极!"[①]正因这种恩情,家庭应成为留存扩充德性的第一场所。

然而,亦有人会指出,医学的发展可能会倾向于将减轻病痛放在超越其他所有人类生存目的或目标的位置,而这很可能使我们的复杂本性中的道德情感受到威胁[②]。我们消除孩子的病苦,不是剥夺了孩子逆境成长的"权利"吗?本文认为,这种说法不仅荒谬,而且不为儒学肯认。实际上,可将儒学的要求分为两类,一类指向自己,人应拥有战胜逆境的勇气,正所谓"困于心,衡于虑,而后作";另一类则指向他人,包括君王应安养百姓、父母应用心抚育孩子,在这个意义上,儒学并不宣扬苦难而宣扬济世救人。"大丈夫之于学也,固欲遇神圣之君,得行其道,思天下匹夫匹妇有不被其泽者,若己推而内之沟中。能及

---

① 《诗经》,吴广平、彭安湘、何桂芬导读注释,岳麓书社 2021 年版,第 115—116 页。
② [美]弗朗西斯·福山:《我们的后人类未来》,黄立志译,广西师范大学出版社 2016 年版,第 173 页。

小大生民者,固惟相为然。既不可得矣,夫能行救人利物之心者,莫如良医。"①逆境也不是唯一能够帮助我们发展的情境,作壁上观更是违逆德性,"天地之大德曰生",充满爱与感恩,人人互相帮助的大同社会才是儒家的理想②。

(二) 德性不赞成基因增强

使身体增强的基因编辑技术极易营造父母无法及时作出反向反馈这种不利于留存扩充德性的情境,儒学不会支持这种基因增强。我们可借用荀子的观点解释人恶的第二念的产生。"今人之性,生而有好利焉,顺是,故争夺生而辞让亡焉;生而有疾恶焉,顺是,故残贼生而忠信亡焉;生而有耳目之欲,有好声色焉,顺是,故淫乱生而礼义文理亡焉。"③使身体增强的基因编辑提供的情境易使孩子本心陷溺,卷入攀比竞赛的父母也将陷于"偏险悖乱"。儒学格外强调谦虚的态度,尤其主张在某些方面具有"优势"时,应好谦自克,节制适度。以《易经》为例,《易经》六十四卦以吉凶解释事物的发展规律,而谦卦中无一为凶。使身体增强的基因编辑容易导致"满招损"的结果,不利潜在者未来的发展。

使身体增强的基因编辑也易破坏父母孩子之间以感恩和关爱建立起的家庭关系,而这易从根本上断掉家庭带来的反馈的影响,其将使父母子女之间的关系变为责任—追责关系。《孝经》曾言:"身体发肤,受之父母,不敢毁伤,孝之始也。"④孩子有权继承父母健康状态的基因,

---

① [宋] 赵善璙:《自警篇》,商务印书馆中华民国二十五年版,第208页。
② 范瑞平:《当代儒家生命伦理学》,北京大学出版社2011年版,第21—25页;蔡蓁:《宋代儒家视野下的堕胎问题》,载《文史哲》2021年第6期,第110—112页。
③ 《荀子新注》,楼宇烈主撰,中华书局2018年版,第474页。
④ 《孝经》,江苏人民出版社2019年版,第3页。

但使身体增强的基因编辑会使得身体发肤部分受之科技,若受之科技这部分特征对于一些目标的实现有着超乎寻常的作用,这种基因编辑很可能使得孩子对父母的感恩之情变成对父母的要求和苛责。

值得一提的是,既然使身体增强的基因编辑有可能对孩子的德性产生不良影响,那么直接增强孩子的德性是否可行? 本文对此持否定意见。不仅人的德性本就是圆满的,而且这么做与儒学中的德性内含的个人自主相悖。若所谓的选项皆是被赋予的,即使选项都是善的,自主也终将走到自己的反面。即使一时的感受是恶的,我们也不能直接剥夺这种感受,"求放心"的意义正在于此。只有行为形式上符合德性标准而内心不求善近似乡愿。

因此,回到上文,本文认为,首先,范瑞平先生对基因增强的认知是存在错误的。改变孩子的瞳色、肤色、发色等并不是一种增强行为。如果是为了使孩子更适宜在环境中生存,如孩子出生后将患有白化病,则改变肤色等行为属于基因治疗。如果是为了美观,因为审美是个人行为,这种行为至多是一种"改变"。觉得别的民族的祖先比自己的祖先更漂亮,本文认为,这并不必然违背孝德。儒学从不主张只能认为本民族最好,无论是民族融合的历史,还是"各美其美,美人之美,美美与共,天下大同"的观念,都包含着对其他民族特征、多种审美标准的肯认,关键应在于这种行为背后有无德性,一个人完全可以既肯定其他民族的外貌,甚至欣赏其他民族的特色风格,又拥有以德性构建的内心。而若是出于自弃自厌作出相关行为,完全抛弃自己的坐标原点,将希望寄予他者的肯定,那么即使终究没有改变外貌,也很容易会陷入追求自我利益的陷阱,丧失内心秩序,难以拥有以德性和爱充盈的人生。也就是说,如果是为了使孩子未来获得更好的社会评价,则这种行为实属迎合种族歧视等潜意识的行为,本身是不道德的,这种迎合行为亦不利于留存扩充孩子的德性。

其次，基因治疗与使身体增强的基因编辑之间存在着相对明确的界线，儒学有着明确的原则和要求，这两个问题域也各自有核心的特征。这一结论看起来与桑德尔的结论相似，实则二者的理论内核是不同的。本文认为，在基因治疗与使身体增强的基因编辑之间划界线，本质上不是为了抑制过度的掌控和欲望，使我们生活得更好的，不是对他人或上帝权威的臣服，而是对德性的留存和扩充。孩子确实是馈赠，但若无德性，关系无法建立，孩子自然无法被扶养长大。可以说，孩子是代代传递下来的德性的馈赠。谦卑、责任与团结也只是德性的表象，为善者会自然而然地拥有这些①。范瑞平先生提出的孝德、传宗接代和维持和睦关系等也并不是最终看待二者的标准，关键在于孝思等的原因，标准应在于，这种行为是否会营造不利于留存扩充孩子的德性的情境，而儒学并不会赞成基因增强。能有效提高孩子免疫系统的基因增强或许是一个例外，但一来，实际上疫苗本身也不完全是一个治疗手段，二来，这种基因增强的特殊性也是基于对二者的区分得来的，未来或许也需要基于这一界线设立相关规范、划定界限。

结语

基因编辑规制问题以伦理为底线，我们有必要将代际关系纳入考量，而代际关系实际上正是因德性建立起来的。德性能联结其个人和

---

① 桑德尔具有一定的基督教文化情结，虽然他强调人们能以世俗的方式共鸣其中的精神和担忧。他将孩子视为馈赠，区分基因治疗和基因改良并反对后者，认为过度的支配和控制欲会带来一系列道德风险。参见［美］桑德尔：《反对完美：科技与人性的正义之战》，黄慧慧译，中信出版社 2013 年版，第 45—59 页、第 83—89 页。

家庭，其既肯认个人自主，甚至会使人获得真正的自主，也肯认家庭这一社群的内在价值，关键在于家庭如何留存扩充德性。人性本善，而"性"与"心"的区分会使我们注意到情境。情境出现时，人会自然地产生善的第一念，只是本心容易陷溺产生恶的第二念。为维续第一念或为通过反思产生善的第三念，应留存并扩充德性，尤其对于尚未出生的孩子来说，因为这会自始地影响他的人生。儒学中关于德性的论述于如何规制基因编辑这一问题有着重要意义。

第三部分

智能医护

智能老年医护：伦理问题

王　珏[①]

一、老龄化背景下的智能养老照护与潜在伦理风险

严格说来，人口结构的老龄化由两个因素构成：低生育率，以及人均寿命的延长。两者共同作用的直接后果就是养老抚养比的变化，一边是愈加庞大的退休人口，耗费越来越多的退休金和医疗照顾费用，另一边则是急剧减少的劳动人口，未来能转移支付给退休人口的资金也相应减少。人口的这一结构性变化会产生两个直接后果，一个就是养老保障制度的可持续性问题及相关代际公平问题，另一个直接的后果是养老照护劳动力短缺的问题。因为从老龄化结构上来看，相比于能提供照料的人口而言，需要照料的老年人越来越多，社会也将面临越来越沉重的养老压力。鉴于人口结构本身是一种刚性的制约，许多研究者认为用智能机器人来替代不足劳动力，也许是老龄化背景下解决养老问题的唯一可行方案。研究者还为智能机器人设想了多种角色，例

① 王珏，西安交通大学哲学系教授。本研究为国家社科基金一般项目"人工智能医学应用的伦理框架与治理研究"（项目编号：20BZX127）的阶段性成果。

如,机器人可以作为帮手,承担日常辅助角色,还可以为孤独的老年人提供陪伴的角色,以及扮演监控和监管的角色。甚至日本等国已经将智能养老照护列入养老保障制度建设计划中。

然而智能技术热衷者所描述的这样一种光明前景当中也潜藏着一些不容忽视的伦理风险。根据智能机器人在老年照护中扮演的不同角色,既有的研究已经揭示了以下几种风险。首先,就承担日常辅助功能的机器人而言,最大的伦理风险是,机器人照护可能会进一步削弱被照顾者的社会联系。随着身体机能的退化,老年人通常处于一种较为孤独的状态。对很多独居或生活在养老机构的老年人而言,为其提供日常服务(比如清洁、饮食)的人员也许就是他主要的社会联系。那么,当把这部分功能交给机器负责以后,那么这些脆弱的老年人很可能会陷入更加社交隔绝的状态,并使身心健康受到严重的负面影响。

其次,将所有照料工作都交付给机器,极有可能会伤害被照料者的自我控制感,并降低其尊严感。很容易被混淆和遗忘的一点是,机器的操控不能代替来自人类同伴的抚摸(touch)。人类手的抚摸不仅仅是功能性的,它同时也是情感性的;人类的抚摸总是意味着对另一主体的承认和接纳,正如我们日常在握手的礼仪中所反复体验到的。相反,机器照护,无论多么智能,本质上都已经都是已经将人现成化和客体化了,因而也总免不了陷入物化被照料者的伦理风险中。

就承担监管和监护功能的机器人而言,比较突出的伦理问题是隐私和自主性问题。这类照护机器人被设计为,可以通过监控、提醒等功能,来保护能力受限的老年人。然而,在这一情景下——脆弱的老人VS.难以监控的机器——老年人诸多权利和利益之间极易发生冲突。比如,机器人是否应该如实告知被照顾的老年人其自身真实的健康状态？如何在尊重自主和保护老年人之间达到平衡？此外，为了达到监护的目的，机器人必须掌握老年人身体状况等隐私信息。然而，只要这些信息可以被机器收集。那么就存在着隐私泄露和滥用的风险。

就承担陪伴角色的机器而言，最严重的伦理问题是，欺骗问题。所谓的"欺骗"（deception）更准确地说是虚假信念（false belief）。与智能机器之间的情感性互动，极有可能让脆弱而孤独的老年人陷入假象中，错误地希冀从机器人那里获得它从本质上就无法提供的东西，比如真正的友情和关怀。机器人无法与人类形成有意义的关系，但它所扮演的角色却有意或无意放任被照料者陷入错觉之中。Sparrow 对此提出了非常尖锐的伦理批评："相信机器人可以照料和陪伴老年人是一种错觉，而试图让它们扮演这种角色则是不道德的。"[①]

对这些伦理隐忧的揭示，隐含着一种视角的转换，即从技术研究者、开发者和生产商的视角转向使用者本人的主观视角。但从使用者本人的主观视角出发，有着不可祛除的模糊性。一方面，如 Sparrow 等研究者指出，机器照护与人类照顾有着本质区别。机器人作为编程驱动的人工体并不能和人类建立富有意义的社会关系，机器人也并不真正关心它照顾对象的幸福。就此而言，更多的智能机器照护往往意味着更少的人与人之间的关联，而后者对维持属人的有意义的生活而言是不可或缺的因素。然而另一方面，从另一个角度上看，机器人可以明显地赋能被照顾者，比如通过帮助他们的移动，便利他们保持人际间的社会能力，增密他们的社会交往，提升他们的独立性和幸福感。如上所示，仅仅从个人使用者的主观体验视角出发，根据观察的着眼点不同，我们很可能会得出相互分歧的结论。

① Sparrow, Robert and Sparrow, Linda. "In the Hands of Machines? The Future of Aged Care." *Minds and Machines*, 2006, 16: 153.

这意味着，我们需要发展一种既可以容纳个体使用者体验，同时又更加完整、更富有弹性的道德进路，以把握智能养老照护中复杂而微妙的伦理处境。为了达到这一目的，本文将尝试借助儒家伦理资源，提出一种关系性的技术伦理框架，以帮助我们应对智能养老照护中可能出现的伦理问题。

二、一种关系性的儒家技术伦理框架

借助儒家伦理资源，本文将尝试提出一种以角色为基础、和谐为规范、德性为导向的技术伦理框架①。Pak-Hang Wong（2011 年）的论文《道、和谐与人格：构建一种儒家技术论文》是最早试图在这一方面有所推进的研究。与 Kupperman 和 Wong 等作者一样，笔者也认为儒家伦理的关系性视角具有迥异于西方主流伦理框架的伦理关切和道德重心，但恰恰是这种差异的视角可以刺激思想反思和更生自身，以帮助我们构建更完整、更平衡的伦理框架，以应对现实世界的复杂伦理挑战。就本文的关切而言，就是应对智能照护机器人等新兴技术的挑战。在笔者看来，虽然不同阐释者的着重点会有所不同，但一种关系性的儒家伦理视角大体上总会涉及如下三个最基本的支撑性概念，即角色、和谐和德性。下文我们将先简要阐述此三要素的基本伦理内涵，然后在此基础上，从一种关系性的儒家技术伦理视角出发，审视智能养老照护中的相关伦理问题。

角色本身就是一个关系性的概念，很难离开特定的关系而来讨论

① 安乐哲所提出的儒家角色伦理学(Confucian role ehtics)，参见安乐哲：《儒家角色伦理学：一套特色伦理词汇》，山东人民出版社 2017 年版。Jeol J. Kupperman 的 Confucian civility 都对本文思路有所影响。文中讨论到的 Pak-Hang Wong 的论文也可以看作 Kupperman 的研究视角在技术伦理视域的延展。参见 Kupperman, J. J. "Confucian civility." *Dao*, 2010, 9: 11 – 23。

角色的内涵。虽然也许我们不能在儒家经典典籍里找到和角色严格对应的概念，但是《论语》中的"正名"就有明显的角色内涵。在孔子那里，与"父父""子子"这些名分相关联的不再是一些孤立的人和事，而是在这些人和事背后的，使这些人和事的建构成为可能的，以及那些使之浮现出来的，错综复杂的社会、文化、生活关系的网络、背景和形式，正是这些网络、背景和形式，使得一个社会角色同时成为名分，拥有道德义务的诉求力量①。安乐哲的"儒家角色伦理学"也是基于同样的洞见，即儒家对伦理生活的构想最终都可以追溯至对人类关系性生存事实的肯认："我们活着，并非只是肉体意义上的一个生命；我们做的一切，生理的、心理的、社会的，毋庸置疑是关系的、协作的"②。作为儒家伦理出发点的角色，一方面是对各种关系样态的表述，呈现为父母、子女、祖辈、朋友、邻居等支撑着日常生活的各种社会角色；另一方面，这些角色内含着伦理规范性（normative），向我们指明恰当行为的方式。"关系一经存在，则家、国之繁荣兴旺就是我们根据这些关系条件所能成就的最好状态"③，就此而言，儒家角色又被称作是繁荣伦理学（ethics of Fl），与西方美德伦理学有非常接近的伦理旨趣，但又与后者有些微妙的区别。我们将在阐释儒家和谐价值时，再次回到这一问题上。

还需要澄清的一点是，技术也可以和应当被纳入角色伦理学的视野，并且技术的角色并不仅仅是工具④。或者说，当技术仅仅被看作是

————————

① 王庆节：《道德感动与儒家示范伦理学》，北京大学出版社 2016 年版，第 168 页。
② 安乐哲：《儒家角色伦理学：一套特色伦理词汇》，山东人民出版社 2017 年版，第 1 页。
③ 同上。
④ Wong 也有类似观点，可参看 Wong，2011。当技术哲学斯蒂格勒等用"代具"来称呼工具的时候，他们实际上也是在对技术作某种角色命名，技术的意义明显超过了单纯的角色。但关于"技术的角色"问题仍然是一个重要而开放的问题，并没有任何确定的占优势的答案。

工具时，它影响人类生活的最深层的途径恰恰被遮蔽了。我们至少可以从如下两个方面来考量技术的角色：第一，从人和世界的关系出发，考察智能机器如何改变了人类的实践方式，机器究竟是赋能了人类，让人类变得更自由，还是导向了对人类更深层次的权力剥夺。第二，从人与人的关系，看智能机器如何影响和重构了人与人之间的伦理关系，以及思考这些改变是否符合人类对善的生活的设想，是否符合人类繁荣之道。

一种儒家繁荣之道的核心是和谐。如《中庸》首章言："喜怒哀乐之未发，谓之中；发而皆中节，谓之和。中也者，天下之大本也；和也者，天下之达道也。致中和，天地位焉，万物育焉。"朱熹注曰："致，推而及之也。位者，安其所也。育者，遂其生也。"（《四书章句集注》）这里"中和位育"四字标识出儒家对世界终结秩序的理解。这一秩序不能被归结为某个超越世界的实体至上，就在世界之内开显出一个生生的境域，其中万物各动其动，各成其理，但又并行不悖，合拢为一个道。钱穆对此有一个生动比喻：譬如在一条大马路上，有汽车道，有电车道，有人行道，各照各道，互不相碍，合拢起来仍是一个"道"……鸢飞鱼跃，即得那活泼泼的大自然之全部自由①。用前述角色的话语来说，汽车、电车等万物皆有其道，而合拢起来的大道，并不在诸物之外，而就存身于诸物之间，而呈显为角色间的和谐关系。

就此而言，道即和谐，即《中庸》所言的"万物并育而不相害，道并行而不相悖"，"小德川流，大德敦化"。如此理解的"和谐"有如此三点基本特征，对本文论题而言，尤其值得关注。第一点，如李晨阳已经指出的，和谐可以被理解为儒家伦理的规范性标准（normative standard）。

① 钱穆：《湖上闲思录》，九州出版社 2012 年版，第 40—42 页。

儒家的伦理原则通常不能表述为一种去语境化的普遍规则，比如"不许撒谎"等康德式普遍义务，但这并不意味着儒家伦理学不包含关于正确行动的规则。对儒家而言，和谐就是判定正确行动的标准。和谐的第二点特点在于，它往往是在一种有张力的东西当中寻求一种平衡，即追求"和而不同"。并且这种"不同中的相同"并非通过某种无原则的妥协而造成的，而毋宁说是"相反相成"。相反的双方可以和谐的关系中相互增进。第三点，关于和谐的获得维持，儒家强调，和谐只能是一种动态的平衡，并不存在预定的先天秩序。并且在和谐关系的维持中，人类被赋予突出的角色。"万物皆备于我，反身而成，乐莫大焉"(《孟子》)。即人对维持自身及万物的和谐具有首要的道德责任。儒家和谐的概念起源于对真实生活复杂性的某种洞察；或许正是出于对实际伦理生活复杂和微妙的深刻认知，儒家思想传统并不追求绝对的、去语境化的"善"或"正确"的观念。这也使得，相比于其他相竞争的伦理进路，儒家伦理框架要更具包容性，更能容纳新技术的发展。比如，同样致力于对人类繁荣之道的阐释，儒家伦理学与源自亚里士多德的西方美德伦理学在伦理视野上有很多重合、而可以相互发明的地方。但有一个关键的不同，儒家所追求的终极的善(比如和谐)要更趋于形式化，更倾向于表达为动态过程的调节性理念。就此而言，儒家的伦理框架比一般意义上的美德伦理学更富有弹性。美德伦理学的道德论证总是开始于对人类繁荣之道的一种目的论论证。而这种目的论论证抽离于共同的形而上学背景时，就很难得到普遍的共识，而容易滑入相对主义的分歧中。

对和谐的追求最终总是落足到对美德的关注上。一方面，和谐的基础总是关系中的角色表现出来的相应德性。已有相当多的研究指出，儒家伦理学与发源于古希腊的美德伦理学分享着相似的概念和逻辑，即，一种德性论的道德推理框架。正如在亚里士多德那里德性（virtue）是"使人善并使之实现其功能的状态"，儒家的"德"也有据以实现人道的含义，如《中庸》所言的"苟不至德，至道不凝焉"。另一方面，以和谐作为规范标准来衡量关系时，那么德性也是一个重要的考量因素。如果将某种技术引入某种人类实践，并因此重构了其中的角色关系，结果是侵蚀了相关道德行动者的德性的话，那么我们就需要慎重思考这种技术的伦理适用性。并且儒家德性伦理视角对关系的特殊敏感性，也会照亮某些在其他伦理进路中被遮蔽的价值。这一点也解释了为什么在科技伦理探讨中诉诸一种儒家视角是亟有必要的，这并非仅仅是一种文化偏好，而是具有跨文化的普遍伦理意义。

三、儒家视角下对智能养老照护的伦理探讨

从儒家角色伦理的视角来看，当下关于养老照护的探讨中存在一个严重的误区，即相信人类照料者的角色可以完全被机器所替代。比如本文开头提到，机器照护被看作是解决老龄化背景下养老难题的唯一可行技术解决方案。然而，这种技术主义的提法已经隐含地承认了，即人类所承担的某种角色可以无损失地被机器人所替代的。

然而这种提法完全忽略了，机器人和人之间的不可逾越的存在论差异，以及相应的可承担角色的差异。目前被关注最多的是，机器人与人在情感方式上的差异。因为机器人不具有人类情感和生活方式，它永远不可能和人发展出真正有意义的深层关系。就此而言，机器也许能完成一些具有特定功能的照料工作，比如喂食、清洁等，但它永远无法满足人类的深层的情感需求和社会需求，后者才是养老实践所涉及的诸种关系的伦理核心。如孔子所说："色难。有事，弟子服其劳；有酒

食，先生馔，曾是以为孝乎？"（《论语·为政》）如果混淆机器人与人角色上的区别，将照料工作完全托付给机器，就犯了孔子说的上述错误，扭曲了照料的真实含义，实践中也必然会对被照料者的身心健康产生严重的负面影响。在本文第一节中，我们已经讨论过许多相关的伦理风险，比如孤独、物化和降低被照料者的自主能力等。

面对这种伦理风险，一种儒家角色伦理的解决方式会要求严格区分机器照护者与人类照护者。在我们养老实践——这一实践也是儒家理解的人类繁荣之道不可或缺的伦理基础——中，当然可以容纳机器人作为人类照料的辅助，但绝不能混淆机器和人的角色。在这方面我们或许可以仿效荀子"爱有等差"的提法。"水火有气而无生，草木有生而无知，禽兽有知而无义，人有气、有生、有知，亦且有义，故最为天下贵也。"（《荀子·王制》）同样，我们也必须关注人与机器人之间的存在论差异，关注人的情感与机器情感之间差异，以一种真正符合人性的方式来构建未来的人机道德共同体。其次，从和谐的视角看，智能养老实践中最大的伦理风险来自失衡的关系。最突出的一种机器与人之间的失衡关系就是通常在"欺骗"名义下所探讨的那些问题。目前关于人-机"欺骗"的讨论虽然很有启发，但也失之模糊和粗糙。从一种儒家视角出发，我们或许可以区分两种失衡关系，以此来推进探讨。

第一种是人与机器之间单向的、不对称的情感关系。机器人类似人类的表情和行为方式，很容易在人类主体这里诱发了一种共情：即人类主体仿佛能够感受到机器人的情感，并与之产生出一种伦理关系[1]。然

---

[1] 关于人-机共情关系及相关伦理问题的更多细节研究，还可看参看笔者论文："Should we develope empathy for social Robots." In *Sex Robots: Social Impact and the Future of Human Relations*, ed. by Ruiping Fan & Mark Cherry, Springer, 2021。

而人类对机器所感受到的这种共情注定是空洞的、盲目的。正如 Turkle 所指出的那样①，"机器人的脸确实宣告了……一种伦理和情感契约，它抓住了我们，但当我们对机器感到它时，它就没有意义了……事实上，我们被触发去从一个无法给予的物体那里寻求共情。"更危险的是，这种单方面的不对称的情感关系会将使用者置于更易被剥削、被操纵的弱势地位。养老照护机器人的生产商很有可能(至少有充足的动机)利用这种情感纽带，增加用户黏性，甚至可能利用这种情感关系来剥削被照料者，以牟利。当我们想到现实当中，老年人是如何容易被别有用心的人通过情感操纵来牟利。我们就可以很清楚地看到，上述伦理风险并非对遥远现实的抽象构想，而是现实而迫切的危险。

在实践中，社会应该避免制造那些机器人，它们进入人类社会，扮演某些社会角色，却以错误的方式利用人类的共情能力，让人们陷入单向的情感连接，却得不到真正意义上的回应，最终被机器剥夺人性。

第二种失衡情况是，被照顾老年人从机器照护中获得满足越多，他能获得的人际关系上的满足就愈加少。甚至在此可能会形成一个反向激励的闭环：一个老人越孤独，越可能沉迷于机器陪伴，而对机器越投入，会越削弱他从人际网络中所获得的支持。如果仅仅从个人主观体验的视角出发，很难说这种状况就一定是伦理上不可接受的状态。我们并无充分理由说，老人从机器照护所获得的情感安慰就一定是虚假的，无任何积极意义的，毕竟即使是安慰剂，也可以是有帮助的。但从一种儒家关系性伦理的视域出发，我们却可以明显看到，上述失衡关系是社会性的道德失败。如果一个社会放任所有老年成员都"老于机器之手"，在儒家的伦理视野下，这样的一个社会是有严重道德缺陷的。

---

① Turkle, S. *Reclaiming conversation: The Power of Talk in a Digital Age.* Penguin Press, 2015, 287.

在上述对伦理问题的识别和治理框架的描述当中，事实上我们已经广泛使用到了包含德性的话语了。在儒家看来，一种不和谐的关系，往往伴随着的相应德性上的缺失。限于篇幅，本文无法全面探索相关问题，而只聚焦于在智能养老照护中一个最基础、同时也是最隐秘的一种德性缺失。"老于机器之手"之所以是道德上令人不安的图景，是因为其中折射出的人与人之间伦理关系的松弛和冷漠。出于类似的关切，麻省理工学院心理学家雪莉·特克尔不止一次在她的书中提到了在她社交机器人研究生涯中出现的一个令人震惊的场景，一个关于技术未来的颇具隐喻性的画面：在一家养老院，她和她的团队都站在一旁旁观，只是希望一位失去孩子的老妇人能和机器人建立联系①。这个场景中最引人注目的部分是，通过将我们的"爱的工作"外包给机器人，我们很容易失去恻隐之心，和对处于痛苦中的人类同伴的同情，而这些道德能力通常被认为是人类美德和尊严的起源。现在技术已经发展到触及人类生存根基的关节点上，我们需要停下来，直面如下对人类未来而言至关重要的伦理问题：这种技术是让我们更像人，还是让我们更不像人，让我们的存在沦为机器网络的一部分？这种关系是否侵蚀了人际关系中最宝贵的部分，比如同情、恻隐之心、爱？

四、结语

综上所述，一种儒家技术伦理视角会同情西方学者从自主性、尊严等价值角度所揭示的智能养老照护的伦理隐忧，也会同样将"老于机器之手"看作是一种道德上令人不安的前景。但儒家的伦理关切与西方

① Turkle, S. *Reclaiming conversation: The Power of Talk in a Digital Age*. Penguin Press, 2015, 302.

主导话语却有着微妙而意义深远的差异。这种差异化的视角为人类应对高科技挑战，提供了一些关键的洞见。就本文研究范围而言，至少有如下三点值得进一步的探索和发展。

第一点，儒家关系性伦理框架以和谐为规范，而不诉诸任何现成化的理念，反而具有更大的弹性，因而更能包容新技术的发展。不同于保守主义者，儒家并不认为在自然与人为之间存在着现成的界限，从而为未来技术留下了更大的想象空间；但也不同于完全的技术主义者，儒家不能认同将人类未来完全托付技术之手，或完全从技术的可能性来理解人的可能性，而会坚决主张将技术纳入人性的界限之内，坚持技术发展的人文主义导向。就养老智能照护而言，儒家并不排斥使用技术，但要求将技术纳入人类照料实践和相关德性关系，要求引入的新技术必须服从后者的规制。

第二点，一种儒家技术伦理框架倾向于从关系的视角衡量新技术的伦理后果，从而凸显了技术使用的环境因素，并由此克服了当下技术伦理探讨中的一些非此即彼的抽象对立。比如 Sparrow 论文的一个核心观点就建立在某种抽象二元对立的图景上，即引入机器人照护一定会减少被照护者的人际接触。然后这一后果是否必然发生，还必须考虑技术上引入的环境。如果智能机器人是被引入到家庭照料的环境当中，用来帮助家庭成员更有效率地处理家务和一些照料工作，而不是简单替代人类照料者角色时，引入机器人照料老人未必会削弱被照料者的社会纽带。

最后，儒家的和谐观念可以帮助对抗现代技术主义内蕴的虚无主义倾向。现代技术主义的根基是祛魅后的现代图景，一切价值（目的）自行废黜后，技术也摆脱了任何目的的制约，仅仅服从于无限增长的无目的的强力意志。但儒家的和谐观念隐含着对宇宙内在目的的肯定和指向。如《易》曰："一阴一阳之谓道,继之者善也,成之者性也。"按钱穆的诠释,这里"善"就是对自然生生之动中的一个较可把握、较易认识的性向或方向的命名①。就一切变动,无论如何变,如何动,终必向他回复,终必接近他而继续地存在,仿佛这个方向就变成了支配生生运动的主宰、目的和终极意义。这种方向性即儒家的"至善"理念。针对现代技术的虚无主义危机,儒家这种非现成化、非实体化的"至善"理念或可以重新激发深层的道德责任——对人类自身(人道),以及对万物(天道)的道德责任——以充当主体无限制的强力意志的解毒剂,让人与技术关系走向更为和谐的前景。

---

① 钱穆:《湖上闲思录》,九州出版社 2012 年版,第 46 页。

智能老年医护：双重效应

贺　苗[①]

引言

人工智能（Artificial Intelligence,简称 AI）是人类伟大的发明之一,也是一项备受瞩目且具有颠覆性的科学技术。人工智能从 1950 年"计算之父"阿兰·图灵（Aaln Turing）提出著名的"图灵测试"以来,经历了从量变到质变的三次浪潮。进入 21 世纪以后的第三次浪潮,为人工智能的发展带来无限机遇,尤其是 2022 年 11 月至今,OpenAI 发布的人工智能工具 ChatGPT 引起社会各界的普遍热议与关注,ChatGPT 上线短短五天注册用户数就超过 100 万,两个月内用户使用量已突破一个亿,成为史上增长最快的消费者应用产品。人工智能及相关技术突飞猛进,重塑并深刻地改变人类的生活世界,也引发养老服务领域的深层次变革。当下中国社会正值人口老龄化、高龄化、深龄化的加速期与上升期,人工智能养老为满足老年人的健康需求提供前所未有的契

---

① 贺苗,哈尔滨医科大学人文学院教授。本文系黑龙江省哲学社会科学研究规划项目(21SHB106)"老年人健康生活方式的微观社会学研究"阶段性成果。

机,也蕴含着不可预测的伦理风险,对老年健康生活产生正负双重效应。从传统儒家伦理视角反思人工智能养老对于老年健康生活的双重效应,对于我们如何更好地运用人工智能技术,如何更好地提升老年人生活质量具有重要意义。

一、AI 养老对老年健康生活的正效应

（一）正效应之一：应对人口老龄化的现实需求

目前,中国已经成为世界人口老龄化发展最快的国家之一,人口结构发生显著变化,少子老龄化日趋显著。根据 2022 年全国人口调查数据,2022 年末全国人口为 141 175 万人,人口出生率仅为 6.77‰,60 岁及以上人口为 28 004 万人,占总人口的 19.8%①。受生育观念、婚育推迟等因素影响,人口出生率持续走低,反之老年人因医疗水平、生活质量的提高人口数量不断上升,二者形成强烈反差。AI 养老作为人工智能与养老服务深度融合的新型养老服务模式,已经成为中国积极应对人口老龄化,突破养老困局的重要技术手段。

当下,中国的养老服务主要包括家庭、社区、机构三种养老服务模式,这些模式在人口老龄化的进程中发挥重要作用,但日益庞大的老龄人口使养老服务面临严峻挑战。高龄老年人口数量的持续增加,患有高血压、糖尿病、老年痴呆症等多种慢性病的老年人数呈上升趋势,而养老服务从业者人员极为匮乏,服务方式单一,难以满足老年人群日益增长的多样化需求,也无法给予老年人身心抚慰全维度的照护支持。人工智能技术在养老领域的重要应用,可以大幅度提升养老服务供给

---

① 国家统计局: http://www.ce.cn/xwzx/gnsz/gdxw/202301/18/t20230118_38353400.shtml, 2023 年 1 月 18 日。

效率,进一步扩展老年人健康生活服务范围,从而弥合养老服务过程中存在的供需缺口。

（二）正效应之二：实现老年健康生活的数字化转型

AI养老已经成为未来社会发展不可避免的趋势,极大促进老年健康生活的数字化转型。从技术本身而言,人工智能技术为日趋庞大的老龄人口提供更加高效、便捷、精准化的智能服务,在生活照料、医疗护理、心灵抚慰等多方面满足老年人的健康生活需求,成为与人亲密合作的"伙伴"。

首先,人工智能可以成为老年人日常起居的"生活助手"。人工智能可以通过语音识别、图像处理等实现智能开关、智能灯光、智能家居、智能电器等,帮助老年人完成日常洗衣、穿衣、翻身、洗澡、吃饭、扫地、开关电视、语音购物等基本日常生活操作,为老年人群尤其是空巢老人,半失能、失能老人带来自生活便利,提高生活品质。其次,人工智能可以成为健康监测、求助预警的"家庭医生"。老年人群通过智能穿戴、智能传感器、智能护理机器人、远程智能监测等设备,实时检测血压、血糖、心跳、脉搏、运动、睡眠等身体各项指标,并对各种慢性病进行智能监测与评估。人到老年,身体状况感知度、灵敏度均有所下降,人工智能可以像医护人员一样"全天候"守候在身边,一旦监测到身体某项指标异常,可以及时提醒老人及其家属前往医院就医。如遇到紧急特殊情况,还可以及时发起求助信号等待救援。最后,人工智能有望成为老年人精神慰藉的"陪伴者"。智能机器人可以通过人机交互、三维虚拟影像等方式实现聊天、交友等一系列功能。从早期大家熟悉的微软小冰、谷歌Siri、小度音箱到最近备受争议的ChatGPT聊天机器人,他们理解人类自然语言的能力,与人聊天的精准程度及高超的感知力等日益接近人类水平。合理正确使用情感陪护类人工智能产品,在一定程度上可以缓解那些子女不在身边、无人陪伴的老年人晚年孤独寂寞的生活。

(三) 正效应之三：促进老年人自主健康管理

人工智能全面嵌入老年人的日常生活,可以突破空间与时间的限制,全方位提升老年人自我照护能力,促进老年人实现自我管理、自我赋能与自我发展,为健康老龄化提供技术支撑。传统的养老服务理念更多的是关注老年人群的衰老、失能、失智等自然劣势,将老年人视为即将退出社会历史舞台的失能者、衰老者,忽视了老人群的异质性、多样性,忽视了他们内在能力和功能的发挥。而健康老龄化的理念倡导老年人仍可利用自身优势,发挥潜能,不断完善自我,创造价值,成为自主健康的管理者。

人工智能的迭代更新顺应健康老龄化的发展趋势,它延伸了人类的手、脚、眼、耳、大脑等感知器官与思维器官,这对身体各项器官代谢功能日趋下滑的老年人来说非常友好,能够缓解老年人因身体的不适而产生的无力感和挫败感,从而减少他们因过分依赖他人形成的烦躁、压抑甚至自我否定的负面情绪,在一定程度上提升了内在的自我效能和主观幸福感。如前所述,人工智能可以根据不同的场景承担不同的角色。"生活助手"角色可以照护老人的日常起居,提供家庭服务,满足老年人的基本生存需求。"家庭医生"角色可以实现家庭护理、辅助用药和生命体征监测,在跌倒、走失等异常行为出现时启动应急报警系统实施紧急救援,满足老年人安全需求。"陪伴者"角色可以提供人机互动,满足老年人的情感需求。尤其是身体状态尚可的活力老人可以通过直播软件、志愿者平台等数字智能平台,终身学习、掌握新技能,积极参与社会活动，持续发光发热，为社会做贡献。他们老而不衰，不仅受人尊敬，被社会认可，也借助人工智能技术重新寻找生活的意义，实现人生价值。

二、AI 养老对老年健康生活的负效应

（一）负效应之一：催生老年数字鸿沟

人工智能的加速度发展深刻地改变了世界，也将人们的社会生活推向一个前所未有的悖论，这在老年群体中表现得尤为明显。一方面人工智能以技术创新为驱动促进老年健康生活的数字化转型，助推养老服务领域的信息化、智能化发展；另一方面老年人群不可能像年轻人那样快速接入数字化、智能化轨道，成为人工智能浪潮的领跑者。相对而言，他们数字学习能力弱，新事物接受力不强，适应人工智能的发展存在不少障碍，这两大群体在信息连接力上的差异催生了"数字鸿沟"。根据中国互联网络信息中心（CNNIC）发布的第 51 次《中国互联网络发展状况统计报告》显示，截至 2022 年 12 月，中国网民规模为 10.67 亿，互联网普及率达 75.6%。虽然从网民年龄结构看，60 岁及以上群体已上升至 14.3%，但他们仍是非网民的主要群体。老年群体如果无法接入网络，不能完成数字化转型，人工智能就可能成为空中楼阁，无用武之地。在这个意义上，人工智能越发达越进步，那些无法接近数字化的老年人群越容易被边缘化、隔离化。这种悖论状态与城乡差异、贫富差距、个体差异叠在一起，无形中会进一步加深了老年人跨越"数字鸿沟"的难度。

（二）负效应之二：导致自我感知隔离

从表象上看，老年"数字鸿沟"体现的是老年人群在数字信息技术

的接受度和使用频率的差异,形成外在的技术隔离。实际上,老年人随着年龄增长对数字技术掌控能力不断下滑,社交圈子不断萎缩,遭遇的更多内在自我感知的隔离。理想的人工智能养老服务政策应是包容的,其目标在于实现智能技术与老龄化社会的高度融合,惠及每一个接近或使用人工智能技术的老人。不过现实情况不容乐观,大量无法接近智能技术的老年人被排斥在数字社会之外,他们不仅无法获得科学、精准的信息化服务,也很难表达他们主观需求与对健康的期待,甚至出现孤独、抑郁、认知功能下降等问题。相关统计表明,中国有 31.41% 的老年人处于社会隔离状态。老年人社会隔离程度越高,自身健康状况越差;老年人的社会隔离与抑郁症状呈显著的正相关关系;社会隔离对老年人认知功能存在负面影响①。

随着年龄增长,老年人群对新知识、新信息、新技术的学习与接受会明显感到力不从心,这导致他们参与社会生活时经常会遇到这样或那样的阻碍,比如乘车不会扫码,出门不会用打车软件,看病挂号不会网上预约等等。即使是现在最为普及的智能穿戴设备也存在着与老年人实际需求严重脱节的现象,比如,有的智能产品设计过于繁琐不容易被老年人掌握使用,有的屏幕字体太小不适宜老年人查看,有的声音调节有局限性对听力有障碍的老年人不算友好等等。这些问题在一定程度上都限制了老年人群对智能技术的使用率和接受度。一旦在使用过程尝试失败,老年人通常会主动降低对智能产品的需求,不知不觉从外在的技术隔离走向内在的社会隔离,陷入孤独、被排斥的自我感知隔离的困境。

---

① 成晓芬、胡依、闵淑慧等:《老年人社会隔离对多维健康的影响——基于中国健康与养老追踪调查数据的实证研究》,载《现代预防医学》2022 年第 15 期,第 49 页。

（三）负效应之三：冲击传统人伦关系

人工智能的广泛运用,彻底模糊真实和虚拟的界限,给传统的人伦关系、家庭模式带来巨大冲击。尤其是虚拟仿真、专家系统、人机交互、脑机接口、性别机器人等智能技术的发展,人工智能不仅在结构与功能与人类相似,而且在形态、容貌、行为、语言表达、情感交流等方面也日益接近人类,甚至在某种程度有了人类的"意识"与"情感"。当越来越多的人工智能走入家庭,传统的血缘亲情关系将面临严重危机,人与人之间的伦理亲情可能会变得日趋冷淡,容易导致老年人的晚年生活变得缺少温度。尽管人工智能技术在一定程度上减少了家庭照护老年人的负担,但子女的不在场极大削弱了父母与子代之间血浓于水的至爱亲情。人是有情感的动物,尤其是老年人内心深处更渴望与家人、朋友们的团聚与交流。人工智能的介入减少子女的陪伴,虚拟的问候,远程的照料会加剧老年人精神世界的空虚感与孤寂感。

人工智能的全景式嵌入社会生活,老年人日益被物化、数字化的伦理风险需要重视。老年人群作为数字弱势群体,通常是在子女或他人的帮扶下被动接受或者慢慢适应人工智能技术。从目前技术发展来看,人工智能对老人的护理并不友善,机器人严格按照程序机械地控制需要照护的老人,忽视老年人的自主性,并没有把他们当作具体的有生命的人,尤其是一些推、拉、拽的动作缺少人类特有的同情与温暖,容易贬损人的尊严。人工智能时代,所有人被数字化,个人信息时时刻刻被记录已经成为不争的事实。老年人年龄越大,数字技能短板越明显,人工智能全方位的监控与凝视的权力也就越大。老年人的身体缺欠、既往病史、健康状态、行为习性等隐私信息被随时随地记录,这些数据如果被非法使用,后果不堪设想。

不言而喻,任何一种前沿的、新兴的、改变人类生存境遇的生命科学技术都是一把双刃剑,只不过是人工智能更新迭代的速度之快让人始料未及,其可能的后果也难以预测。正如霍金感叹的那样:"创造人工智能将是人类历史上最大的事件。不幸的是,它也可能是最后一个,除非我们学会如何规避风险。"人类文明的历史演进是由一连串挑战和应战交织在一起持续的序列过程,危机所在,也是转机所在;苦难所在,往往也是救赎所在。在信息数字化与人口老龄化深度融合的当下,从传统的儒家文化中汲取有价值的普世伦理思想,反思人工智能带来的正负效应也是科技发展的应有之义。儒家所倡导的"仁者爱人"的人本观、"仁者自爱"的生命观仍不失为弥合老年"数字鸿沟"、推行"仁心"人性治理,创建老年健康幸福生活的一面文化之镜。

三、儒家伦理对 AI 养老双重效应的反思

(一)"仁者爱人"的人本观

经典的儒家伦理将"仁"视为一切道德的根源,确立以家庭为本位,以血缘亲情为纽带极为完整的人际关系体系,并从"仁者爱人"的人本主义立场出发,不断向外拓展出亲亲、仁民、爱物的演进序列,最终形成"仁者,以天地万物为一体"的世界观。不可否认,人工智能开启了人类与智能机器人共处,人机边界不断融合的新世界。站在新世界的入口,人类将何去何从? 悲观者有之,盲目乐观者有之。拨开繁杂,沉淀下来我们会发现儒家千百年来传承下来的以人为本、民生至上的基本理念,仍是人机共生时代不能逾越的底线原则。尽管具有深度神经网络与专家系统的机器人越来越"聪明",但迄今为止,人工智能仍然是人类智力的创造物,是人类认识世界、改造世界的必然结果,其最终指向是为了维护人类的尊严和生命价值,满足人们日益增长的对美好生活的期待。

首先，"仁者爱人"的第一重维度就是"亲亲"，即对父母、亲人的爱，所谓"仁者人也，亲亲为大"（《中庸》）。在儒家看来，善事父母、敬养父母是做人最基本的道德要求。爱莫大于爱亲，这种建立在血缘家庭基础上的爱，千百年来一直是人世间最真挚、最深沉、最持久的爱。在这个意义上，人工智能再发达也无法代替儿女对父母的亲情关怀，子女可以借助人工智能提升老人的生活品质，但不能因人工智能的介入疏离了对老人的爱与陪伴。子代通过帮助老人慢慢学会并适应人工智能产品，借助人工智能延伸亲情关爱的深度和广度，实现子代的"数字反哺"是弥合老年数字鸿沟，提升老年人幸福感的有效路径。

其次，"仁者爱人"的第二重维度是爱类意识，所谓"仁者，爱其类也"（《淮南子·主术训》）。儒家主张人类一家，彼此相爱，其爱的基本出发点就是将他人视为自己的同类，以爱己之心爱人。虽然人工智能越来越"善解人意"，但仍然是基于逻辑运算和数据控制而表现出的反应状态，还不能理解人情感的丰富性与复杂性。面对老年人群日益被人工智能社会所排斥与隔离的现实，儒家推崇的"老吾老，以及人之老；幼吾幼，以及人之幼"（《孟子·梁惠王下》）的东方智慧仍有极大的延展空间。

最后，"仁者爱人"的第三重维度是"爱物"，即"以天地万物为一体"。儒家伦理认为，人是大自然的一部分，应敬畏天道，天道与人道相通相感，是一个不可分割的整体，人工智能也不能例外。实际上，人工智能并非空穴来风，它的设计者是人，被应用于何种用途也理应由人来决定。无论人工智能是否具有独立的意识，它仍然是人类意志的外化或者异化，仍然受天道运行法则的支配。万物并育而不相害，只要科技向善，体现对人的尊重与关怀，儒家伦理通常不仅不会排斥人工智能的开发与应用，还会支持人工智能养老服务的大力发展。

（二）"仁者自爱"的生命观

"仁者爱人"的三重维度开辟的是一条"亲亲、仁民、爱物"不断向外推扩的路线，强调的是对家人、对他人、对自然万物的爱与关怀。而"仁者自爱"的生命观开辟则是一条"修己""成己"不断向内自我成长的修身之路。简言之，"仁者自爱"与"仁者爱人"构成了"仁"之精神内外双重向度，统一于儒家内圣而外王的价值追求。"仁者自爱"生命观体现了人内在生命的觉醒，是经历长期修为和生存智慧而达到的一种境界。孔子曾这样总结自己人生轨迹："吾十有五而有志于学，三十而立，四十而不惑，五十而知天命，六十而耳顺，七十而从心所欲，不逾矩。"（《论语·为政》）在儒家看来，人到了老年才能所闻皆通，虚心听取他人建议，随心所欲又不越出法度，活出了人生的最高境界。在笔者看来，这种行为有范、优雅到老的内在修养和精神境界恰恰是当下人口老龄化、数字化时代弥足珍贵的精神财富。

首先，"仁者自爱"的起点是"爱己""修己"，即承认自己、完善自己。儒家历来重视修身，将修身视为"成己"的途径与方法。关于修身，《礼记·大学》有清晰的描述，"欲修其身者，先正其心；欲正其心者，先诚其意；欲诚其意者，先致其知；致知在格物。物格而后知至，知至而后意诚，意诚而后心正，心正而后身修，身修而后家齐，家齐而后国治，国治而后天下平。"格物致知、诚意正心、修身齐家、治国平天下，淋漓尽致地再现了一个人从懵懂无知到人生巅峰一路修行的过程。在这个意义上，无论人工智能多么"人性化"，也只能是基于算法的人工智能，还不能回应人类社会生活中的各种不确定性，它从未经历过人生的春夏秋冬，也不能体味人类从蒙昧中醒来，不断修身以成人的艰难超拔过程，自然很难建立与人的情感和生命息息相关的意义世界。

"仁者自爱"的生命观倡导一个人要学会爱自己，肯定自己、接纳自己。生命是一个流动的过程，行至暮年更要自爱自乐，保持淡然平和的心境，积极融入社会，让自己慢慢优雅变老。《论语·雍也》写道："知者乐水，仁者乐山；知者动，仁者静；知者乐，仁者寿。"儒家推崇的仁心之境为处于老年数字鸿沟，日益被边缘化、孤独化的老年人群提供了非常重要的价值引领。儒家向来主张积极入世，仁者寿，仁者不忧。生老病死是自然法则，既然每个人都会变老，莫不如坦然面对，心平气和处之。积极变老、健康变老、快乐变老、优雅变老恰恰是儒家伦理应对全球老龄化难题给出的一剂良药。在今天多元的时代，我们更应关注老年人的异质性和多样性。有些老年人虽然已经满头银发，但身体硬朗、思维敏捷，对人工智能设备接受度并不低。对于这类的活力老人需要积极挖掘个体优势，鼓励他们继续发挥主观能动性，持续为家庭、为社会做贡献。有些老年人因为身体机能的衰退，可能会面临各种各样的难题，但只要他们学会自爱自乐，接纳自己，不再与自己的心灵对抗，在人工智能的协助下仍然可以有体面、有尊严地享受晚年幸福的生活。

其次，"仁者自爱"的终点是"成己"，即成为自己、实现自己、完善自己。如前所述，儒家重视修身，这是格物致知、诚意正心的落脚点，而修身、"修己"最终指向的是"成己"，由此修身又构成"齐家、治国、平天下"的出发点，建立起"身"与家、国、天下的关系。在这个意义上，"仁者自爱"不是局限在狭小的自我里，而是心怀家国天下，将"自我之心"安置于"他者之心"，在尽力帮助他人的过程中成就自己、锻炼自己，从而实现人生价值，这也是儒家所提倡的忠恕之道的内涵，即"己欲立而立人，己欲达而达人"（《论语·雍也》），其具体表现为对他人的恻隐之心，通过将心比心，推己及人，建立起与他人的共情。尽管人工智好像一个无所不知的智者，正在不断向人生成，但它在本质上仍然是基于深度学习和运算逻辑做出的大概率输出，它很难拥有人类以情挚情，同类相感的感通能力,更难体会人类"修己以安人"(《论语·宪问》),成人成己以实现生命价值的使命与担当。

　　随着人工智能日益广泛应用于老年社会服务领域,我们欣喜地看到科技之光给越来越多的老年人带来全新的服务体验,在一定程度上提升了失能、半失能老人及空巢老人的生活舒适度和生存质量。同时,我们也要意识到目前中国的人工智能养老服务仍处于初级阶段,不仅需要在技术、经济、政策、社会服务等多个方面寻求突破与支持,而且还需要对技术创新所带来的风险保持警觉。固然超长待机、功能全面的人工智能可以缓解养老服务业人力资本严重不足的困境,但是它绝不能代替来自家庭、社会各界对老年人的人性关怀。因此,需要不断创新老年服务模式,推行"仁心"人性治理。不仅对老年数字弱势群体进行援助,还要注重维护他们的合法权益与生命尊严。在这方面,儒家传统文化有着深厚的文化积淀,"仁者自爱"的生命观是发自本心的爱的流动,强调在同情他人、关怀他人、帮助他人的过程中实现自己的人生价值。因此,"仁者自爱"不仅是"仁者爱人"的出发点,也是"仁者爱人"的最终归宿。在人工智能与老龄化深度融合的时代,人工智能越发达,越需要明确不同道德主体的责任和义务,预测潜在的风险和不良后果,所谓"己所不欲,勿施于人"。人类只有不断"修己"才能"成人","自爱"方可"爱人"。只有基于这样的价值原则,人类才能创造友好、负责任的人工智能,发挥技术积极的正效应,抵制消极的负效应,助力老年人健康生活,帮助他们实现自我赋能、自我管理与自我发展。

　　简言之,人工智能是人类生存和发展史上根本性的技术革命,人工智能与养老服务深度融合对老年人的健康生活产生正负双重效应。面对人工智能的严峻挑战,传统的儒家智慧告诉我们,真正的伟大属于心灵,属于发自人本心的爱。"仁者爱人""仁者自爱"不是玄之又玄的空中楼阁,而是落在坚实的大地上,活在人与人之间的生命情感中。无论过去、现在还是未来,人类最大的敌人就是自己。机器没有善恶,它们只是放大了人性的善恶①。在超级人工智能的映衬下,人类需要深切地反省,慎思之,明辨之,笃行之,在人机协同、人机共生的辩证法中,立足当下,理解过去,谋划未来。

---

① 杨澜:《人工智能真的来了》,江苏凤凰文艺出版社 2017 年版,第 22 页。

ChatGPT 智能医疗：伦理思考

陈安天，张新庆[①]

过去十余年来，构建中国生命伦理学的努力从未间断[②]。伦理学固然存在为人所广泛接受的共识与原则，但伦理学作为一般社会道德层面的升华和精神层面的上层建筑，更具有其独特的文化性。中华文化与以西方文化等其他文化体系相比，因其深厚的儒家文化底蕴、家庭思想观念和集体主义原则，具有自身的独特性。因此，建立健全中国生命伦理学体系，根植于儒家思想文化实现中华优秀传统文化与现代伦理学的有机结合，从而更好地实践出一套更易被接受的、本土化的伦理体系很有必要。诚然，有关于此仍存在争鸣，但争鸣不意味着否定，反而是促进学科方向不断发展的动力[③]。

通过 ChatGPT 可以实现在线实时问诊、获取医疗建议等功能，可

---

① 陈安天，北京协和医学院中国医学科学院阜外医院国家心血管病中心心内科。
  张新庆，北京协和医学院人文和社会科学学院。
② 范瑞平：《不忘初心：建构中国生命伦理学》，载《中国医学伦理学》2018 年第 4 期，第 442—446 页。
③ 范瑞平等：《"建构中国生命伦理学"十人笔谈》，载《中国医学伦理学》2017 年第 1 期，第 15—24 页。

以说 ChatGPT 在一定程度上扮演了医疗人工智能的角色。但是，这一大型语言类人工智能模型仍然没有摆脱传统人工智能面临的安全、公平及隐私等方面的问题。在中华文化的背景下，儒家传统美德历来为人们所提倡，美德既包含了内在的美好品质、善良动机，又涵盖了良好的德行。作为美德最为全面的代表，仁的概念也在处处得到彰显。因此，ChatGPT 等人工智能应用于医学领域，扮演医疗人工智能角色时同样应遵守儒家传统美德，与中华文化进行针对性的结合。

一、ChatGPT 和伦理思考

人工智能已成为目前科学研究甚至日常讨论的一大热点话题。作为一项足以使社会生活发生变革的新技术，人工智能的初衷固然是好的，但是需要注意防范潜在的技术风险以及技术滥用等问题。前者需要人工智能相关行业从业者及技术使用在不断调试与使用中反复发掘，而后者很大程度上依赖于完善的伦理规范体系的建立和自身道德层面的外在以及内在约束。对于人工智能这一新鲜事物及潜在问题应具有忧患意识，而非一味地俯首称臣[1]。中华文化的经典著作《周易》中的"安而不忘危，存而不忘亡，治而不忘乱"便是中华民族忧患意识的体现。2022 年底以来，ChatGPT 日臻火爆，在教育、科研、医疗等诸多领域引发全球性关注和热议，这一大型语言模型的成功深刻的震撼了工业界、学术界、医疗界等各大行业。

ChatGPT 是由 OpenAI 训练的一个大型语言模型，基于 Transformer 架构，具有较长的对话记忆能力，能够理解所提供的语境

---

[1] 范瑞平：《前言：人工智能医学应用的伦理纠缠》，载《中国医学伦理学》2020 年第 7 期，第 777 页。

并生成相关内容。在医疗领域,ChatGPT 所具备的超强的临床资料和科研成果信息的储存、分析和深度学习工作,有望实现交互式问诊并具备了强人工智能医生应有的自主诊断和治疗潜能。但是自 ChatGPT 发布以来,另一种声音也刺激着人们的神经,即 ChatGPT 可能有意或无意对人类产生危害。儒家思想构成了中华传统文化的核心,并指导着人民的生活实践。本文将以 ChatGPT 为实例,探讨医疗领域人工智能存在的若干伦理问题,并结合儒家思想,就人工智能与儒家传统美德探讨一二。

二、传统视角下的伦理问题

· ChatGPT 实现问诊的流程十分简单,只需注册账号后向 ChatGPT 询问医学问题即可,内容可以是想咨询的任何问题,范围上涵盖疾病诊断、鉴别诊断、治疗、预后及生活注意事项等方面,通过简单的文本互动便可得到想知道的答案。乍一看这似乎并无不妥,通过线上智能问诊,不仅可以快速解决患者问题,其免费使用的性质还可以减轻患者经济负担,基于网络问诊又可以免除患者(特别是针对不方便出行的人群)的舟车劳顿之苦。这听起来何止"无不妥",甚至有"最优解"既视感。但是通过更深层次的思考,便会逐步产生疑问。儒家传统美德一直为中华文化所追求,目前看来,作为新事物的 ChatGPT 可能还难以满足这一条件。尚未得到解决的潜在的误诊及漏诊问题说明其还未达到"才高八斗"的地步,而算法黑箱、隐私及公平问题隐含着一定程度上美德的欠缺。此外,机器与人的交互和指导关系也在挑战医患之间本就有些紧张的关系甚至底线。作为隶属于人工智能的一个分支类型,ChatGPT 同样需要面对传统人工智能面临的诸多问题,如安全/不伤害、算法黑箱、隐私及公平问题等，这些问题的伦理风险需要进一步思考。

（一）安全/不伤害问题

ChatGPT 作为新型人工智能模型的表现可以说十分亮眼，目前已有测试表明，ChatGPT 可通过美国执业医师考试（USMLE）中的 Step 1、Step 2 CK 以及 Step 3 考试①。但是需要注意的是，考试提供的题干信息具有很高的结构化及格式化程度，即：在简短的题目中给出有提示性的患者症状、体征、检查结果，也就是说题目中的疾病相关信息比较容易获得。在医学实践当中，上述重要信息的获取并非如此简单、直接。患者的主诉、现病史、既往史等均需要通过医生巧妙以及充满技巧的问诊得知，不恰当的问诊可能导致重要信息的忽视和遗漏，倾向性的问诊则可能将患者叙述带入不当的轨迹，甚至诱导患者表达出特定描述，进而倒向不正确的诊疗。此外，化验及辅助检查的完善也需要临床医师根据患者实时、具体情况，结合多种信息进行判定。需要注意的是，在医学领域 ChatGPT 还有一个"致命"缺陷，作为单一语言模型的人工智能产物，其无法完成物理意义上的查体，即 ChatGPT 一方面无法通过查体检验与叙述相符程度，另一方面也无法通过查体发现患者可能遗漏的症状及体征，使得言语欺骗（有意或无意）以及漏诊成为可能。同时，即便 ChatGPT 预设有安全限制，但仍可能在诱导下给出违法/伤害性的回答。可见，ChatGPT 仍然存在引发伤害问题的可能，存在违反不伤害原则（Nonmaleficence）和行善原则（Beneficence）的风险，

---

① Kung, T. H., et al.. "Performance of ChatGPT on USMLE: Potential for AI-assisted medical education using large language models." *PLOS Digital Health*, 2023, 2(2): e0000198.

在很大程度上挑战着安全底线。在实践中,如果人工智能遇到意外出现严重性错误,导致使用者受到侵害,应针对严重错误进行深入剖析,明确涉及人工智能的责任分担问题①。

(二) 公平问题与算法黑箱

人工智能领域公平主要指确保所有人都有平等的机会和权利使用人工智能技术。这对于 ChatGPT 而言似乎难以实现,因为 ChatGPT 一方面存在访问地区限制,需要使用特定国家(地区)的电话号码及 IP 才可以注册账号并使用,中国大陆、俄罗斯等便无法对其进行访问和使用,因此可以说 ChatGPT 设置了地域门槛。另一方面,目前尚无网络接入或缺少联网设备的贫困地区也很难对 ChatGPT 有进一步的了解与应用。即便 ChatGPT 取消其访问限制,基于其联网的基础与特征,后一个问题实在难以解决,使其公平性在一定程度上打了折扣。

此外,作为隶属于人工智能分支的语言类模型,ChatGPT 的决策过程仍没有逃离传统的算法黑箱的问题,其仅凭借用户"只言片语"的输入,便可以给出"长篇大论"的解答。其中的思考、检索、归纳以及论证过程实在让人难以琢磨,可见其仍存在模型可解释性欠佳的问题。在实践中,与 ChatGPT 对话除了难以保证其输出结果的透明性外,甚至一致性都难以得到保障。多次询问 ChatGPT 相同的问题会产生不同的答案,在医学领域应用便难以确保"同病同治",从而导致有损公平性的诊疗发生。此外,该模型所仰仗的大规模数据输入和指令处理能力更是令人对其内部具体处理过程和思考方式望尘莫及。客观上来看,目前已存在可解释的机器学习模型,通过特定处理可以部分实现模

---

① 陈安天、张新庆：《医学人工智能辅助诊疗引发的伦理责任问题探讨》,载《中国医学伦理学》2020 年第 7 期,第 803—808 页。

型的具体解释及可视化，这也表明人工智能并不一定永远是一个黑箱，至少部分模型是一定程度上可以解释的。遗憾的是，针对此类语言模型，尚无可解释性工具成功开发，如何确保其可解释性及一致性目前还是一个难题。

（三）隐私问题

原则上，应确保人工智能做到有效保护使用者的数据、信息和隐私安全，防止未经授权的数据收集、使用、存储和个人信息分享等。但事实上，作为依靠大规模语料等信息输入构建的语言模型，ChatGPT 会进一步学习其与用户进行交互过程中的双方对话数据，并在洗手后应用于之后与其他用户的交互之中。因此，本应属于用户隐私的部分信息可能会在之后 ChatGPT 与其他用户的交互中作为回复出现，从而导致难以察觉的隐私泄露问题，甚至有专家称其为"隐私噩梦"[①]。亚马逊公司的员工曾使用 ChatGPT 协助完成编写程序代码以及客户服务，因此导致之后 ChatGPT 的交互中，其他使用可以探寻到属于亚马逊公司的理应属于机密的内容，为此，亚马逊目前已禁止员工使用 ChatGPT 辅助进行工作[②]。可见，受模型本身特点影响，语言模型的隐私问题相比其他人工智能而言更加严重，其处理难度高、泄露风险更大，因此，隐私保护问题也更加突出。

---

① Jo Adetunji, "ChatGPT is a dat privacy nightmare." https://theconversation. com/chatgpt-is-a-data-privacy-nightmare-if-youve-ever-posted-online-you-ought-to-be-concerned-199283.

② Schwartz, E. H. "Amazon Employees Using ChatGPT for Coding and Customer Service Warned Not to Share Company Information With AI Chatbot." 2023. Available from: https://voicebot. ai/2023/01/27/amazon-employees-using-chatgpt-for-coding-and-customer-service-warned-not-to-share-company-information-with-ai-chatbot/.

三、ChatGPT 下人工智能与儒家传统美德的思考

中华传统文化一直在生产、生活中指引着中华民族的发展，中华传统伦理道德价值观念更是约束着自古以来生活在中国这片土地的每一个人。从中国传统伦理道德中儒家传统美德的角度看 ChatGPT 这一新事物很有必要。具有儒家传统的中华民族历来崇尚美德，在科技日新月异的今天，对美德的追求也不应有所改变。特别是，当下正处于人工智能技术飞速发展的时期，在应用人工智能技术的同时应具有忧患意识，不能放弃对美德的信奉和追求[①]。美德之中同样蕴含着仁的思想，孔子在两千多年前便清晰地概括了仁的一般要求，包括"仁者爱人""己所不欲，勿施于人"等[②]。可以说，美德在中国生命伦理学占据了重要的位置。

ChatGPT 作为人工智能中大型语言模型的代表，其与使用者的交互性可以说空前强大。使用过程中对话形式的交互类似微信等即时通信软件。与 ChatGPT 聊天可以向其请教学术问题、可以请其给出建议，可谓亦师亦友。在 ChatGPT 诞生之前，人工智能似乎离日常生活有着一定距离，围棋高手 AlphaGo 不会和每个棋手对局、机器学习即便火爆也很难出现在生活之中、网页搜索查询答案也没有人工智能辅助。但是 ChatGPT 的诞生使得人工智能更进一步，以老师、朋友甚至竞争者的身份，真真切切地影响、甚至改变了人们的思想观念及日常生

[①] 范瑞平等：《"建构中国生命伦理学"十人笔谈》，载《中国医学伦理学》2017 年第 1 期，第 15—24 页。

[②] 范瑞平（文），王璐颖和赵文清（译）：《儒家反思平衡：为什么原则主义理论对于中国生命伦理学具有误导性》，载《中国医学伦理学》2012 年第 5 期，第 636—639 页。

活。因此,在 ChatGPT 实例下探讨当前形势下人工智能与儒家传统美
德,解决其对传统观念造成的冲击,对于长期经受儒家思想熏陶的中华
民族而言,具有十分重要的意义。

（一）ChatGPT 道德主体性及评价

美德可以说是中华传统文化的核心,流传至今的用以歌颂美德或
者谴责失德的俗语、谚语和各式各样的小故事可以说数不胜数,正面的
如"孔融让梨",反面的如"德不配位"等。在人工智能领域,如何评价
ChatGPT 此类更接近人的人工智能的德,以及 ChatGPT 是否会导致
失德现象的发生,是一个十分严肃的问题。

首先要明确的是,ChatGPT 此类新型人工智能自身能否拥有德的
道德品质。在一定程度而言,德是用来作为评价道德主体的,那么问题
就转化为,人工智能是否拥有道德主体性,是否可以成为具有评价意义
的道德主体。有观点认为,人工智能终究还是物,不具备道德主体
性①。也有观点与此相反,认为人工智能可以基于人类道德作出判断,
因此具有道德性②。

在 ChatGPT 的实际应用中,针对用户特定的文字输入,语言类人
工智能模型的确可以表现得具有感情,比如针对悲剧回答出带有同情
色彩的话语、针对犯罪等不良行为给出谴责的回复,在其回答中表现出
德的道德品质,这一切似乎在暗示 ChatGPT 这类人工智能确实具有道
德主体性。但需要注意的是,语言模型也无法脱离当下人工智能的本

---

① 甘绍平:《机器人怎么可能拥有权利》,载《伦理学研究》2017 年第 3 期,第 126—
130 页。
② 温德尔·瓦拉赫、科林·艾伦、王小红译:《道德机器:如何让机器人明辨是非》,
载《中国哲学年鉴》2018 年第 1 期,第 1 页。

质,各式各样的人工智能模型归根结底只是根据内置算法设定,针对特定的输入产生特定的(即使目前部分可解释性还有待加强)答案。包括ChatGPT 在内的人工智能目前所能够产生的回复从根本上讲,还处于程式化、机械式且毫无感情的阶段,可以说是冰冷地诉说着充满感情的文字。可见,从人工智能的底层,即最根本的算法实现层面来看,人工智能自身难以具有道德性,因此,不能构成为可以评价的道德主体,道德层面的德难以用来评价人工智能本身。

虽然人工智能本身无法具有道德主体性,道德无法对人工智能直接进行评价,但是人工智能的行为可以通过美德进行评价。ChatGPT的行为恰恰是引起公众及学界担心的焦点,对行为进行评价可以说再合适不过。医学领域中,学术层面的科研诚信问题正受到越来越多的关注,而 ChatGPT 除了辅助科研人员进行科学研究工作外,也在一定程度上加剧了这一方面的担忧,可能助长或直接导致科研失德行为的发生。

作为语言模型,ChatGPT 具有可以辅助医学科研工作者查询相关资料以及信息,甚至协助完成论文写作工作的长处。只需输入想要完成的内容,ChatGPT 便可以根据要求完成部分、甚至全部论文内容。但是在实际应用中,在学术方面 ChatGPT 可能提供错误的参考文献信息,即参考文献完全是编造的、并不实际存在的。即便给出文献 ID(如PMID 或 DOI)信息,ChatGPT 也可能返回虚假的参考文献,它会制造出一个假象,编造文献后冠以使用者要求的 ID。这使得使用 ChatGPT获取论文等学术信息具有一定风险,可能带来潜在的科研诚信问题。如果盲目地相信了 ChatGPT 提供的错误文献等信息,既可能使得研究者的结论可靠性大打折扣,又使得研究内容存在出现根本性错误的风险。另一方面,如果完全使用 ChatGPT 代替真正的作者本人进行医学论文写作，同样会带来科研诚信问题，即完全使用 ChatGPT 完成文章内容，而非进行辅助、总结和梳理等工作。因为 ChatGPT 作为写手还难以被察觉，目前还难以区分：哪段文字是作者所写、作者写后使用 ChatGPT 润色以及完全为 ChatGPT 所写等。目前也有计算机领域专家在研发针对 ChatGPT 的防作弊系统，以应对潜在的失德行为。

除了伦理学意义外，对美德评价还具有更多的社会生活意义。ChatGPT 目前已深入影响日常生活，甚至在一定程度带来了生产方面的变革。因此，对 ChatGPT 社会属性进行美德评价同样十分必要。中华文化中历来重视人与人之间的友好相处，扩展到 ChatGPT 这类可以说是"拟人"的人工智能领域，便是"人与人工智能的友好相处"。在相处过程中往往伴随着一定的社会评价，由于前文所述的原因，人工智能本身难以成为道德评价主体，但是人工智能实实在在的行为则具有社会评价意义。ChatGPT 辅助学习、获取知识、解决困难的行为被评价为有美德，而导致作弊、提供错误信息等行为被评价为失德。符合美德的 ChatGPT 的应用领域会受到个人以及社会的推崇，而失德的领域则在整体上收到制约与压制。对美德的追求可以使得 ChatGPT 的行为规范得到不断完善，进而以有美德的形象更好地融入日常的生产、生活之中。

可见，虽然 ChatGPT 等人工智能无法真正融入社会，本身不具有道德主体性，但是在法律、规范、中华伦理和社会观念的约束下，其行为可以作为道德评价的对象。有美德的行为被推崇，而失德的行为被唾弃。不仅仅是 ChatGPT，今后各个领域的人工智能也都应该在符合中华伦理的道德约束下规范其行为，从而守住道德底线，使得智力程度越来越高的人工智能更好地融入社会，为公众所接受。

（二）仁与安全/不伤害问题

仁这一概念蕴含于美德之中并历来为儒家学派所提倡，"己所不欲，勿施于人"便是最好的体现。可以说，仁是儒家的一种普适的思想，是儒家思想中最基本的、最具有代表性的或者最全面的一种美德的表现形式。和西方伦理学相比较，仁至少包含了四原则中的行善原则和不伤害原则。在医疗领域 ChatGPT 等人工智能相关的伦理学的，对仁的要求的最主要的目的是避免不仁的发生，即避免人工智能有意或无意产生伤害人的行为。既然人工智能本身不具有道德主体性，作为交互性语言模型的 ChatGPT 的仁，同样体现在其与使用者的交互过程，即行为中。

在医学领域，美德的仁要求智能医疗作出符合患者当前情境下的最优判断，在错综复杂的治疗方法与手段中选出当下最优解。尤为需要注意的是，生命并不能被简单的抽象成选择题，在有些情况下，医疗上的选择也很难存在所谓的正确答案唯一解，只能全力追求最符合当下实际情况的最优解，在有些特殊情况下甚至可能出现两害相权取其轻的选择。然而 ChatGPT 在给出医疗建议时，很难考察到咨询者的情感、期望以及叙述中饱含的感情，只能根据输入，给出在算法黑箱内部运行后所得出的选择或建议。受限于其机器的本质，依靠其底层内涵及架构难以实现大众、社会意义上的仁。但是仁不仅在中华传统文化以及儒家美德之中占有重要地位，仁同样是医疗领域广大医务工作者和患方本人以及家属的追求。在特定情况下，ChatGPT 给出全力抢救的建议未必对患者及其家属是最好的选择；患者本人选择出院回家团聚也未必是消极放弃的体现。

目前，缓和医疗领域正经历快速发展，以满足疾病终末期患者的身体、心灵、精神以及情感等多方面的需求，这正是儒家美德中仁的表现形式之一。人乃生灵，仁是智能医疗在作出任何决策之前必须考虑的因素。仁具有独特的社会性，在不同文化背景下，对仁的解读也存在差异。在中华传统下，儒家美德的仁可以表现为"推己及人，仁爱待人"，也可以表现为"杀身成仁"。脱离现实实际与文化背景无法空谈仁义道德。可见，人工智能不仅要有仁，更要有符合中华传统文化、中国生命伦理学以及儒家美德要求的仁。

当下，OpenAI 公司已针对特定问题进行屏蔽，以保证 ChatGPT 的行为符合法律要求及伦理规范①。但由于 ChatGPT 的交互性十分突出，且受限于算法黑箱等问题，目前仍难以解释并预测其行为/回答，因此存在产生违反仁的风险。例如，在一位工程师的诱导下，ChatGPT 能够完成一份毁灭人类的计划书，其中的步骤甚至详细到"入侵各国计算机系统、控制武器、破坏通讯、交通系统等"，甚至还给出了相应的 Python 代码②。此外，网上也可以查到逾越 ChatGPT 所设限制的教程③。可见即便 ChatGPT 已设置重重限制以保证实现仁的交互，但仍存在违背儒家美德的不仁的风险。

需要再次注意的是，ChatGPT 等人工智能的仁具有鲜明的外部性以及文化性。外部性指仁难以通过人工智能本身加以实现，而需要外部附加约束、限制条件以规范其按仁的宗旨行动。文化性则指仁的实现必须结合特定的时代及文化背景，受儒家文化熏陶的中华民族的仁

---

① OpenAI. "Usage policies." 2023. [cited 04/28/2023；March 23，2023；Available from：https://openai.com/policies/usage-policies]

② 吴天一：《这个聊天机器人写出毁灭人类计划，告诉孩子圣诞老人不存在》，2023. [cited 04/28/2023；Available from：https://www.thepaper.cn/newsDetail_forward_21031235]

③ Dheda，G. "How to Remove ChatGPT Restrictions and Get Restricted Answers." 2023. [cited 04/28/2023；Available from：https://openaimaster.com/remove-chatgpt-restrictions/]

则具有深刻的民族内涵和底蕴。

（三）儒家传统美德与公平及隐私问题

儒家传统美德向来强调公正的重要性。在针对问题作出回应时，ChatGPT 等人工智能应该做到对所有人的平等对待，不偏袒任何特定群体或个人。针对具体事务而言，ChatGPT 应该在内部设置一定的道德准则和规范，从而尽量避免提供存在偏见或歧视等不公正内容的信息。同时，识别任何可能导致不公正的提问并加以拦截。忠诚同样为儒家美德所提倡。ChatGPT 等人工智能应该对使用者忠诚，尊重其隐私和个人权益，保护使用者的信息安全，并避免数据滥用发生。此外，忠诚同样意味着为使用者提供可靠和负责任的信息，从而忠实履行其职责。

从礼的角度来看，儒家文化向来强调稳定的社会关系和良好的人际互动的重要性。ChatGPT 等人工智能如果受到针对其公平或隐私问题产生的质疑时时，应该保持尊重，避免言辞上有意或无意的冒犯以及不当的行为。应该与使用者进行充满尊重和饱含善意的对话，尽可能满足需求并解决问题。

总体而言，当儒家传统美德应用于 ChatGPT 等人工智能的公平和隐私问题讨论时，这些美德可以指导其设计和运行，以确保人工智能尊重用户，提供公正、无偏见的服务，并尽可能地为整个社会的公共利益和人类福祉作出贡献。

（四）ChatGPT 医疗中儒家传统美德的意义

儒家传统美德在中华传统中的意义十分重要，人工智能中儒家传统美德的实现很大程度依赖于前期及外部约束条件的设定，如

ChatGPT 便在使用层面设置了限制，以使其行为不违背伦理道德守则并且遵守法律法规规定。但是即便如此，由于其基于代码的特点以及模型的难以解释和预测的特性，仍然可能存在通过跳过限制、或使用特定输入导致违背儒家传统美德要求的情况发生。这表明，人工智能领域儒家传统美德的实现不是一蹴而就的，而是需要开发者和使用者在实际应用过程中不断完善模型与限制条件，最大程度避免违规行为的发生，确保其遵守儒家传统美德的道德规范。

医学的本质属性是治病救人，因此美德的要求在医学领域显得格外重要。对患者而言，与 ChatGPT 的交互可以通过对话实现部分"诊疗行为"，使得咨询者可以获取疾病相关知识，甚至得到提供的治疗方案。对医学工作者而言，ChatGPT 一方面可以辅助进行科学研究工作，另一方面也可以借助其庞大的数据库扩充知识储备。在当前人工智能的浪潮下，"医疗＋人工智能"领域可以说是备受关注。在新形势、新技术的背景下，故步自封向来不是一个好的选择，大胆迎接新鲜事物的洗礼，在新的时代、科技背景、社会条件下，借着时代浪潮奋力努力发展才是正确的抉择。但医疗领域对美德的要求可能是各行各业中最高的。在中华文化背景下，医疗及其他领域的人工智能应该秉承传统文化中儒家传统美德的要求，如此一来，一方面可以保障医疗人工智能使用者的安全并使得医疗人工智能尽可能地提供优质、可靠、令人放心的建议或意见，另一方面在人工智能迈入日常生活的今天，也可以提升使用者对医学人工智能的接受程度。

需要注意的是，虽然绝大多数学科并不具有国家性、地域性、民族性以及文化性，但伦理学可能不在此列。伦理是社会道德的升华、深化和具象化，中华民族理应采用具有文化特色和群众基础的中国生命伦理学指导人工智能的行为。在人工智能被越来越广泛应用的今天，以儒家传统美德等优秀传统为内涵的中国生命伦理学理应走入"医疗＋人工智能"领域内，为新技术提供道德规范以遵守，更好地适应中华文化并服务于人民群众。

四、总结与展望

以 ChatGPT 为代表的高级智能语言模型使得医学领域的智能诊疗进一步走进了现实。需要注意的是，当前模型仍未摆脱医学人工智能所存在的漏诊、算法黑箱、隐私泄露以及公平等潜在问题。结合中华文化而言，儒家传统美德可以说是传统文化的核心，在中国生命伦理学的框架下，虽然医学人工智能无法作为道德主体进行评价，但其行为仍是评价和约束对象。仁的概念蕴含于儒家传统美德之中，其施行更应结合文化背景，在个人选择和中华伦理文化之中给出具体条件下的仁的解答。正如无法建立空中楼阁一样，我们无法脱离五千年悠久的中华历史和传统文化建立伦理道德体系，因此，中国生命伦理学这一概念应运而生，为社会科学领域提供指引。目前，人工智能应用已深入到日常生活的方方面面，关注中华传文化中的儒家传统美德的要求，对医学人工智能进行指导具有十分重要的理论和现实意义。

人工智能医疗：义利观

聂　业[①]

引言

人工智能诊断技术（AI诊断）是无需人工输入，可以自动地使用各种演算法和软体来处理复杂的医疗资料并得出与人类认知判断相近似的结论的诊断医疗技术。目前已经开发出来的各种 AI 诊断工具，还只是医生的智慧助手或者辅助诊断工具，但正如有的学者预言"未来已来"，可以全部或至少大部分取代人力的全智慧 AI 诊断系统成为该领域的发展方向和基本趋势。其中最具有代表性的就是 IBM 公司开发的 Watson 系统（以下简称沃森），它可以直接阅读患者的健康记录以及包括教科书、同行评审期刊文章、批准药物清单等在内的各种医学文献的全部内容，从中辨别出人类无法看到的模式与规律，已经成为一个"超级医生"。（IEEE Spectrum 2019）

但正如历史上任何一项技术从来都不是中性的一样，作为世界上

---

① 聂业，西南医科大学人文与管理学院副教授。

影响最大的沃森系统，通过海量数据分析和数据迭代分析，能够实现疾病筛查和早期疾病预测等助力医疗诊疗，同时也产生了安全性风险问题、患者隐私保护、应用的可及性和可负担性问题以及责任划分等方面的伦理问题①。深度科技化时代，面对技术发展引发的风险挑战与秩序重构带来的难题，我们该如何对待 AI 诊断技术？"天下之事，唯义利而已。"程颢认为，世间的一切问题都可以用义、利以及义和利之间的关系来处理。人工智能诊断技术支持者和反对者之间的伦理争论实际上是一场义利之争。

本文提出从儒家义利观角度，通过义利之辩，探讨 AI 诊断技术中的义与利，作为对人工智能诊断技术发展应用进行伦理反思的重要理论资源，并重新审视现代医学技术发展问题，以期用中国传统智慧为人工智能医疗健康发展提供理论价值和现实意义。

一、儒家义利观

义与利是儒家思想中的重要观念，如何恰当理解义利关系，儒家形成了自己独特观点。义利观指的是人们对于义为何物、利为何物以及义利之间的关系选择的总的看法。何为儒家义利观？就是儒家对于通过什么样的途径获得财富才是正义的看法和观点。义利观的利包含两层意思：儒家对待"利"的衡量标准不在于利的本身，而在于获取利的方式或行为。即所获之"利"是否合理以及获利方式是否符合道德规范②。

---

① 王姗姗、翟晓梅：《人工智能医学应用的伦理问题》，载《中国医学伦理学》2019 年第 32 卷第 8 期，第 972 页。
② 张锡勤：《中国传统道德举要》，黑龙江大学出版社 2009 年版，第 26 页。

（一）儒家的"利"和"义"

孔子有句名言："君子喻于义，小人喻于利。"（《论语·里仁》）同样，《孟子》开篇梁惠王问前来献策的孟子能给他带来什么好处，孟子对曰："王何必曰利？亦有仁义而已矣。"（《孟子·梁惠王上》）利是一个中性范畴，即好处、利益，其本身不具有善恶道德性质之意义，包括经济利益和构成人类生活外在福祉的其他利益，如荣誉、声望、权力等。与此相反，"义"原本和仁、礼、智一齐构成四大德，以及与之相应的人性四端，是衡量人们行为方式的伦理规范，人类生活的内在福祉有赖于此[①]。

（二）儒家的义利之辨

首先，儒家并不反对利的。孔子说："富与贵，是人之所欲也，不以其道得之，不处也。贫与贱，是人之所恶也，不以其道得之，不去也。"即追求富裕显贵，是人们所具有的欲望本能，"义与利，人之所两有也"[②]。儒家认为利是我们都想要拥有的东西，逐利是人性之一，追求它们没有错。其次，义是解决利益关系问题的根本原则。在"义"和"利"二者之间，儒家把"义"看作是根本的，处于决定地位，主张的"义以生利""义以为上"。"不义而富且贵，于我如浮云。"表明当二者不一致时，也不应因失去了获利的机会而难过。最后，"义"和"利"相互转化。义与利虽然是儒家2个独立的核心观点，但义利并不是完全对立的，不是有利则无义，有义则无利[③]。义，适宜、正当的，《释名·释言语》云："义，宜也。裁制事物使各宜也。"主要是指规范人们言行的一定社会标准，指以合

---

① 黄勇：《良好生活的两个面向：对儒家义利观的美德论解释》，载《学术月刊》2022年第8期，第5—15页。
② 杨倞：《荀子》，上海世纪出版集团2010年版，第324页。
③ 蒙培元：《略谈儒家的正义观》，载《孔子研究》2011年第1期，第5页。

理的方式而获利，"义"可产生"利"，即义以生利。

二、AI 诊断技术的义利

（一）儒家怎样看待 AI 诊断技术的义利

毋庸置疑，与传统医疗服务技术相比，作为人类增强技术之一的 AI 诊断技术，对于医疗卫生保健领域，在提高医疗质量、降低医疗成本、优化治疗方案以及提高医疗效率方面都具有极强的优势。首先，AI 诊断系统在诊断品质提高方面的成就——扩大资讯源和发现大资料中的隐含规律，都建立在运算效率提高的基础之上，即通过在短时间内反复多次实施高速运输的硬破解方式来提高诊断的品质水准。其次，任何一个人类医生的经验和知识储备总是有限的，他们在能力、工作习惯和方法上存在的差异性会导致对同一事物的判断存在不同。而传统诊断往往需要多个不同部门的多个医生的合作，不仅在其彼此之间进行资讯交流有可能出现误差，单个医生可能出现的错误和延迟还会相互叠加，而 AI 诊断系统可以很好地消除这种误差①。

技术不仅仅是技术，它们从来都不是"中性的"，相反，它会塑造我们的目的②。对 AI 诊断技术中不好的利和好的利，我们应该怎样取舍呢？根据儒家认为利有两面性，第一，面对不好的利，义利有冲突时，须坚持义利之辨。不好的利在与义冲突时，儒者之喻义、重义乃至于舍生

---

① 程国斌、武小西：《在 AI 医生和病人之间——人工智能诊断技术的内在逻辑及其对病人主体性建构的影响》，载《中外医学哲学》2019 年第 2 期，第 11—36 页。
② 罗伯特·史派罗、约书亚·哈瑟利：《人工智能医学应用的前景与风险》，载《中外医学哲学》2019 年第 2 期，第 79—109 页。

取义自有明训。第二，在面对好的利时严辨二者，是怕人为了利而行义，以至于沦落到为了利而行不义的后果①。换言之，做好义利之辩，不辩明义利的本末关系容易导致末之胜本、舍本逐末。

首先，儒家认为不好的利要严义利之辩。正如有的学者所描述的那样，"现代医学技术从现代性中获得了力量，走上了独立发展的道路，人们从医学技术中看到了权力、看到了财富，看到了名声和地位，技术因而叛离了它先前的固有的理性，即叛离了为人类健康这一理性。技术演变为这样一种理性，它只面向未来，即无限追求技术的先进性与完美性，它追求自身的强大，追求这种强大背后的无限权威与权力。正是这种技术的发展路径，导致了技术与善、与价值发生了分裂。"②比如医院采用 AI 诊断技术只是出于为了占领技术高位实现高额利润，就是不好的利，就必须放弃应用和发展 AI 诊断技术。AI 医生与人类医生相比，由于其巨大的技术优势，医疗成本远远低于人类医生。为了节省医疗成本，医院在医疗活动中大量使用 AI，而很少使用高成本的医生，造成大量医生失业。医院为了获得高额利润采用 AI 这是私利，在儒家看来，这就是不义。

其次，好的利，即提高诊断的效率和诊断品质，如《易传》之"利者，义之和"，对这种义中之利，应用 AI 诊断技术必须"正其谊不谋其利，明其道不计其功"。以 IBM 公司的沃森为例，在临床实践中使用沃森系统会对传统医疗造成尊严风险、道德风险和生存风险的，这是因为技术不仅仅是技术，人不仅仅创造技术，技术也生产人，医学知识以及疾病的复杂性导致了 AI 诊断技术存在严重的不足，传统的医疗过程，患者

① 闫雷雷：《朱子设教思想在士庶中的一贯性——以义利之辩为角度》，载《现代哲学》2023 年第 2 期，第 138—146 页。
② 杜治政：《医学在走向何处》，江苏科学技术出版社 2012 年版，第 187 页。

与医生的交流、协商、合作，有利于感受和理解疾病。沃森系统过程使得诊疗过程变成了患者和机器，或者患者和机器、医生之间的模式，医患之间的情感体验缺失，导致医患关系物化，伤害医患互动的关键内核，使得患者更加感受不到作为一个人存在的意义，疾病完全脱离了人而存在，医患之间更难建立信任关系。AI 技术空前地拓展了个体的能动性，增加了人的选择性和能动性，使人摆脱"现代医学的专业暴政"的枷锁，但又不得不面对另外一个"既无法看见也无法反抗"的牢笼①。特别是随着 AI 技术的发展，人与机器的边界变得越来越模糊，人变得越来越像机器，机器变得越来越像人。一方面，正如以往的医疗设备技术一样，沃森在帮助医生和患者更充分地发挥各自的能动性，同时也消除了医患主体间的互动，减弱医生与病人的交流，沃森使用调查数据显示，由于 AI 诊断技术的应用，很多医生的专业能力也大大降低，医生变成了机器，人的主动性、能动性反而减弱。AI 诊断技术，在 AI 医生和病人之间永远存在一道意义鸿沟：意义生成和人格构建。另外一方面，数据表明沃森系统出现误诊、漏诊等问题，由于沃森系统无法像人类智慧那种作出创造性的研判并发现新的知识，只能利用现有的知识库，主要使用资料统计和比较的办法来得出结论。

综上所述，面对 AI 诊断技术带来的巨大社会效益，为避免人为利而行义以至于终不免于利而行不义，我们必须"正谊明道"或者"无所为而为"。因此，首先，我们坚决反对的是出于私利而发展应用 AI 诊断技术，维护技术的义，仁义未尝不利。其次，我们以道德的方式应用 AI 诊断技术，获取技术带来的红利，有德是获利的最佳方式。即在充分利用 AI 诊断医生效率的同时避免其有可能带来的负面影响。

---

① 王珏、范瑞平：《前言：人工智能与未来医学：超越技术主义》，载《中外医学哲学》2019 年第 2 期，第 1—9 页。

（二）儒家义利观对 AI 诊断技术的启发

对于人工智能诊断技术，依据儒家义利观，儒家并不反对旨在维护人类自身生命安全和尊严、促进人类生命整体和谐的 AI 诊断技术的应用。我们既要积极支持发展应用，又要避免技术滥用。

首先，正确认识人工智能诊断技术的价值。人工智能诊断技术是有用的，但其有用性是有限度的①。根据外国媒体 Stat 新闻报道和来自 IBM 公司的内部文件显示，与该公司沃森合作的医学专家在使用沃森时发现沃森推荐了不安全的、错误的治疗建议，这些建议来源于每类肿瘤领域的少量专家的建议，而不是有关的准则或可靠的证据②。沃森系统无法像人类智慧那种作出创造性的判断并发现新的知识，对于罕见病等一些疾病无法像人类医生作出正确的高质量的诊断。正如 IBM 健康和生命科学研究部门的副总裁 Ajay Royyuru 公开宣称："诊断不是我们想要进入的领域，这是一个医疗专家可以做得很好的领域。这是一个艰巨的任务，而且不论你用 AI 做得有多好，他都不可能替代人类专家。"AI 诊断它只能是人类智慧的助手而不是替代品，充分开发和利用 AI 系统在资讯的收集处理、资料计算能力和扩展机会上的低成本等优势来提高人类医生的决策能力。

其次，要防范 AI 诊断技术风险，确保安全下发展应用。在使用沃森肿瘤解决方案的医生们已经发现沃森经常提出不准确的医疗建议，它在给出意见的过程和底层技术上存在严重的安全性问题。例如，沃

---

① 张舜清：《儒家如何看待 AI 诊断技术的发展和应用》，载《中外医学哲学》2019 年第 2 期，第 37—42 页。

② Casey Ross and Ike Swetlitz. "IBM's Watson supercomputer recommended 'unsafe and incorrect' cancer treatments, internal documents show." *STAT*, 2018 - 7 - 25, https://www.statnews.com/2018/07/25/ibm-watson-recommended-unsafe-incorrect-treatments/.

森提出的治疗建议包括给有严重出血症状的肺癌患者使用会导致出血的抗癌药物,而从医学/医生的判断来看,这种用药对患者是致命的[①]。该案例揭示了人工智能医学应用可能产生破坏性的结果(如误诊)。误诊对于患者及其家庭、医生、医院和研发生产的公司来说,都是一件难以承受的事情。沃森的错误建议源于有缺陷的计算机算法,有缺陷的算法对患者可以造成重大伤害、导致医疗事故的可能性。相对于临床医生误诊一位患者,一个机器学习算法可能会误诊更多的患者,因此,其诱导的医源性风险出现的可能性更大、后果更为严重。因此,技术使用过程中产生的一些继发问题,如风险控制问题、成本效益比较、演算法偏见问题等,我们必须通过技术自身以及医学工业体系地不断发展和完善而获得解决,确保 AI 诊断技术真正有效地改善或者提高医疗保健服务和社会健康服务的品质与效率。

最后,在 AI 的发展应用中必须坚持人的主体性。虽然人工智能的研发和应用是为了更好地实现人性、服务人性,但不能不承认,人工智能在这方面的表现未能尽如人意[②]。即便 AI 诊断医生的技术障碍、环境保护都已经解决,表现的足够的准确、高效、安全、便宜、易于获得,而且完全可控的情况下,它也会对医患互动与医患关系产生致命的伤害。AI 医疗中,医学的物件被设定为与主体分离的身体——被物化、客体化、去精神化、去社会化的单纯生物机器,身体被看作是游离于人的外在之物,医学也摆脱了外在目的的制约,这是与医学的本质和最终目的完全相悖的。这种用可观察、可测量的数据去代替对整体人的 AI 治

① Eric J. Topol. "High-performance medicine: the convergence of human and artificial intelligence." *Nature Medicine*, 2019, 25(1): 44 - 56.
② 方旭东:《后疫时代与人工智能应用的伦理思考》,收录于《建构中国生命伦理学:大疫当前》,范瑞平、张颖等主编,香港城市大学 2019 年版,第 67—83 页。

疗,仅仅增加的是病人可以获取的咨询信息,但并未能真正赋能于病人,提高病人对于疾病的理解能力。使用 AI 技术,显然失去人类交流过程中最宝贵、稀缺的信息——如病人身体语言、情绪表达或各种言外之意等,AI 医疗中医患关系、医疗模式呈现异化,它重塑我们医疗实践方式,也重塑医生与患者之间的关系,人变成了一个个碎片,而不再是一个完整的人。儒家认为：人人都是"天命在身者",都有生而具有的人性尊严,都有维护和实现自身生命意义的权利①。保证人类生命的安全和尊严,不仅符合人类社会发展的价值观,也是人类真正所需要的技术产生的价值,使用 AI 诊断医生最主要的能力需求是对资讯技术的使用,而不是不断地降低人类医生在医疗过程中的地位和作用,在医疗诊断活动中,无论 AI 怎么聪明超能,它们都只能是人类智慧的助手,医疗实践中的主体,只能也只有是人。无论是智慧助手还是 AI 医生,正如《咨询委员会,每日简报》所指出的,医疗系统充分开发和利用 AI 系统是用来提高人类医生的决策能力,"将技术视为人类智慧的助手而不是替代品",即人才是唯一的、真正的主体。

结语

从医学发展史来看,任何一种新技术的产生发展都是充满义利之争。趋利避害是生物的本性,进化的动力。深度科技化时代,面对技术发展引发的风险挑战与秩序重构带来的难题,基于儒家义利观,严辨人工智能技术开发和应用中的义利,厘清人、医学与技术三者之间的关系,就不难回答人工智能在医学实践中到底应该服务于谁的利益、人工

① 张舜清：《儒家正义论及其对医疗公正问题的启示》,载《中外医学哲学》2013 年第 1 期,第 45—62 页。

智能应当用于促进哪一种医学模式等根本问题。人工智能发展初衷就是让人成为自己，人们的生活更幸福，更丰满，生活空间更大，是让人的本性更享受，是给人类带来一种福祉，人工智能发展和应用必须严格限定在人类价值需求之内，它的目的只能是为了使人类生活得更好，而不是其他[①]。

正如凯文·凯利所言："没有一个人能够实现人力可及的所有目标，没有一项技术能够收获科技可能创造的一切成果。我们需要所有生命、所有思维和所有技术共同开始理解现实世界。"[②]人工智能技术必须在维护人类价值尊严的价值导向下，坚持人的主体性，遵守相应的伦理规范，在临床实践中推动人工智能技术不断走向成熟和完善，才能在保障和推进人类社会持久地生存与发展方面作出积极贡献。只有这样，人工智能才能健康可持续发展，创造新的奇迹，通过技术的进步而进步，实现人类对于高质量健康生活的追求。

---

① 张舜清：《医疗人工智能伦理：儒家的观点和立场》，载《中国医学伦理学》2020年第 7 期，第 789—795 页。
② 凯利：《科技想要什么》，中信出版社 2011 年版，第 361 页。